方圆做人，就要做一个踏实而慎于言语的人。

该方时方，该圆时圆；方中有圆，圆中有方，以不变应万变，以万变应不变。

方与圆的人生智慧课

做人做事的因果定律

文德◎编著

四川人民出版社

图书在版编目（CIP）数据

方与圆的人生智慧课：做人做事的因果定律 / 文德编著．-- 成都：四川人民出版社，2019.5
ISBN 978-7-220-11059-7

Ⅰ．①方… Ⅱ．①文… Ⅲ．①人生哲学—通俗读物 Ⅳ．①B821-49

中国版本图书馆 CIP 数据核字 (2018) 第 239010 号

FANG YU YUAN DE RENSHENG ZHIHUI KE： ZUOREN ZUOSHI DE YINGUO DINGLV

方与圆的人生智慧课：做人做事的因果定律

文德　编著

出版人	黄立新
策划组稿	张明辉
编辑统筹	罗晓春
责任编辑	薛玉茹　戴黎莎
营销策划	张明辉
插画绘制	金版文化
封面设计	黄健民
责任校对	吴　玥
责任印刷	许　茜
出版发行	四川人民出版社（成都槐树街2号）
网址	http：//www.scpph.com
E-mail	sarmcbs@sina.com
新浪微博	@四川人民出版社
微信公众号	四川人民出版社
发行部业务电话	（028）86259624　86259453
防盗版举报电话	（028）86259624
印刷	深圳市雅佳图印刷有限公司
成品尺寸	135mm × 180mm
印张	14
字数	300千
版次	2019年5月第1版
印次	2019年5月第1次印刷
书号	ISBN 978-7-220-11059-7
定价	42.80元

前言

Preface

方与圆是中国文化中特有的概念。早有“天圆地方”之说，意指天地的自然形态，后经演变，古代先贤赋予了方与圆更为复杂、更具内涵的哲学意义。在方圆之道中，方是原则，是目标，是做人之本；圆是策略，是手段，是处世之道。千百年来，“方圆有致”被公认为是最适合中国人做人做事的成功心法，成大事者的奥秘正在于方与圆的完美结合：方外有圆，圆中有方，方圆相济，方圆合一。

方圆之道是经典中的经典，是哲学中的哲学，是智慧中的智慧。孟子说：“规矩，方圆之至也。”五千年的生存智慧浓缩于方圆之中，似太极般刚柔相济，变幻无穷。方圆智慧以不变应万变，以万变应不变，可以让你进退自如，无往不胜，营造良好的生存环境，成就功名与大业。

方是做人之本，圆是处世之道，方圆之道即是立世之本。“智圆行方”被古人当作境界极高的人生道德和智慧，许多人以此为治家之道。黄炎培曾教育儿子：“和若春风，肃若秋霜。取象于钱，外圆内方。”意为做人要像古代的钱币一样，外圆内方，体现了为人之道和处世之道的至高学问和通达智慧。做人要有脊梁、有血性，要有金戈铁马、挥斥方遒的志向和气度，但又不可墨守成规，拘泥于形式；要有圆融处世、适应社会潮流的柔韧。可以说，方圆智慧是为人处世的永恒智慧。

方是原则，圆是策略，方圆之道即是成功之道。《菜根谭》有言："建功立业者，多虚圆之士；偾事失机者，必执拗之人。"意指能够建大功立大业的人，大多都是能谦虚、圆滑、灵活应变的人，凡是惹是生非、遇事错失良机的人，必然是那些性格执拗不肯接受他人意见的人。这样的例子在中外历史上比比皆是。正如孔子所说：有向学之志的人，未必能取得某种成就；取得某种成就的人，未必做每件事都合乎原则；做每件事都合乎原则的人，未必懂得根据实际情况灵活变通。可见，古今中外成大事者，无一不精通方圆之道。

方圆之道也要讲求"度"。为人没有方，则会软弱可欺；做事不懂圆，则会处处树敌。如果太过方正或太过圆滑，则会寸步难行。只有把握好方圆之度，恰当使用方圆之道，才能在社会生活中占有一席之地。

方圆智慧是为人处世的永恒智慧。为了让读者既能充分了解方圆哲学，又能游刃有余地使用方圆之道，把握好方圆之度，我们推出了这本《方与圆的人生智慧课：做人做事的因果定律》。本书以理论联系实际，全面系统阐释方与圆的人生大智慧；从浅显到深奥，完整展现方与圆的人生哲学。在内容上涵盖了社会生活的方方面面，讲述了为人之道、处世之道、商海之道及谋略之道等，并以事例为佐证，说明如何在生活中、职场中、商海中恰当地应用方圆哲学和方圆智慧，教你圆润为人、圆融处世的技巧和学问，正确面对商海谋略中的博弈和竞争，在社会上、职场中管人用人的绝招和策略等，让你占尽先机，步步为营，早一步窥得成功的秘密。

该方时方，该圆时圆；方中有圆，圆中有方，以不变应万变，以万变应不变。正确使用方圆智慧，左手画方，右手画圆，将让你无往而不胜。

目录

Contents

第一篇 方是刚，圆是柔

第二篇 方是原则，圆是机变

第三篇 讲求方正，乃为人之本

第四篇 圆融为人，乃应世之道

第五篇 方圆通融，做人要变通

第六篇 圆润为人，须通晓人情世故

第七篇 方圆处世，讲究刚柔相济

第八篇 方法圆融，沟通无碍

第九篇 交友
方圆有度

第十篇 职场应对，
方圆有术

第十一篇 守业为方，创业为圆

第十二篇 亦方亦圆的经商战术

第一篇

方是刚，圆是柔

过刚则无弹性

坚守方正没有错，但是做人如果过于刚直，就失去了做人的弹性，容易得罪人，容易让自己陷入被动的境地。正如人们经常说的那样：过刚易折。所以，我们在坚守方正的同时，也要保持做人的弹性，把握好“火候”，适可而止，同时也要学会圆融变通，否则受苦的就只有自己。

唐德宗时杨炎与卢杞一度同任宰相。卢杞是一个除了逢迎拍马屁之外一无所长的阴险小人，而且相貌奇丑无比。而与卢杞同为宰相的杨炎，却满腹经纶，一表人才。

但是，博学多闻、精通时政、具有卓越政治才能的杨炎，虽然具有宰相之能，性格却过于刚直。因此，像卢杞这样的小人，他根本就不放在眼里，从来都不屑与卢杞往来。

为此，卢杞一直怀恨在心，千方百计想要算计杨炎。

正好节度使梁崇义背叛朝廷，发动叛乱，德宗皇帝命淮西节度使李希烈前去讨伐。杨炎认为李希烈为人反复无常，坚决阻挠重用李希烈。

但是德宗已经下定了决心，对杨炎说：“这件事你就不要管了！”可是，刚直的杨炎并不把德宗的不快放在眼里，还是一再表示反对任用李希烈，这使本来就对他有点不满的德宗更加生气。

不巧的是，诏命下达之后，正好赶上连日阴雨，李希烈进军迟缓，德宗又是个急性子，于是就找卢杞商量。卢杞便对德宗说：“李希烈之所以拖延徘徊，正是听说杨炎反对他的缘故，陛下何必为了保全杨炎的面子而影响平定叛军的大事呢？不如暂时免去杨炎宰相的职位，让李希烈放心。等到叛军平定之后，再重新起用杨炎，也没有什么大关系！”

卢杞的这番话看似为朝廷考虑，也没有一句伤害杨炎的话，德宗果然听信了卢杞的话，免去了杨炎的宰相职务。

就这样，一味刚直的杨炎因为不愿与小人交往而莫名其妙地丢掉了相位。

用违背道义、逢迎权势的态度来处世，固然会毁坏名声、丧失气节；但一味刚正不阿，不懂得保护自己、掩藏锋芒，那么最终受苦的就只有自己。所以，我们在想维护自己正直的生活态度的时候，也要学会圆滑一点，学会掩藏住自己的锋芒，让别人在你身上找不到话柄。

韩世忠和岳飞、张浚都是宋高宗时的抗金名将，高宗因怕这些名将功高盖世，以后难以驯服，所以急于和大金议和，因众将抗金意志坚决，而且在战场上节节胜利，大金在军事上抵御不住岳飞、韩世忠，便在外交上给宋高宗施加压力，说大宋议和没有诚意。

宋高宗听信秦桧的奸计，解除了三人的军权，任命张浚、韩世忠为枢密使，岳飞为枢密副使，用职务上的升迁使三人脱离军队。

后来秦桧因岳飞多次阻挠他与大金议和的奸计，又屡次出言攻击他，心中怨恨，便罗织罪名把岳飞逮捕入狱，将其害死于风波亭。

当韩世忠听到岳飞被秦桧害死的消息后，义愤填膺当面质问秦桧，岳飞究竟所犯何罪?

秦桧无言以对，支支吾吾地说：“岳飞的儿子岳云给部将张宪写信，让张宪要求朝廷派岳飞回军中，话虽不明白，这事件莫须有。”

韩世忠大怒，厉声说道：“仅凭‘莫须有’三字，何以服天下人心？”拂袖而去。

岳飞死后，韩世忠知道自己也难容于秦桧，便请求解除枢密使的职务。

韩世忠赋闲之后，口不言兵，每天跨驴携酒，泛游西湖，许多人都不知道这是名震天下的韩元帅。

韩世忠的部将旧属路过杭州时，都来拜访老帅，韩世忠一律不见，平时也绝不和军中大将通报消息，以免被秦桧罗织成罪名。

秦桧害死岳飞后，对韩世忠也是恨之入骨，恨不能把他也一并除去。然而他没想到害死岳飞的民愤会如此之大，自己也感到很害怕，又见韩世忠口不言兵，和军队断绝往来，也不再出言阻挠自己与大金议和的奸计，既无威胁也无妨碍，便放过了他。

韩世忠懂得适时收起自己的锋芒，才得以保身。可见圆融的重要。可是现代社会，很多人却不懂得圆融处世。如果才华横溢，就可能清高自傲；如果个性十足，就可能一意孤行，我行我素……当我们坚守自己的刚直时，很可能已经因为不懂得圆滑而得罪了别人，而此刻，那些对你心怀记恨的人，很可能就躲在某个角落，等着找你的麻烦。

身处这样的环境，自然不会舒服。所以，与其过于坚持自己，去得罪别人，不如适当地圆滑一点，表面上跟谁都合得来，内心却有自己的分寸。这样，我们才能在人群中隐藏自己，不至于时刻提防别人的算计。

过柔难以成形

淮阴侯韩信身经百战，战无不胜，攻无不克，是一员颇具大智大勇的战将，可是，他的“大智大勇”却难以掩盖他优柔寡断的性格。在长达四年的楚汉相争期间，如果韩信既不从项羽也不属刘邦，自树一帜，即可同刘、项形成三足鼎立之势，而且当时的环境也为他自立提供了多次机遇。正是由于他优柔寡断的性格，他最终不仅失去了自立为王的机会，还把命搭了进去。

韩信率兵伐齐，斩了齐王田广，占领了齐国，不仅扩大了疆域，也壮大了自己的势力。这时，他已有数十万大军，成为举足轻重的人物。当时楚、汉相争的形势是，韩信叛刘归项则刘灭，向刘背项则项亡。如果韩信自树一帜就会形成三足鼎立之势。

在刘邦与项羽相争最为激烈的时期，诸侯各据一方，或叛项归刘，或背刘降项，或自立为王，群雄逐鹿，各逞其能。在风云变幻的楚汉相争中，英雄辈出，居然有一个不起眼的小人物——蒯通。他把当时天下的形势看得极为透彻。他深知“天下权在信”。于是拜见韩信，从当时的形势，韩

信所处的环境与他的实力，以及他将来得天下的利益等诸方面苦口婆心地规劝他造反自立。可是韩信考虑许久还是说："先生言之有理，容我权衡一下，再做决定。"蒯通见韩信已被自己说服，便告辞了。

蒯通本以为韩信是个胸怀大志的人，将来一定能做出经天纬地的大事业，可他等了数日，却不见韩信有要自立为王的迹象，便又找韩信，说："希望将军快做决定，机不可失，时不再来。"韩信当即回答："先生请不要再费心了。我考虑再三，自从归汉后，刘邦肯把将军大印交给我，统领数万大军，现在又封我为齐王，如果忘恩负义，必遭报应。况且我擒魏豹、平赵、定燕、灭齐，立下战功累累，又一向以忠信对待他，我想汉王不会亏待我的。"

蒯通听后，明知再劝也没用，转身告退。他担心招惹是非，便仰天长叹，佯装疯癫，逃离汉营。

当时，韩信正处于楚汉相争的乱世，为他自树一帜提供了极好的契机；他本人智勇超常，手握重兵数十万，又雄踞齐地，有能力、有把握自立为王；还有一位不可多得的谋士蒯通为他出谋划策，可以说，天时、地利、人和都已具备，而他仍然优柔寡断。正如韩信自己所说："我若负德，必至不祥。"后来的事实证明，他的命运果然“不祥”，但绝不是因“负德”，而是由于他优柔的性格所致。

后来韩信又一次错失良机。刘邦追杀项羽旧部钟离昧，韩信出于同乡之谊收留了他。这招致了刘邦的不满，而此时韩信若能当机立断，肯与钟离昧联手共同抗汉，那不仅保护了钟离昧的性命，他自己日后也能幸免于难。可惜的是，韩信在这次机遇面前仍犹豫不决，不仅失去了朋友，又眼睁睁地失去了成功的机会。

韩信不听蒯通的规劝，不理钟离昧的指点，只因他优柔寡断的性格，致使两次机遇都失去了。

也许，对于优柔寡断的韩信来说，最理想的行为方式，就是让别人先反，自己在一旁优柔地观看，败则与己无关，胜则乘势而起，韩信确实这样做了。然而，刘邦和吕后却不优柔，他们快刀斩乱麻，处决了韩信。

韩信在优柔中被杀，其实他到死都没有真反，而只是在犹豫，他是被半推半就硬拉上刑场的，直到临死一刻，韩信才仰天长叹：“悔不听蒯通言，反被女人以计诛杀，呜呼哀哉！”

有些素质、人品及机会都很好的人，就因为优柔寡断的性格，一生都没有大成就，甚至落得一个不好的下场。美国化工协会会长、美国FMC公司总裁威廉·沃特说：“如果一个人永远徘徊于两件事之间，对自己先做哪一件犹豫不决，他将会一件事情都做不成。”的确，如果一个人

在一种意见和另一种意见、这个计划和那个计划之间犹豫不决，像风标一样摇摆不定，每一阵微风都能影响它，那么，这样的人肯定是性格软弱、没有主见的人，他在任何事情上都只能是一无所成，无论是举足轻重的大事还是微不足道的小事，概莫能外。

阴无阳不利，**刚无柔不生**

老子《道德经》上云："人之生也柔弱，其死也坚强。草木之生也柔脆，其死也枯槁。故坚强者死之徒，柔弱者生之徒。是以兵强则灭，木强则折。强大处下，柔弱处上。"由此可见，柔的力量是惊人的。将柔性运用到为人处世之中，往往能够无往不利、出奇制胜。

东汉末年，夺取西川是刘备的既定方针和基本战略目标。但是"蜀道之难，难于上青天"，欲取西川，必须先获取西川地理图本，以便详细了解西川的复杂地形。正当刘备筹备之时，益州别驾张松来了。张松本来是奉刘璋之命携带金珠锦绮为进献之物前往许都的，任务是联结曹操，共治张鲁。行前，张松还有一个打算，随身暗藏画好的西川地理图本，到许都伺机而行。张松的行迹，诸葛亮早派人随时打听着。没想到他到许昌之后，曹操表现出一副骄横傲慢的样子，对他的游说反应十分冷淡，一气之下，他挟图离开了许昌。可是他离开益州时在刘璋面前夸过海口，这次倘若无功而返、空手而归，恐怕会被人取笑。他突然想到：早就听说荆州的刘备仁高义厚，美名远播，我何不绕道走一趟荆州，看看刘备究竟是何等人物，然后再作定夺，于是改道来到荆州。

刘备一连留张松饮宴三日，从不提起川中之事。张松告辞准备返回益州，刘备又设宴送行。刘备亲自为张松斟酒，嘴里说道："承蒙张大夫不见外，故能留住三天，今日一别，不知何时方得赐教。"说完不觉潸然落泪。张松暗地寻思："刘备如此宽仁爱士，实在难得，我也有些不忍舍他而去，不如劝他径取西川。"于是说道："我也朝思暮想在你鞍前马后侍奉，只是未得其便。据我看来，你现在虽据有荆州，但东面孙权虎视眈眈，北面的曹操又常有鲸吞之意，恐怕不是久居之地呀！"刘备说："我也知道严峻的形势，但苦于再无别的安身之所啊！"张松又说："益州地域，地理险塞，沃野千里，乃天府之国。凡有才干的智士仁人，很早就仰慕皇叔你的功德，倘若你愿意率荆州之众，直指西川，则肯定霸业可成，汉室可兴。"刘备一听此言，故作震惊，慌忙答道："我哪敢有如此妄想。据守益州的刘璋也是帝室宗亲，又长久恩泽西川黎民，别人岂能轻易动摇他？"此时的张松已完全落入刘备和诸葛亮的圈套，而且步步走向圈套的核心还不觉察，一听刘备这番话，更敬佩他的宽仁厚道，于是把心里话掏出来了："我劝刘皇叔进取西川，并不是卖主求荣，而是今天遇到了明主，不得不一吐肺腑。刘璋虽据有西川之地，但他本性懦弱，且是非难分，又不能任贤用能。况且北面的张鲁时有进犯之意。现在西川人心涣散，有志之人都希望择主而事。我这次本来受命去结交曹操，没想到他傲贤慢士，冷淡于我，一气之下我弃他而来见你。你若是先取西川为基础，然后向北发展图得汉中，最后收取中原，匡扶汉朝，将有名垂青史的大功。你要是愿意进取西川，我张松愿效犬马之劳，以做内应，不知意下如何？”

此时的刘备，见时机成熟，开始收紧套环，进入正题，但仍不露声色，只是无可奈何地说道：“我对你的厚爱表示感谢，无奈刘璋与我同宗，同宗相拼，恐怕落得天下人笑话呀！”此时的张松已是不能自已了，生怕这笔“交易”做不成，错过机会，反过来去做刘备的动员工作，只见他急切地说道：“大丈夫处世，理当建功立业，哪能如此瞻前顾后、婆婆妈妈的。今天你若不取西川，他日为别人所取，那就悔之恨晚了！”直到这时，刘备的谈话才涉及与地图有关的事。他说道：“我听说西川之地，道路崎岖，千山万水，双轮车无法通过，连匹马并行的路都没有，就算想进军，也苦无良策啊！”张松终于和盘托出了。他忙从袖中取出图，递给刘备说：“我深感皇叔盛德，才献出此图给你，一看此图，便对西川的地形地貌一目了然了。”刘备略为展开一看，只见上面地理行程、远近阔狭、山川险要、府库钱粮一一俱载明白。刘备看到地图到手，自然高兴不已。可张松还嫌不够，进而说道：“我在西川还有两个挚友，名叫法正、孟达，皇叔你欲进西川，他二人也肯定愿意相助。下次他二人若到荆州，你完全可以心腹事相商。”直到这时，这场“索图戏”方得谢幕。

在张松左右不定仍有退路的时候，刘备以厚待之，表现出了做人的柔和，可是当张松已经没有退路一心投靠他的时候，刘备又表现出了强硬的一面，从而顺利地得到了地图。既证实了张松的忠贞，又达到了自己的目的。这就是管理者的刚柔并进策略。

俗话说，柔弱之水可为滔天巨浪摧枯拉朽，吞噬一切，可凿岩穿壁、滴水穿石。诚如刘备，柔并不是弱，刚也并非是因为强，刚柔不过是为人处世的一种策略，关键是看人们怎么运用它。

方就要公正廉洁

做人最重要的是什么？一位社会学家说得好，做人最重要的是要出于公心。翻开人类的历史，公心对人，平心对事，为人处世，最好是权衡轻重，以求公平二字。不能以公为私，以私害公，这两点要铭记在心。这也是处世服人的一个要点。

历史记载：范仲淹身为谏臣，赵抃作为御史，因辩论事情意见相左而互有隔膜。王安石几次诋毁范仲淹，并且说："陛下问赵抃，就知道他的为人。"后来有一天，神宗问赵抃，赵抃回答说："忠臣。"皇上说："你怎么知道他是忠臣呢？"赵抃回答说："嘉祐初期，神宗违豫，他请立皇嗣，以安定国家，难道这不是忠吗？"退出后，王安石问赵抃说："你不是与范仲淹有仇隙吗？"赵抃说："我不敢以私害公。"不敢以私害公，说起来容易，做到就难了。既不敢以私害公，自然也不敢以公为私。从那以后，有几个人能及他？不但范仲淹佩服他，神宗也佩服，王安石也不得不服。

不以公为私，就在于廉而不贪。这不但要观察他的从前，尤其要观察他的后来。顾炎武在《日知录》中说，季文子死时，以大夫礼节入殓，以他用过的家用器具陪葬。没有锦衣的妾婢，没有吃粮食的马，没有家藏的金银，没有贵重家器。君子这就知道季文子是忠于王室了。辅佐三代君主，而没有家私积蓄，难道说不忠吗？

为官不为财，只是为了尽自己的责任，发挥出自己的最大作用。像这样的人，还有很多，诸葛亮就是其中之一。

诸葛亮呈表给后主刘禅说："我家在成都有八百棵桑树，薄田十五顷，子孙的穿吃二事，全靠自家，我觉得宽裕有余。至于我在外面，没有别的调度，只有随身衣物、食用之类，全都仰仗官府，不另索取，以长尺寸。我死的时候，不要使内有余帛，外有赢财，以辜负陛下。"诸葛亮死的时候，正像他所说的那样。廉洁，不过是人臣的一节，而史家称他为忠。诸葛亮是以无为自负的人而已。读过诸葛亮的表言，可以看出他的操守，他的志趣，他的肝胆，他的赤诚之心，无不字字见血，句句心长，可以与日月同辉。读了他的表言的人，几乎没有人不为他的精神所感化。

因为清廉，所以受人尊敬，也因为清廉，所以能够流传千古。诸葛亮的这种精神，不仅为自己的人生点亮了一盏明灯，更是对后人起到了深远的影响。所以，曾国藩在面对自己的学生时，曾经这样强调："当学诸葛，两袖清风，以贪赃枉法、受贿自富作为大戒，人情馈赠，也宜当免除。”

道光二十八年，曾国藩因为处理满族秀才闹事的案子，遭到了满族大臣的弹劾。为了息众怒，道光皇帝对曾国藩采取了惩罚，从二品官员降职为了四品。官位虽然不及以前，但是曾国藩的实权却大了起来。当时，曾国藩的名声被传得越来越响，京城之中，就没有不知道他的，所以前来拜访的人也越来越多，求字求文的人也不少。

在官场中，曾国藩一直怀着“当官以发财为耻”的信念，所以每年除了那一点俸禄，也就没有什么额外的收入了。曾国藩遭贬职以后，虽然权力大了，可是俸禄却减少了，一段时间下来，曾府的生活变得更加拮据了。

对于生活上的事情，曾国藩是不操心的，可是他的管家唐轩却急得不行。这天，唐轩拿着账本给曾国藩过目，还没等他说话，曾国藩就问：“是家里没钱了吧？”唐轩说：“大人英明。不瞒您说，您上个月光给人写字用的纸墨钱就20两银子，可是给出去的字却分文未收，这就是白扔钱啊。咱们的账上现在只有12两银子了。”曾国藩笑着抚慰唐轩说：“没关系，咱们省着点用，够撑到下个月发俸禄的时候了。以后每顿饭可以只吃素菜，这样可以节省一些钱，也可以再裁下去两个轿夫，省几个大钱。”

唐轩听了，忙跟曾国藩说：“大人，咱们家的轿夫能用几个钱啊？他们都比别家大人的轿夫少挣很多钱的，之所以不离开大人，是因为看重大人的人品。如果大人就这么把他们裁了，恐怕对不住人家的这份心啊。”曾国藩闻言，心里又是一阵感触："大家何苦跟我受这个苦呢！"

唐轩说："大人，同样的官位，恐怕只有您的收入最少了。"曾国藩点了点头，"我要是想挣更多的钱，就不会做官了，像左宗棠那样开几个店铺，哪年不赚几万两银子啊？当官要的就是名声，如果为了一些钱而毁了自己的名声，那还不如不做了。很多人看不透这一点，所以不能做一个廉明的好官。其实廉和贪就好像是一对兄弟，一不小心就可能将自己送入万劫不复的深渊啊。"

唐轩听了大人的话，被大人为官不贪的品质深深地感动了。是啊，自古以来，为官者无数，可是为官不贪者能有几人？贪者，自然不会有好名声，不被人们所信服。

曾国藩说得没错，要想发财就不要去做官，以做官来发财，终究会有凄凉之日。作为一身之计，就不必为财；为了子孙之计，就不必留财。财多，必然累己、害己。还不如清廉自守，留个好名声，留个好榜样给子孙后代。

保持本色，坚守原则，不忘我们做人处世之根本，是我们在这个世上立足立身之根本。不忘做人处世之本，才能立得长久。

方就要受宠不惊

方圆之人懂得把握方圆的分寸，该方时方，该圆时圆，即使是在逆境中也能做到宠辱不惊。

公元979年初，宋太宗御驾亲征北汉，北汉皇帝刘继元走投无路，只好投降。面对这巨大的胜利，宋太宗心花怒放，难以自持，他不顾兵疲财缺的现状，主张乘胜伐辽，收回被辽占据的燕云十六州。

宋朝大将潘美反对此议，他对宋太宗恳切地说："我军大胜，此刻也不能志得意满，轻敌冒进。眼下尚需稳定形势，巩固胜果，士卒也需休整。"

没等宋太宗说话，总侍卫崔翰却越众而出，大声说："此乃天赐良机，岂可轻易放弃呢？陛下进兵之举甚合民心，必群起响应。我军又是得胜之师，当无坚不摧，伐辽必有胜算。"宋太宗本来求胜心切，又听崔翰这样讲，便不再犹豫了，宋军遂大举北进。宋军快到高梁河时，遭到辽军的伏击，损失惨重，宋太宗也不知去向。

当时，宋太祖赵匡胤的长子、武功郡王赵德昭也随宋太宗亲征。他手下的将领猜测宋太宗不是被杀，就是被俘，于是私下商议立赵德昭为帝。众将讨论过后，齐聚赵德昭的帐中，为首者当面劝赵德昭说："皇上失踪，想必已经蒙难。如今军心不稳，大敌当前，大王如不当机立断，承继大统，恐怕变乱不止。恭请大王迅速登上帝位，号召天下。"

赵德昭面对众将拥立，一时心动。他努力使自己镇静下来，没有轻言可否。

赵德昭虽口里没有说什么，心里却是千回百转。他思忖这件事关系太大，万不可因贪求帝位而犯下致命之祸。他又想太宗虽是失踪，终究不能肯定他已蒙难，如果自己轻率即位，太宗若没死，自是不能放过他了，如此自己连性命都将不保。

赵德昭越想越怕，他先前的窃喜之情一扫而光。他决定以静制动，慎重行事，于是他故意做出生气的样子说：“皇上生死未明，大敌当前，你们不思报国杀敌，却在这儿胡言乱语，动摇军心，这是忠臣所为吗？我是皇上的臣子，誓死效忠皇上，岂能受你们唆使，干下这大逆不道之事？你们真是昏了头了！”

众将本想赵德昭定然接受，自己也可有拥立之功，飞黄腾达，谁知赵德昭却出言训斥，他们都瞠目结舌，不知如何应对。他们虽自称有罪，但心中怅然若失，面有不快之色。

赵德昭见之一凛，为了安抚众将，不令他们疏远自己，他又低声说：“你们的好意我心领了，可荣辱之事，岂可盲动？再说赵氏江山谁做皇帝都是一样，我岂能趁皇上危难而行己私呢？倘若皇上真的遭遇不幸，为了宋室江山，我还是不会令各位失望的。”众将气消，皆服其义。第二天早上，宋太宗被杨业父子救回，安然无恙，众将又深服赵德昭慎重之行了。

自古能真正做到宠辱不惊的人，必有宽阔的胸襟和高超的智慧。他们不为荣辱所左右，因此其行为才不会失常失态，凡事才能做出正确的判断和应对。其实，荣辱不仅是暂时的，也是相对的，若是一味好荣厌辱，将之完全对立起来，人在心情大乱之下，就难以冷静从事，其结果不免出现偏差。从思想上淡化荣辱观念，方可让人放下功利思想，真正领略人生的自由境界。

让**人格**成为一生的守护

人格是个人的道德品质，也是个人的性格、气质、能力等特征的总和。

不可否认，具有高尚人格的人也可能遭遇厄运和不幸，但是，具有高尚人格的人宁可遭遇厄运和不幸，也绝不会放弃高尚的人格，因为他们并不是为了得到回报才保持高尚的人格。正因为如此，一个人的人格魅力才会在困境的砥砺中焕发出迷人的魅力，并激发出感染别人的力量。

每一种真正的美德，如勤劳、正直、自律、诚实，都自然而然地得到了人类的推崇。具备这些美德的人值得信赖、信任和效仿，这也是很自然的事情。在这个世界上，他们弘扬了正气，他们的出现使世界变得更美好、更可爱。

人格就是力量，在一种更高的意义上说，这句话比“知识就是力量”更为正确。诚实、正直和仁慈，这些品质与每个人的生命息息相关，已成为一个人品格的最重要方面。正如一位古人所说的："即使缺衣少食，品格也先天地忠实于自己的德行。"具有这种品质的人，一旦和坚定的目标融为一体，那么他的力量便惊天动地，势不可当。

小到一个人，大到一个国家，都应该把人格作为一种最根本的品质去追求和守护。

1970年12月6日，波兰的首都华沙寒气逼人。来访的联邦德国总理勃兰特向华沙无名烈士墓献完花圈之后，来到华沙犹太人殉难者纪念碑前的广场。突然，他双膝着地，跪在了纪念碑前！他是向二战中被德国纳粹屠杀的510万犹太人表示沉痛哀悼，为纳粹时代德国所犯下的罪孽深感负疚，虔诚地认罪赎罪。勃兰特此举震惊了世界，尤其震撼了德国人的灵魂。

当时的民意调查显示，有80%的德国人非常赞赏此举，认为这种出乎意料的方式更充分地表达了德国人悔罪的诚意。此举也赢得了波兰人民的理解和信任，认为它为"结束一段充满痛楚与牺牲的罪恶历史"迈出了重要的一步。

1971年的诺贝尔和平奖授予了勃兰特。这是对勃兰特的肯定，而同样以人格感动全世界人民的人，还有一个，那就是我们的周总理。

1976年1月8日，周恩来逝世。9日凌晨5点，联合国总部大厅的联合国大旗降了半旗，所有联合国会员国的国旗，都不升起。这在联合国从无先例。因此，有的国家大使提出质问：我们国家的元首去世，联合国大旗依然升得那么高，中国的第二首脑去世，联合国降半旗还不算，还把其他国家的国旗收起来，这是为什么？当时的联合国秘书长瓦尔德海姆说：“为了悼念周恩来，联合国下半旗，这是我的决定。原因有二：其一，中国是个文明古国，她的金银财宝多得不计其数。可是她的总理周恩来在国际银行没有一分钱的存款！其二，中国有10亿人口，可是她的总理周恩来没有一个孩子！你们任何一个国家元首，如能做到其中一条，在他去世时，总部也可以为他降半旗。”全场默然。

阿根廷政府曾做出一项特别决定，向在第二次世界大战期间做出过重要贡献的辛德勒遗孀埃米莉·辛德勒夫人每月提供1000元的生活补贴，以使这位老人安度晚年。埃米莉·辛德勒夫人在第二次世界大战期间，曾与丈夫一起冒着生命危险从德国法西斯集中营里救出1200名犹太难民。他们的这段传奇经历，后来被美国导演斯皮尔伯格搬上银幕。电影《辛德勒的名单》真实、成功地记录了这段历史，辛德勒夫妇的事迹也因此被世人广泛传颂。“二战”结束后，辛德勒夫妇于1949年来到阿根廷首都布宜诺斯艾利斯的圣维森特区定居。1974年丈夫去世后，独居此地的埃米莉因缺少收入来源，经济拮据，生活困难。阿根廷的内政部长科拉奇在总统府接见了埃米莉·辛德勒夫人，并向她宣布了这项由梅内姆总统特批的决定。

在重大的历史事件面前，在尖锐的意见分歧面前，是什么有如

神助的力量保护了人的命运？甚至保护了民族、保护了国家的命运？是什么有如神助的力量能够使不同语言、不同肤色、不同民族、不同国家的人民消除隔阂、形成统一的思想和意志？是善良的力量，是正义的力量，是进步的力量，是推动历史车轮向前发展的人民群众的力量。而人格的力量，就是这些力量的集中体现。

因此，每个人都应该把拥有崇高的人格作为人生的最高目标之一，并竭尽全力去赢得这种非凡的力量，让人生因得到高尚人格的照耀而焕发独特的光辉。

挺直腰杆成大事

挺直腰杆即为不卑不亢。在与人交往中存在一个态度与姿态问题，而态度与姿态又总是与身份、地位、角色和自身的个性息息相关，通常是身份较高、地位较高的人，容易表现出高傲的情绪，这种情绪是不易为人所接受的，一旦地位或角色发生了变化，他们便在一种人世的落差中尴尬起来了。

还有另外一种人，他们出身卑微、地位低下或性格懦弱，常常表现出卑微落魄的姿态，这种姿态令人轻蔑和瞧不起，致使很多人不屑于与之为伍。以上这两种处世态度，一者为亢，一者为卑，两者都不利于人际关系的正常发展。可以说，这两种态度是与人相处的大敌，不仅造成彼此相处的心理障碍、精神障碍，而且也给与人相处的气氛笼罩了一片乌云，使彼此相处不愉快、不和谐、不融洽。

一般而言，人们大多喜欢在彼此平等的正常状态下交往。由“卑”或“亢”所产生的距离和相处的鸿沟，使彼此无法构建友谊的桥梁。所以，与人相处中应该保持的良好的态度是不卑不亢，挺直腰杆去做事。

很多人不是因为被别人看不起而垂头丧气，而是因为自己总是爱贬低自己，所以变得无精打采，毫无斗志。这些人垮在了自己身上存在的缺点和毛病。如果你认为自己满身缺点和毛病；如果你自认为是一个笨拙的人，是一个总是面临不幸的人；如果你承认你绝不能取得其他人所能取得的成就，那么，你只会因为自我贬低而失败。

有一只黄鹂鸟，生着一副极好的歌喉，但就是胆子小，不敢在大家面前唱歌。黄鹂鸟也知道自己的缺点，于是它便去寻找有学问的伙伴，向它们求教

如何才能把胆子练大。黄鹂鸟先后找了老乌龟、猫头鹰、长颈鹿，可是每个伙伴都让它先唱一首歌来听听，然后再告诉它。直到找到老松鼠的时候，它已经可以当着所有伙伴的面唱歌而没有丝毫胆怯了，于是老松鼠对它说："你已经找到了把胆子练大的方法了。"

这个故事所说的，其实就是一种自信。黄鹂鸟虽有一副好歌喉，但因缺乏自信，不敢在大家面前唱歌，等到它找到了自信，不仅敢唱，同时也得到了动物们的喜欢和尊重。李白写过这样一句诗："安能摧眉折腰事权贵，使我不得开心颜。"如果面对"权贵"心生畏惧而自卑，那么你就不可能做起事来大方果断，能办的事也难以办成。所以，平时我们应该摆正自己的位置，只要我们将心理上的那份胆怯收起来，充分显示出自己的自信，就会在处世过程中游刃有余。

为什么我们要哭哭啼啼、畏首畏尾地追随别人，做人家的跟屁虫呢？为什么我们总是亦步亦趋地去模仿他人，而不敢求助于我们本身的灵魂或思想呢？挺起胸来，昂起头来，学会善待自己，好好评价自己，相信自己有能力干好自己决心从事的任何事业。

西方学者曾做过一个关于人们心理的调查，他们发现：今天，在西方一些国家中，工薪阶层之所以贫困和缺乏社会地位，大部分原因在于他们有低人一等的感觉。他们想当然地认为自己低人一等，而不是以勇敢和独立的心态站立于人们面前。如果说有一种做法会遭到任何明智的雇主的轻视，那它肯定就是雇员对他的唯命是从、唯唯诺诺、百依百顺和卑躬屈膝的讨好行为。明智的雇主常常更喜欢他周围那些能以平等身份接近他的人。他会本能地蔑视那种点头哈腰、卑躬屈膝和唯唯诺诺的人。他绝不可能去尊重那些自我贬低的雇员。他喜欢那些有骨气的、使他觉得具有人格尊严的和渴望获得尊重的人。

通常，一个人最大的缺点就是缺乏自信心。

绝大多数人的自信心都不足。许多失败者如果在年轻时使自信心得到适当的调整和加强，那么他们是完全能够成大事的。

就拿一个胆怯、害羞、敏感和畏缩的人来说，如果不断地教他相信自己，开导他不要陷入自我贬低的泥潭，让他相信会有光辉灿烂的前途，那么他一定能成为社会的有用之才。对他进行不断地训练、调教，就可以使他充满坚定的信心。这种坚定的信心不仅能增加他的勇气，而且能加强他其他方面的能力。

其实，我们的整个生命过程一直都在复制我们心中的理想图景，一直都在复制我们心中为自己描绘的画像。没有哪一个人会超越他的自我评价。如果一个天才相信他会变成一个侏儒，并且一直那么想，那么他就会真的成为一个侏儒。一个人目前的整体能力是不是很强这一点倒不大重要，因为他的自我评估将决定他的努力结果，将决定他是否能成为成大事者。

所以，如果你想让自己的事业更辉煌，让自己的生活更美满，那就挺直腰杆，满怀自信地去做事吧！

圆能让人**懂得分享**

圆融的人会放下自己的利益去迎合别人，当然也会懂得与人分享。在分享的过程当中，圆融的人看似付出了很多，可是他们从对方身上得到的，要比那些只懂得死守自己利益的人要多得多。

从前，有两个饥饿的人得到了一位长者的恩赐：一根渔竿和一篓鲜活硕大的鱼。一个人要了一篓鱼，另一个要了一根渔竿，于是，他们分道扬镳了。得到鱼的人原地就用干柴搭起篝火煮起了鱼，他狼吞虎咽，还来不及品出鲜鱼的肉香，转瞬间，连鱼带汤都被他吃了个精光。不久，他便饿死在空空的鱼篓旁。另一个人则提着渔竿继续忍饥挨饿，一步步艰难地向海边走去，可当他已经看到不远处那片蔚蓝色的海洋时，他浑身一点力气也没有了，他也只能带着无尽的遗憾撒手人寰。

又有两个饥饿的人，他们同样得到了长者恩赐的一根渔竿和一篓鱼。只是他们并没有各奔东西，而是约定共同去找寻大海，他俩每次只煮一条鱼，经过长途跋涉，他们终于来到了海边。

从此，两个人开始了捕鱼为生的日子。几年后，他们盖起了房子，有了各自的家庭、子女，有了自己建造的渔船，过上了幸福安康的生活。

从上面的故事，我们可以看出，只想着自己的人，往往要承受更多的痛苦，而只有懂得与人分享，才能体会更多的快乐。

一位生前经常行善的基督徒见到了上帝，他问上帝天堂和地狱有何区别。于是上帝就让天使带他到天堂和地狱去参观。

到了天堂，在他们面前出现了一张很大的餐桌，桌上摆满了丰盛的佳肴。围着桌子吃饭的人都拿着一把十几尺长的勺子。

不过令人不解的是，这些可爱的人们都在相互喂对面的人吃饭。看得出，每个人都吃得很愉快。天堂就是这个样子呀！他心中非常失望。

接着，天使又带他来到地狱参观。出现在他面前的是同样的一桌佳肴，他心中纳闷：地狱怎么和天堂一样呀！天使看出了他的疑惑，就对他说："不用急，你再继续看下去。"

过了一会儿，用餐的时间到了，只见一群骨瘦如柴的人来到桌前入座。每个人手上也都拿着一把十几尺长的勺子。由于勺子实在是太长了，每个人都无法把勺子内的饭送到自己口中，这些人都饿得大喊大叫。

以上两个小故事很简单，却向我们揭示了同样一个道理：当你将自己的东西分享给别人的时候，你其实是在用另一种方式获得。因为别人会因为从你这里获得了而对你感恩，他们回报你的，将可能会比你付出的多出很多倍。

我们生活在一个崇尚合作的世界，一个人价值的体现往往就维系在与别人互助的基础之上。许多时候，与人分享自己所拥有的，我们才能找到自己的位置和方向，也才能使自己的价值最大化。

一家有影响的公司招聘高层管理人员，12名优秀应聘者经过初试，从上百人中脱颖而出，进入由公司老总亲自把关的复试。

老总看过这12个人详细的资料和初试成绩后，相当满意。但是此次招聘只能录取4个人，所以，老总给大家出了最后一道题。

老总把这12个人随机分成甲、乙、丙三组，指定甲组的4个人去调查本市婴儿用品市场，乙组的4个人调查妇女用品市场，丙组的4个人调查老年人用品市场。老总解释说："我们录取的人是用来开发市场的，所以，你们必须对市场有敏锐的观察力。让大家调查这些行业，是想看看大家对一个新行业的适应能力。每个小组的成员务必全力以赴！"临走的时候，老总补充道："为避免大家盲目开展调查，我已经叫秘书准备了一份相关行业的资料，走的时候自己到秘书那里去取。"

两天后，12个人都把自己的市场分析报告送到了老总那里。老总看完后，站起身来，走向丙组的4个人，与之一一握手，并祝贺道："恭喜4位，你们已经被本公司录取了！"老总看见大家疑惑的表情，平静地解释道："请大家打开我叫秘书给你们的资料，互相看看。"原来，每个人得到的资料都不一样，甲组的4个人得到的分别是本市婴儿用品市场过去、现在和将来的分析，其他两组的也类似。老总说："丙组的4个人很聪明，互相借用了对方的资料，补全了自己的分析报告。而甲、乙两组的8个人却分别行事，抛开队友，自己做自己的。我出这样一个题目，其实最主要的目的，是想看看大家的团队合作意识。甲、乙两组失败的原因在于，他们没有合作，忽视了队友的存在！要知道，团队合作精神才是现代企业成功的保障！”

人生的成功与否往往取决于是否善于与他人分享自己所拥有的，自私的人往往对他人漠不关心，他们只在意自己的“一亩三分地”，只管攫取，从不奉献。这样的人终其一生也不会获得较大的成功。

工作中的失败者常常抱着“我赢你输”的态度，最后往往得到“谁也没赢”的结果。而真正的胜利者则具有“大家一起赢”的态度：“如果我帮助你获胜，那么我也就胜利了。”

用灵活手段达到目的

李宗吾说过这样一件事：“我父亲怕工人起晚了，耽搁工作，而每晨呼之起，又觉得讨厌，他就把堂屋门做得很坚实，见窗上现白色，再开启房门一看，天果然亮了，即把堂屋门砰一声打开，工人即惊醒。”

方圆处世学告诉我们，人们在处理事情时需要一定的灵活性，其手法也要高明。运用灵活的手段，善于变通、迂回应变，能够排除自己举措触及各种人际关系后所产生的负效应，因此也往往能够更快、更直接地达到自己的目标。

明朝清官海瑞一生清廉，正直不阿，深受百姓爱戴，不过，这并不意味着他不通世事。

海瑞曾在淳安县做知县，当时，朝中大奸臣严嵩大权在握，横行天下。严嵩的干儿子鄢懋卿是严嵩最忠实的走狗和最凶恶的爪牙。鄢懋卿经常借巡察之机大肆铺张，明目张胆地敲诈勒索当地官员，单在扬州一地前后就搜刮到几百万两银子。不过，尽管骄奢淫逸，但他还是会经常做一些勤俭朴素的表面文章，为自己装装门面。

一次，在经过包括淳安县在内的严州府地界时，鄢懋卿照例表面上明文告示各县，宣称自己生性简朴，令各地官员都要俭朴节约，不要过分奢华。海瑞当然知道鄢懋卿卑鄙无耻、贪得无厌，也知道他那些用来欺世盗名的花言巧语只不过是表面功夫，不过，他决不会像其他官吏一样对他毕恭毕敬，大肆迎接。可是，毕竟鄢懋卿是严嵩的干儿子，硬碰硬自然不行。于是海瑞派人到各地探听鄢懋卿到各地搜刮的钱财，以及各地为了迎接他所花费的财物。然后将各项费用详细列出，报告给鄢懋卿，并说："大人每到一地，各地官员无不借机大肆铺张以逢迎大人，这显然不符合大人向来简朴节俭、不喜逢迎的作风。现在大人就要驾临我县，我们深感为难，如照大人通知上所说的节俭办事，恐获简慢之罪；如像各地官员一样大肆招待，又只怕违背了大人体恤百姓的本意。请大人示下，我们该如何是好？"

鄢懋卿见了海瑞的报告，知道他这是有意和自己过不去，心里恨得咬牙切齿，但他知道海瑞清正廉明，弄不好自己难以下台，只好在海瑞的报告上愤愤批复说："当然照正式通知办事。"后来，鄢懋卿怕自讨没趣，干脆绕道而行，没有进入严州地界。

又有一次，浙直总督胡宗宪的公子路过淳安。由于负责招待的驿吏招待得不好，胡公子大发雷霆，把驿吏倒吊了起来。

海瑞接到报告，说："过去胡总督按察巡部，命令所路过的地方不要供应太铺张。现在这个人行装丰盛，一定不是胡公的儿子。"于是他将胡公子扣押，从他的行囊之中搜出了数千两银子，都没收入官库。接着，海瑞再派人报告胡总督，说有人冒充他的儿子，请示应该如何发落。结果弄得胡宗宪哑巴吃黄连，有苦说不出。

海瑞是历史上有名的大清官，生性耿直，他给人们的印象是迂腐、头脑简单。不过，他对付鄢懋卿和胡公子的办法，倒也算是领悟了方圆之术的精神，在某种程度上起到了弘扬正义的作用。

做人要懂得**知恩图报**

一个人拥有感恩的心，那么他就会少一点抱怨与牢骚，多一双发现美的眼睛；少一点世俗的纷扰，多一份真诚的宁静；少一点对自然与环境的破坏，多一份对大自然的感激。

"滴水之恩当涌泉相报"，用现在的话来讲就是"感恩"。"感恩"二字，在字典中的注解是："乐于把得到好处的感激呈现出来且回馈给他人。""感恩"是一种认同，是对世界万物、一花一草的深切认同，更是一种回报。当我们从母亲的子宫里出来以后，母亲用乳汁将我们哺育成长，给予我们无私的母爱，我们更应该珍惜和回报这份恩赐、这份爱。

无论是亲人还是素不相识的人，只要他曾给过你哪怕是一丁点的帮助，你也应学会去感谢他们。

弘一法师在泉州草庵大病的时候，曾有人给他写了一封慰问信，言辞十分恳切，字里行间充满了关怀，而且朋友们还一起签了名，并为他的病情进行祈祷。这一切让病中的弘一法师十分感动，以至于很多年后，弘一法师依然常常为此事而感谢他的朋友们。

是的，人是需要懂得“知恩图报”的，感恩的第一步便是知恩，只有先知恩，才能去报恩。这也是我们人类与生俱来的本性，是一个人不可磨灭的良知。

一个猎人上山打猎，看见一匹狼卧在山坳里，当他举起猎枪瞄向狼的时候，狼没跑，仍卧在那里。猎人觉得很奇怪，近前一看，发现是匹怀孕的母狼，而且显得有些可怜，原来这匹狼一条腿折了。狼看着猎人，像是在乞求猎人饶它不死，猎人心软了，不但没有杀它，还将它的伤腿进行了敷药包扎。

冬天到了，一场大雪封住了猎人的家门，他一连好几天都无法上山打猎。一天夜里，猎人听到自家靠山根的后院里“扑通扑通”的响，像是有人往院里扔东西。第二天，猎人开门一看，院里扔了几只野兔和山鸡。以后每逢下大雪不能上山的时候，都是这样，原来是狼在报恩。

动物尚且知道“知恩图报”，人在接受别人的帮助以后更应该懂得感恩。无论是在生活中还是工作中，我们都应该心怀无限的感恩之情。要知道，懂得感恩是人的一种美好而优秀的品质。

唐功红，一个地道的农村姑娘，通过自己的顽强毅力和拼搏奋斗，赢得了雅典奥运会女子举重的金牌。她的精神不仅使每一个中国人感动，也让世界各国的人为之敬佩。当记者采访她的时候，她却发自内心地感谢她的父母和教练，还有她们的队医和领队。在她看来，没有他们那么多默默无闻的辛苦付出，就不会有自己今天的辉煌成就。

我们可以看出，唐功在取得成就的时候没有忘记本分，而是懂得感恩。她的感恩是发自内心的，是真挚的。正因为此，她也在个人的精神品格上赢得了人们的尊重。

俗语云："知恩图报，善莫大焉。"常怀感恩之心也就拥有了人类最微小也最不能丢失的美德，也就拥有了成功的基础。

1987年，经济大萧条时期，美国阿姆斯特朗公司不得已冻结了员工的工资，公司上层希望借此能帮公司度过艰难的一年。当时公司里的所有员工都毫无怨言地接受了这一事实。他们普遍的态度是：公司一直待我不薄，现在是我回报公司的时

候了。

几个月以后，老板发现这一年似乎比预想的要好得多，他决定不仅把原来所欠的工资补发给大家，还给每个人加薪。仅补发加薪一项，每人就有400美元。

补发的薪水采取现金发放的方式，每个人都看到桌上堆满了10美元的钞票，总共有125000张之多，足足堆了两英尺高。员工一个接着一个，每个人都走上前与老板及公司的经理们握手，听他们说“感谢你对公司的理解”这句温暖人心的话语，然后拿着40张面值10美元的一叠崭新钞票离开。

阿姆斯特朗的老板和全体员工用实际行动告诉我们：知恩图报是一种既利人又利己的美德。

古人云：“施人慎勿念，受施慎勿忘。”知恩图报是一个人不可磨灭的良知。一个懂得知恩图报的人，就拥有了人生最重要的美德和生活中最重要的智慧。

第二篇

方是原则，圆是机变

坚持是方，**放弃是圆**

南怀瑾先生讲到太极拳与道功的时候，提到自己的一段经历。他年轻时曾经想去杭州城隍山跟一老道学剑术，结果这个老道以南怀瑾先生底子不厚为由，让先生颇为难堪。先生当时立志学文兼学武，想经世济时，所以先生考虑再三，放弃了学武的念头，避免了心不专一导致一事无成，一心学文，终成一代大家，正所谓“鱼与熊掌不可得兼”。事实上，生活一直在考验我们如何善用理智平衡冲动的感情，又如何在理性与感性的制衡中有所取舍。南怀瑾先生一生贯通佛、道、儒三学，又有所偏重，可见他在舍与得之间、坚持与放弃之间找到了一个完美的契合点。人们常说“舍得”一词，却未必知道这“舍得”二字的禅意。舍得舍得，一舍一得，有所舍弃，才有所得到。舍与得，恰恰包含了人生方圆的大道理。

舍是圆，得是方。人们愿意获得，可是要在正确的道德指引之下获得，不能因为不良事物的诱惑而迷失方向。该得的要得，不该得的就要放弃，所以做人既要方正，又要圆融，既要懂得坚守自己应得的利益，又要能够经得住诱惑。

这样的道理说起来容易，做起来却很难。在面对诱惑的时候，尽管理智会告诉自己放弃，可是很多人还是经不住诱惑，从而做出了错误的决定。

非洲土人抓狒狒有一绝招：故意让躲在远处的狒狒看

见，将其爱吃的食物放进一个开有小口的洞中。等人走远，狒狒就活蹦乱跳地来了，它将爪子伸进洞里，紧紧抓住食物，但由于洞口很小，它的爪子握成拳后就无法从洞中抽出来了，这时，猎人只管不慌不忙地来收获猎物，根本不用担心它会跑掉，因为狒狒舍不得那些可口的食物，越是惊慌和急躁，就将食物抓得越紧，爪子就越无法从洞中抽出。

听说过这个故事的朋友都大呼“妙”！此招妙就妙在人将自己的心理推及类人的动物。其实，狒狒们只要稍一撒手就可以溜之大吉，可它们偏偏不！在这一点上，说狒狒类人，亦可说人类狒狒。狒狒的举止大都是无意识的本能，而人如果像狒狒一般只见利而不见害地死不撒手，那只能怪他利令智昏或执迷不悟了。

失恋者只要肯对抛弃自己的恋人撒手，何至于把自己弄得失魂落魄、心灰意冷？失业者只要肯对头脑中僵化的择业观撒手，何至于整天萎靡不振、怨天尤人？赌徒只要肯对侥幸心理撒手，何至于血本无归、倾家荡产？瘾君子只要肯对海洛因撒手，何至于如行尸走肉、浑噩一生？贪赃枉法者只要肯对一个“钱”字撒手，又何至于锒铛入狱甚至搭上自己性命？

该放手时请放手，不可陷得太深。留得青山在，不怕没柴烧。事实上，放手可以减轻许多麻烦和折磨，可以轻松地去开始另一项更有意义的事业。做人应该灵活点，不能像狒狒那样一根筋。这就是所谓不舍就不得，舍弃才能得到的道理。

“舍得”在某种情况下就是一种变通。

从前有两个年轻人，一个叫小山，一个叫小水，他们住在同一村庄，成为最要好的朋友。由于居住在偏远的乡村谋生不易，他们就相约到远方去做生意，于是同时把田产变卖，带着所有的财产和驴子到远方去了。

他们首先抵达一个生产麻布的地方，小水对小山说：“在我们的故乡，麻布是很值钱的东西，我们把所有的钱换取麻布，带回故乡一定会有利润的。”小山同意了，两人买了麻布，细心地捆绑在驴子背上。

接着，他们到了一个盛产毛皮的地方，那里也正好缺少麻布，小水就对小山说：“毛皮在我们故乡是更值钱的东西，我们把麻布卖了，换成毛皮，这样不但我们的本钱回收了，返乡后还有很高的利润！”

小山说：“不了，我的麻布已经很安稳地捆在驴背上，要搬上搬下多么麻烦呀！”

小水把麻布全换成毛皮，还多了一笔钱。小山依然有一驴背的麻布。

他们继续前进到一个生产药材的地方，那里天气苦寒，正缺少毛皮和麻布，小水就对小山说："药材在我们故乡是更值钱的东西，你把麻布卖了，我把毛皮卖了，换成药材带回故乡一定能赚大钱的。"

小山拍拍驴背上的麻布说："不了，我的麻布已经很安稳地在驴背上，何况已经走了那么长的路，卸上卸下太麻烦了！"小水把毛皮都换成药材，还赚了一笔钱。小山依然有一驴背的麻布。

后来，他们来到一个盛产黄金的城市，那充满金矿的城市是个不毛之地，非常欠缺药材，当然也缺少麻布。小水对小山说："在这里药材和麻布的价钱很高，黄金很便宜，我们故乡的黄金却十分昂贵，我们把药材和麻布换成黄金，这一辈子就不愁吃穿了。"

小山再次拒绝了："不！不！我的麻布在驴背上很稳妥，我不想变来变去呀！"小水卖了药材，换成黄金，又赚了一笔钱。小山依然守着一驴背的麻布。

最后，他们回到了故乡，小山卖了麻布，只得到蝇头小利，和他辛苦的远行不成比例。而小水不但带回一大笔财富，而且把黄金卖了，成为当地首屈一指的富豪。

人一定要懂得在适当的时候变通，无谓的坚持是没有意义、也没有价值的。执著与放手都需要很大的勇气。在追求自己的执著时，往往要做出牺牲，而那样的牺牲就叫作放手。在决定放手的时候，又经常为了追逐别的。想要天底下出现事事完美的状况，概率实在是太低，这就是所谓的"鱼与熊掌不可兼得”。

这就是抉择。

舍得之间，成大方圆。

从路径依赖走出来

路径依赖的意思是思维会受既定的标准所限制，而难以有所突破。它常常会作为一种现象出现在我们的生活中。

一天，齐桓公在管仲的陪同下，来到马棚视察。他一见养马人就关心地询问：“马棚里的大小诸事，你觉得哪一件事最难？”养马人一时难以回答。这时，在一旁的管仲代他回答：“从前我也当过马夫，依我之见，编排用于拦马的栅栏这件事最难。”齐桓公奇怪地问道：“为什么呢？”管仲说道：“因为在编栅栏时所用的木料往往曲直混杂。你若想让所选的木料用起来顺手，使编排的栅栏整齐美观、结实耐用，开始的选料就显得极其重要。如果你在下第一根桩时用了弯曲的木料，随后你就得顺势将弯曲的木料用到底，笔直的木料就难以启用。反之，如果一开始就选用笔直的木料，继之必然是直木接直木，曲木也就用不上了。”

管仲虽然不知道“路径依赖”这个理论，却已经在运用这个理念来说明问题了。他表面上讲的是编栅栏建马棚的事，但其用意是在讲述治理国家和用人的道理。如果从一开始就做出了错误的选择，那么后来就只能是将错就错，很难纠正过来。由此可见“路径依赖”的可怕性，如果最初的思维是错误的，也就难以得到正确的结果了。

我们在生活中、工作中常常会遇到“路径依赖”的现象，使思维陷入对传统观念的依赖中。这种依赖是创新路上的一块绊脚石，要想有所创新，就要努力突破“路径依赖”，开辟一条新的路径，像下面故事中的B公司销售人员一样。

A公司和B公司都是生产鞋的，为了寻找更多的市场，两个公司都往世界各地派了很多销售人员。这些销售人员不辞辛苦，千方百计地搜集人们对鞋的各种需求信息，并不断地把这些信息反馈给公司。

有一天，A公司听说在赤道附近有一个岛，岛上住着许多居民。A公司想在那里开拓市场，于是派销售人员到岛上了解情况。很快，B公司也听说了这件事情，他们唯恐A公司独占市场，赶紧也把销售人员派到了岛上。

两位销售人员几乎同时登上海岛，他们发现海岛相当封闭，岛上的人与大陆没有来往，他们祖祖辈辈靠打鱼为生。他们还发现岛上的人衣着简朴，几乎全是赤脚，只有那些在礁石上采拾海蛎子的人为了避免礁石硌脚，才在脚上绑上海草。

两位销售人员一到海岛，立即引起了当地人的注意。他们注视着陌生的客人，议论纷纷。最让岛上人感到惊奇的就是客人脚上穿的鞋子，岛上人不知道鞋子为何物，便把它叫作脚套。他们从心里感到纳闷：把一个“脚套”套在脚上，不难受吗？

A公司的销售人员看到这种状况，心里凉了半截，他想，这里的人没有穿鞋的习惯，怎么可能建立鞋的市场？向不穿鞋的人销售鞋，不等于向盲人销售画册、向聋子销售收音机吗？他二话没说，立即乘船离开海岛，返回了公司。他在写给公司的报告上说：“那里没有人穿鞋，根本不可能建立起鞋的市场。”

与A公司销售人员的情况相反，B公司的销售人员看到这种状况时心花怒放，他觉得这里是极好的市场，因为没有人穿鞋，所以鞋的销售潜力一定很大。他留在岛上，与岛上人交上了朋友。

B公司的销售人员在岛上住了很多天，他挨家挨户做宣传，告诉岛上人穿鞋的好处，并亲自示范，努力改变岛上人赤脚的习惯。同时，他还把带去的样品送给了部分居民。这些居民穿上鞋后感到松软舒适，走在路上他们再也不用担心扎脚了。这些首次穿上了鞋的人也向同伴们宣传穿鞋的好处。

这位有心的销售人员还了解到，岛上居民由于长年不穿鞋的缘故，与普通人的脚形有一些区别，他还了解了他们生产和生活的特点，然后向公司写了一份详细的报告。公司根据这些报告，制作了一大批适合岛上人穿的鞋，这些鞋很快便销售一空。不久，公司又制作了第二批、第三批……B公司终于在岛上建立了市场，赚了一笔数目不少的资金。

按照传统路径，海岛上的居民不穿鞋子，鞋子又怎会在这里有市场呢？然而，B公司的销售人员却突破了对这一路径的依赖，用创新的方法使居民认识到穿鞋的好处，就这样，轻而易举地打开了一片新的市场。

“路径依赖”理论不仅显现了禁锢思想的原因，同时也提出了解除这种禁锢的方法，那就是从源头上突破对某一种观点或规范的依赖，尝试用一种全新的方法，走一条全新的道路。尝试为创新思维开辟一片发展的空间，在这片自由的天空下，将创造力发挥到极致，取得生活与事业的双赢。

改变思维，**改变人生**

在世界上极具影响力的美国心理学家马尔比.D.巴布科克说：“最常见同时也是代价最高昂的一个错误，就是认为成功依赖于某种天才、某种魔力，某些我们不具备的东西。”成功的要素其实掌握在我们自己手中，那就是正确的思维。一个人能飞多高，并非由人的其他因素决定，而是受他自己的思维所制约。有这样一个故事，相信对大家会有启发。

一对老夫妻结婚50周年之际，他们的儿女为了感谢他们的养育之恩，送给他们一张世界上最豪华客轮的头等舱船票。老夫妻非常高兴，登上了豪华游轮。真的是大开眼界，可以容纳几千人的豪华餐厅、歌舞厅、游泳池、赌厅等应有尽有。唯一遗憾的是，这些设施的价格非常昂贵，老夫妻一向很节省，舍不得去消费，只好待在豪华的头等舱里，或者到甲板上吹吹风，还好来的时候他们怕吃不惯船上的食物，带了一箱泡面。

转眼游轮的旅程要结束了，老夫妻商量，回去以后如果邻居们问起来船上的饮食娱乐怎么样，他们都无法回答，所以决定最后一晚的晚餐到豪华餐厅里吃一顿，反正最后一次了，奢侈一次也无所谓。他们到了豪华的餐厅，烛光晚餐、精美的食物，他们吃得很开心，仿佛回到了初恋时候的感觉。晚餐结束后，丈夫叫来服务员要结账。服务员非常有礼貌地说："请出示一下您的船票。"丈夫很生气："难道你以为我们是偷渡上来的吗？"说着把船票丢给了服务员，服务员接过船票，在船票背面的很多空栏里画去了一格，并且十分惊讶地说："二位上船以后没有任何消费吗？这是头等舱船票，船上所有的饮食、娱乐，包括赌博筹码都已经包含在船票里了。"

这对老夫妇为什么不能够尽情享受？因为他们的思维禁锢了他们的行动，他们没有想到将船票翻到背面看一看。我们经常会遇到类似的经历，总是死守着现状而不愿改变。就像我们头脑中的思维方式，一旦哪一种观念占据了上风，便很难改变或不愿去改变，导致做事风格与方法没有半点变通的余地，最终只能将自己逼入“死胡同”。

如果我们能够像下面故事中的比尔一样，适时地转换自己的思维方式，会使自己的思路更加清晰，视野更加开阔，做事的方法也会灵活多变，自然就会取得更优秀的成就。从某种程度上讲，改变了思维，人生的轨迹也会随之改变。

从前有一个村庄严重缺少饮用水，为了根本性地解决这个问题，村里的长者决定对外签订一份送水合同，以便每天都能有人把水送到村子里。艾德和比尔两个人愿意接受这份工作，于是村里的长者把这份合同同时给了两个人，因为他们知道一定的竞争将既有益于保持价格低廉，又能确保水的供应。

获得合同后，比尔就奇怪地消失了，艾德立即行动了起来。没有了竞争使他很高兴，他每日奔波于相距1公里的湖泊和村庄之间，用水桶从湖中打水并运回村庄，再把打来的水倒在由村民们修建的一个结实的大蓄水池中。每天早晨他都必须起得比其他村民早，以便当村民需要用水时，蓄水池中已有足够的水供他们使用。这是一项相当艰苦的工作，但艾德很高兴，因为他能不断地挣到钱。

几个月后，比尔带着一个施工队和一笔投资回到了村庄。原来，比尔做了一份详细的商业计划，并凭借这份计划书找到了4位投资者，和他们一起开了一家公司，并雇用了一位职业经理。比尔的公司花了整整一年时间，修建了从村庄通往湖泊的输水管道。

在隆重的贯通典礼上，比尔宣布他的水比艾德的水更干净，因为比尔知道有许多人抱怨艾德提供的水中有灰尘。比尔还宣称，他能够每天24小时、一星期7天不间断地为村民提供用水，而艾德却只能在工作日里送水，因为他在周末同样需要休息。同时比尔还宣布，对这种质量更高、供应更为可靠的水，他收取的价格却比艾德的低75%。于是村民们欢呼雀跃、奔走相告，并立刻要求从比尔的管道上接水龙头。

为了与比尔竞争，艾德也立刻将他的水价降低了75%，并且又多买了几个水桶，以便每次多运送几桶水。为了减少灰尘，他还给每个桶都加上了盖子。用水需求越来越大，艾德一个人已经难以应付，他不得已雇用了员工，可又遇到了令他头痛的工会问题。工会要求他付更高的工资、提供更好的福利，并要求降低劳动强度，允许工会成员每次只运送一桶水。

此时，比尔又在想，这个村庄需要水，其他有类似环境的村庄一定也需要水。于是他重新制订了他的商业计划，开始向全国甚至全世界的村庄推销他的快速、大容量、低成本并且卫生的送水系统。每送出一桶水他只赚1便士，但是每天他能送几十万桶水。无论他是否工作，几十万人都要消费这几十万桶的水，而所有的这些钱最后都流入了比尔的银行账户中。显然，比尔不但开发了使水流向村庄的管道，而且还开发了一个使钱流向自己钱包的管道。

比尔之所以能获得成功，就在于他懂得及时变换思维。当得到送水合同时，他并没有立即投入挑水的队伍中，而是运用他的智慧将送水工程变成了一个体系，在这个体系中的人物各有分工，通力协作。当这一送水模式在本村庄获得成功后，比尔又考虑到其他的村庄也需要这种安全、卫生、方便的送水服务，更加开拓了他的业务范围。比尔正是运用了巧妙的思维变通达到了“巧干”的结果。

思路决定出路，思维改变人生。应对人生难题，如果不懂得变化，只会让发展停滞。而懂得变化的人，则能在竞争中占有绝对优势。

安于现状就是**自我套牢**

我们所处的社会每时每刻都在发生着巨大的变化，如果只安于现状、不思进取，不懂得以自身的变通来应对社会的变化，那么就像股票被套牢一样，到最后只能一败涂地。

大海中有一条鲷鱼和一只蝾螺，蝾螺有着坚硬无比的外壳，鲷鱼在一旁赞叹着说：“蝾螺啊！你真是了不起呀！有一身坚强的外壳，一定没人伤得了你。”

蝾螺也觉得鲷鱼所言甚是，正扬扬得意的时候，突然发现敌人来了。鲷鱼说：“你有坚硬的外壳，我没有，我只能用眼睛看个清楚，确知危险从哪个方向来，然后决定怎么逃走。”说着，鲷鱼就迅速游走了。

此刻呢，蝾螺心里在想，我有这么一身坚固的防卫系统，没人伤得了我啦！我还怕什么呢！便关上大门，等待危险过去。

蝾螺等呀等，等了好长一段时间，也睡了好一阵子，心想：危险应该已经过去了吧！就想探出头透透气，伸出头来一看，蝾螺被眼前的景象惊呆了。

此时，它正在水族箱里，对面是人流熙攘的大街，而水族箱上贴着的是：蝾螺××元一斤。

因为安于现状，所以即使有坚硬外壳的蝾螺也没有办法保护自己，最终成为人类的贩卖品。可见安于现状的坏处。有位哲学家曾经说过："仅有一种想法比任何事物都可怕。"只有主动变通、积极进取的人，才能在社会中立于不败之地。

吴士宏从一个"毫无生气甚至满足不了温饱的护士职业"（吴士宏语），先后当上IBM华南区的总经理、微软（中国）有限公司总经理、TCL集团常务董事和副总裁，靠的就是一种主动晋升、绝不安于现状的精神。

外表温文、满脸笑容的吴士宏曾经是北京一家医院的普通护士。用吴士宏自己的话说，那时的她除了自卑地活着，一无所有。一天，她看到报纸上IBM公司在招聘，于是她通过外企服务公司准备前去应聘，在此前外企服务公司向IBM推荐过好多人都没有被聘用，吴士宏虽然没有高学历，也没有外企工作的资历，但她有一个信念，那就是"绝不允许别人把我拦在任何门外"，结果她被聘用了。

据她回忆，1985年，她为了离开原来毫无生气甚至满足不了温饱的护士职业，凭着一台收音机，花了一年半时间学完了许国璋英语三年的课程。正好此时IBM公司招聘员工，于是吴士宏来到了五星级标准的长城饭店，鼓足勇气，走进了世界最大的信息产业公司IBM公司的北京办事处。

IBM公司的面试十分严格，但吴士宏都顺利通过了筛选。到了面试即将结束的时候，主考官问她会不会打字，她条件反射地说："会！"

"那么你一分钟能打多少字？"

"您的要求是多少？"

主考官说了一个标准，吴士宏马上承诺说可以。因为她环视四周，发觉考场里没有一台打字机。果然，主考官说下次录取时再加试打字。

实际上，吴士宏从未摸过打字机。面试结束后，吴士宏飞也似的跑回去，向亲友借了170元买了一台打字机，没日没夜地敲打了一星期，双手疲乏得连吃饭都拿不住筷子，竟奇迹般地敲出了专业打字员的水平。以后好几个月她才还清了这笔对她来说不小的债务，而IBM公司却一直没有考她的打字水平。

吴士宏就这样成了这家世界著名企业的一名普通员工。

靠着这种不断进取的精神，吴士宏顺利地迈入了IBM公司的大门。进入IBM公司的吴士宏不甘心只做一名普通的员工，因此，她每天比别人多花6个小时用于工作和学习。于是，在同一批聘用者中，吴士宏第一个做了业务代表。接着，同样的付出又使她成为第一批本土的经理，然后又成为第一批去美国本部从事战略研究的人。最后，吴士宏又第一个成为IBM华南区的总经理。这就是多付出的回报。

1998年2月18日，吴士宏被任命为微软（中国）有限公司总经理，全权负责包括香港在内的微软中国区业务。据说为争取她加盟微软，国际“猎头公司”和微软公司做了长达半年之久的艰苦努力。吴士宏在微软仅仅用7个月的时间就完成了全年销售额的130%。

在中国信息产业界，吴士宏创下了几项第一：她是第一个成为跨国信息产业公司中国区总经理的内地人；她是唯一一个在如此高位上的女性。在中国经理人中，吴士宏被尊为“打工皇后”。正是这种不安现状、主动晋升的进取精神，成就了吴士宏事业上的辉煌。

社会形势瞬息万变，每天都在演绎着“优胜劣汰，适者生存”的剧目。在这里，“优”与“劣”的衡量标准不仅局限在本身的能力上，能否快速适应变化成为又一制约发展的关键因素。别人变化快，你变化慢，你就会落后；别人都在变化，你仍保守于过去的成绩不知改进，你就会被淘汰。

因事而变，让人生总处在不败的状态

一棵小草，在风势来临时，要么折断，要么弯曲。只有因事而变，随风而动，看似柔弱，实则坚韧，才能让自己的人生总是处于不败的状态。

清末民初，被人称为三朝元老的徐世昌在慈禧掌权时，曾做过军机大臣；载沣当政时，做过邮传尚书；袁世凯任总统时，做过国务总理；段祺瑞执政时，做过总统。为什么他能屹立不倒、一直得势呢?

袁世凯死后，北洋军阀分裂，一派是皖系，以段祺瑞为首；一派是直系，以冯国璋为首。徐世昌则不属于任何一个派系。

1917年，张勋复辟失败，黎元洪下台，冯国璋继任大总统，段祺瑞任政府总理。

冯、段二人貌合神离，双方谁也不买谁的账，虽说段祺瑞把持着政府，掌握实权，但据此就想把冯国璋当作黎元洪一样成为他操控的机器，也是不可能的。冯国璋同样也处处拆段祺瑞的台。

段祺瑞对南方用兵，想统一天下，派皖系军人傅良佐入主湘中，而冯国璋则指示直系军队不战而退，使皖系军队失利。

冯国璋与段祺瑞之间的关系日趋恶化，梁士怡请徐世昌出面调解，徐世昌说：“往昔府院明争，我能解；今乃暗斗，我没办法，做不到。”他不想得罪任何一方。

南北双方再战，北洋军直系的后起之秀吴佩孚一路取胜，一直打到衡阳。但不久，吴佩孚就通电主和，公开攻击段祺瑞的“武力统一”政策“实亡国之政策”。

为了倒冯，段祺瑞表示要与冯国璋同时下野，这样给冯国璋一个面子。

正在双方打得不可开交之时，徐世昌却当选为中华民国总统。

有人说这是“鹬蚌相争，渔翁得利”，有人说徐世昌的总统是捡来的。但不管怎么说，他终归是总统。

徐世昌做官时间长，对上层的钩心斗角了解最深。所以他做官尽量避免卷入政治斗争的旋涡，对官员们能保则保，能帮则帮，是个“大好人”。

后来，徐世昌见上层斗争太激烈，难以应付，就请调东北三省总督，远离了北洋政府激烈斗争的旋涡。

徐世昌是由科举之路，靠“中庸之道”，在仕途上飞黄腾达的。虽说有些做法颇具两面派的意味，但宦海风波，

恶浪滔天，如果没有智慧，光凭做个老好人，是难以生存下去的。

做人也一样，尽管很多时候我们想要保持自己的个性，不被环境所左右，可是大局势已经摆在那里了，如果你还不懂得应变，就只有死路一条了。与其这样被动变化，倒不如在看清事情的发展方向的时候，就主动改变自己，让自己因时而动，因事而动，最终立于不败之地。

取巧不投机，**圆融走捷径**

懂得圆融的人是思路异常灵活的一群人，他们能够以敏锐的思维找到问题的症结所在，寻找更好的方法来获得最佳结果。所以，在追求目标的过程中，懂得圆融的人通常会比因循守旧的人更能找到做事的捷径，付出较少的代价却能获得更大的成功。

彼得来这家快餐店工作的时间不长，却很快拿到了最高的薪金。对于这种“不公平”的分配，其他人提出了异议。面对周围人的牢骚与不解，老板让他们站在一旁，看看彼得是如何完成服务工作的。

在冷饮柜台前，顾客走过来要一杯麦乳混合饮料。

彼得微笑着对顾客说：“先生，您愿意在饮料中加入 1 个还是 2 个鸡蛋呢？”

顾客说：“哦，1 个就够了。”

这样快餐店就多卖出 1 个鸡蛋，在麦乳饮料中加 1 个鸡蛋通常是要额外收钱的。而其他人一般会问："您愿意在饮料中加鸡蛋吗？"顾客一般会回答："不用，谢谢。"

看完彼得的服务过程，其他人恍然大悟。

彼得是一个懂得圆融的人，他的成功在于其做事讲究方法和策略，让顾客无论怎样选择，他都至少会卖出一个鸡蛋。所以，他的销售成绩，自然要比别人好很多。

圆融的人，往往能够很快地找到捷径。他们会突破思维定式，及时地转换脑筋，以达到最好的效果。但是，他们的圆融，并不是建立在没有道德约束的前提之下的，他们寻找到的捷径势必是正当的，而非投机取巧，损害他人的利益。

一个年轻的经理带了些未完成的工作回家处理，为第二天的一个重要会议做准备。他5岁的儿子每隔几分钟就跑过去打断一下他的思路。

几次之后，他看见了一张有世界地图的晚报，于是他把地图拿过来撕成几片，让他的儿子把地图重拼起来。他以为这样能使那小家伙忙上一阵子，借此他能完成工作。没想到3分钟后，儿子又跑过来兴奋地告诉他已经拼好了，这个经理十分吃惊，问儿子怎么能拼得这么快。小家伙说："图的背面有一个人，我只要把它翻过来，人拼好了，地图就拼好了。"

按照经理的想法，拼一个地图是要费很长时间的，可是儿子因为懂得变通，换了一个角度，也就可以在最短的时间里完成任务了。他的做法就是做事的一种圆融。

圆融的精髓就在于用最小的代价换取最大的收益。要达到目的有时并不一定因循守旧，恰恰相反，走捷径在某些时候是最好的方法。

圆融的工作方法可以提高效率，善于用圆融变通的思路和方法去解决生活中的问题和困难，是一个人决胜的根本。

美国摩根财团的创始人摩根，原来并不富有，夫妻二人靠卖蛋维持生计。但身高体壮的摩根卖蛋远不及瘦小的妻子。后来他终于弄明白了原委，原来他用手掌托着蛋叫卖时，由于手掌太大，人们眼睛的视觉误差害苦了摩根。他立即改变了卖蛋的方式：把蛋放在一个浅而小的托盘里，出售情况果然好转。摩根并不因此满足。眼睛的视觉误差居然能影响销售，那经营的学问就更大了，从而激发了他对心理学、经营学、管理学等的研究和探讨，最终创建了摩根财团。

而日本东京的一个咖啡店老板则利用人的视觉对颜色产生的误差，减少了咖啡用量，增加了利润。他给30多位朋友每人 4 杯浓度完全相同的咖啡，但盛咖啡的杯子的颜色分别为咖啡色、红色、青色和黄色。结果朋友们对完全相同的咖啡的评价不同，他们认为青色杯子中的咖啡“太淡”；黄色杯子中的

咖啡“不浓，正好”；咖啡色杯子以及红色杯子中的咖啡“太浓”，而且认为红色杯子中的咖啡“太浓”的占90%。于是老板依据此结果，将店中的杯子一律改为红色，既大大减少了咖啡的用量，又给顾客留下了极好的印象。结果顾客越来越多，生意随之愈加红火。

取巧不是投机倒把，而是用最少的成本换取最大的收益，这是变通的妙处所在。

比别人更快、更吸引眼球、更投其所好……这些看起来不“老实”，不循常规的“小聪明”，其中却隐藏着变通的大智慧。善于在问题面前走捷径的人，一定比只知拉车、不懂看路的人能获取更大的成功。

脚踏实地，拒绝浮躁

小鹰对老鹰说：“妈妈，总有一天，我要做一件举世交口称赞的事。”

“什么事？”

“飞遍全球，发现前人未发现的东西。”

“这太好了！不过你必须学习和掌握各种飞行技术，以免疲劳时无法继续飞行。”

于是，小鹰苦练飞行技术，专心致志，其余的事一概不闻不问。

几天后，老鹰对小鹰说：“咱们一起觅食吧！”小鹰不耐烦地说：“妈妈，您去吧，我没有工夫干这种没有价值的事！”老鹰吃惊地说：“这是什么话？”“是您让我集中精力进行训练，为什么又用这些毫无意义的小事分我的心呢？”老鹰循循善诱地说：“孩子，你认为这是一件小事，但对于长途飞行来说却是一件大事。你不会寻找食物，飞起的第一天就要挨饿，第二天就无力升空，第三天就会饿死。”

小小的寓言故事揭示了一个深刻的道理：任何大事都要从每一件小事做起，脚踏实地去打基础。如果没有稳固的地基，又怎能盖起坚实的大厦呢？

不脚踏实地的人，是难以获得成功的。在今天这个充满浮躁和功利的社会，很多人每天都在想办法寻求成功的捷径，尽可能地钻空子、占便宜，而不愿意踏踏实实地按照正常的程序去做，最终白白地丢掉了成功的机会，也丧失了更多的自我发展的可能。

还有许多人刚步入职场，就梦想明天当上总经理；刚创业，就期待自己能像比尔·盖茨一样成为富人。要他们从基层做起，他们会觉得很丢面子，甚至认为这简直是大材小用。尽管他们有远大的理想，但缺乏专业的知识和丰富的经验，缺乏脚踏实地的工作态度。

脚踏实地是我们每一个人必备的素质，也是实现梦想、成就一番事业的关键因素，自以为是、自高自大是脚踏实地工作的最大敌人。你若时时把自己看得高人一等，处处表现得比别人聪明，那么你就会不屑于做小事、做与普通人一样的工作。

因此，要想实现自己的梦想，就必须调整好自己的心态，打消投机取巧的念头，从一点一滴的小事做起，在最基础的工作中，不断地提高自己的能力，为自己的职业生涯积累雄厚的实力。

“一滴水可以折射整个太阳”，许多“大事”都是由许多微不足道的“小事”组成的。无论多么平凡的小事，只要从头至尾彻底做成功，便是大事。

我们都是平凡人，只要我们抱着一颗平常心，踏实肯干，有水滴石穿的耐力，我们获得成功的机会，肯定不比那些禀赋优异的人少到哪里去。

有一位老教授这样说过：

“在我多年来的教学实践中，发现有许多在校时资质平凡的学生，他们的成绩大多在中等或中等偏下，没有特殊的天

分，有的只是安分守己的诚实性格。这些孩子走上社会参加工作，不爱出风头，默默地奉献。他们平凡无奇，毕业后，老师、同学都不太记得他们的名字和长相。但毕业几年、十几年后，他们却带着成功的事业回来看老师。而那些原本看起来会有美好前程的孩子，却一事无成。这是怎么回事？

“我常与同事一起琢磨，认为成功与在校成绩并没有什么必然的联系，但与踏实的性格密切相关。平凡的人比较务实，自律性较高，所以有许多机会落在这种人身上。平凡的人如果加上勤能补拙的特质，成功之门必定会向他大方地敞开。”

一个人如果能够脚踏实地做事，具有不断学习的主动性，并积极为一技之长下工夫，那么成功就会变得容易起来。一个肯不断提高自己能力的人，总有一颗热忱的心，他们甘于做小事，肯干肯学，多方向人求教，他们出头较晚，却在不同职位上增长了见识，学到了许多知识。

脚踏实地的人，能够控制自己心中的激情，避免设定高不可攀、不切实际的目标，也不会怀着侥幸心理去瞎碰，而是认认真真地走好每一步，踏踏实实地用好每一分钟，甘于从基础做起，在平凡中孕育和成就梦想。

所以，我们每个人都要记住：只有埋头苦干的人，才能显现出真正的聪明，才能成就一番事业。

稳住方寸，**静对非议**

在生活中，我们常常会遭遇别人的批评和指责。面对别人的攻击时很多人都会方寸大乱、手足无措。可是，你的这种情绪的混乱并不能拯救你，反而会给你带来更多的麻烦。所以，不管别人怎样攻击和指责，都一定要稳住情绪，做最冷静的自己。因为你应知道：你所做的任何一件事不可能令所有的人都满意。

来自别人的批评或攻击，是不可避免的。我们有时候也会不自觉地攻击别人和批评别人，可是想到自己在那种境况下的心情，就应该多给予别人鼓励和支持，而不是批评，即使是批评，也要相应提出良好的建议。在面对别人对我们的批评时，要吸取其中的合理成分，而对一些特殊情况，则要区别对待。

有一位咨询专家在做一次大型的演讲，当时有一名听众显然难以接受他的某些观点。最后这位观众实在忍不住了，他抓住演讲人提出的一个枝节上的问题发难，说出了许多带有侮辱性的话。他企图使演讲人上钩，诱使他卷入一场无意义的舌战。可是，演讲者在听到这一大通发难之词后，只是说了声“OK”，便继续进行他的演讲。他根本没有理会这些不敬之词，这也表明他不会依照别人的思想感情来确定他自己的价值。就这样，发难者落了个自讨没趣的下场。

美国前总统克林顿在白宫的一次谈话中说：“如果要我读一遍针对我的指责，更不用说逐一做出相应的辩解，那我还不如辞职算了。我在凭借自己的知识和能力尽力工作，而且将始终不渝。如果事实证明我是正确的，那些反对意见就会不攻自破；如果事实最后证明我是错的，那么即使有10个天使启示说我是正确的，也无济于事。”

有些无事生非的人养成了一种找碴生事的习惯，如果你受他们影响或分散精力去反击，那就如同艾伯拉姆斯将军说的那样：“别跟猪打架——到时候你弄得一身泥，而它们却乐得很呢。”

卡耐基在《人性的弱点》一书中举过这样一个例子：一家营建公司的安全检查员，他的职责是检查工地上的工人有没有戴安全帽。一开始当他发现有不戴安全帽的违规行为时，他便利用职位上的权威要求工人改正。其结果是：受指正的工人常常显得不悦，而且等他一离开，便又把帽子拿掉表示对抗。于是他总结经验改变方式，他看到有工人不戴安全帽，就问是不是帽子戴起来不舒服，或是帽子的尺寸不合适。并且用愉快的声调提醒工人戴安全帽的重要性，然后要求他们在工作时最好戴上。这样的效果果然比以前好很多，也没有工人显得不高兴了。

其实我们大多数人在批评别人的时候，往往是不经意地脱口而出，而且还会声明：“我这是对事不对人，也是为了你好。”但是这并不能减轻批评对别人的伤害，也不能减少批评所带来的副作用。还有一些人似乎养成了不以为然的坏习惯，他们动不动就批评、指责他人，好像不这么做不足以显示他的权威力量。一旦出现了问题，他们首先想到的就是

射出批评之箭，中伤他人：“你怎么总是这样，说过你多少回了。”其结果往往是要么伤害他人，要么被人抵挡，弄得自己反被人伤害。

高论高见满肚子都是，可就是不行动，而且无论你做什么，怎么做，他都会找你的错。这种人就是中国历来盛产的清议派人物，他们的势力范围很大，从古到今，从朝到野，莫不有此类人物的存在。这些人物的特点是：从不在事前说话，总在事后评论是非，总结别人的经验教训用以训斥别人；他们深知“当局者迷，旁观者清”的道理，总是超然地把自己置身事外，只是“置嘴其中”，不负责任地乱讲话；批评性意见多，建设性意见少；他们高声大喊，引经据典，你碰巧成功了，他们会把你捧到天上，你不幸失败了，他们会把你踩到脚下；或见风使舵，或推波助澜，或摇旗呐喊，或落井下石……

任事艰难，非身在局中，非亲临其境，很多内情实际情况是难以知晓的。正如一位前线将军对后方评论家说的那样：“你站着说话不腰疼。当时紧急情况下，敌情不明，我只能依据我的判断、经验去做出决策，为我士兵的性命负责。你现在心平气和地和我探讨各种可能性，我告诉你，当时没时间也不可能像你这样想，等不到你想明白，敌人的刺刀已刺进你的肚子了。”

从主观上讲，做事者多会尽力而为，从客观上讲，总难免有差错。不犯错误的人就是只说不干的人。所谓空谈误国。首先我们不要做这样的人，不要养成动不动就不负责任地大发议论的习惯，再者如果你身边有这样的清议人物，你冷静对待，做自己的事就好。

风雨的日子里**需要镇静**

瑞士英雄威廉·退尔的故事发生在14世纪初，那时瑞士人正在为争取独立而同奥地利统治者作斗争。这是一个在强权面前保持镇静和勇敢反抗的故事。

瑞士人过去并不像今天这样自由和幸福。许多年以前，有一个名叫盖斯勒的暴君统治着他们，让他们饱尝痛苦。

一天，这个暴君在公共广场竖起了一根高高的杆子，把自己的帽子放在上面，然后他下令每一个进城的人都必须向它鞠躬。但是有一个名叫威廉·退尔的人却没有这样做。他双手交叉放在胸前，站在那里嘲笑上面晃来晃去的帽子。他绝不会向盖斯勒卑躬屈膝。

盖斯勒听说了这件事后，大为恼火。他害怕其他人也会这样不听话，那么很快整个瑞士就会起来反对他。于是他决心惩罚这个胆大妄为的人。

威廉·退尔的家在山中，他是个出名的猎手。整个瑞士没有人的弓箭功夫能胜过他。盖斯勒知道这一点，于是他想出一个残忍的方法，让这个猎手尝尝自己的技艺带来的痛苦。他下令让退尔的小儿子站在广场上，头上放一个苹果，然后再让退尔用箭把苹果射下来。

“你是要我杀了我的孩子？”他问道。

“不要再说了，”盖斯勒说道，“你必须一箭射下那个苹果。如果你失败了，我的士兵就会在你面前杀死你的儿子。”于是，退尔一言不发，把箭搭上弓。他瞄准目标，把箭射了出去。

小男孩稳稳地站着，一动也没动。他并不害怕，因为他相信父亲的功夫。

“嗖”的一声箭划过空中，正中苹果的中心，把它射落在地。人们看到后，纷纷欢呼起来。

当退尔转过身走开时，一支藏在他外套下的箭掉在了地上。

“你这家伙！”盖斯勒喊道，“你的第二支箭是什么意思？”

“暴君！”退尔自豪地回答，“假如我伤到了我的孩子，这第二支箭就是给你的。”

此后没过多久，退尔果然用箭射杀了暴君，他因此成为民族英雄。

故事中的退尔即使面对危难，也没有一丝一毫的害怕和恐慌，而是利用自己的镇静战胜了困难，成就了自己。所以，在面对危难的时候，一定要镇静，因为你越慌乱就越难以想出解决的办法。

镇静，是勇敢性格的一种表现。能在非常情况下做到镇静自若的人，必定是一个具有超常勇气的人。鲁迅先生说："伟大的心胸，应该表现出这样的气概——用笑脸来迎接悲惨的厄运，用百倍的勇气来应对一切的不幸！我们应该具有这样的心胸和勇气！"镇静，让我们不轻易被危险吓倒；镇静，是一份闲庭信步的自若；镇静，是内心里非凡力量的体现；镇静，能产生令人难以置信的魄力……美国男孩约翰·汤姆森的故事，让人们看到了这一切。

汤姆森虽然没有做出什么惊天动地的事业，却成为现代美国人心目中最重要的青少年楷模之一。

18岁的约翰·汤姆森是一位美国高中生，他住在北达科他州的一个农场。1992年1月11日，他独自在父亲的农场里干活。当他在操作机器时，不慎在冰上滑倒了，他的衣袖绊在机器

里，两只手臂被机器切断。汤姆森忍着剧痛跑了400米来到一座房子里。他用牙齿打开门闩。来到了电话机旁边，但是无法拨电话号码。于是，他用嘴咬住一支铅笔，一下一下地拨动，终于拨通了他表兄的电话，他表兄马上通知了附近有关部门。

明尼阿波利斯的一所医院为汤姆森进行了断肢再植手术。他住了一个半月的医院，便回到北达科他州自己的家里。又过了一段时间，他已能微微抬起手臂，并已经回到学校上课了。他的全家和朋友为他感到自豪。人们由衷地佩服他的勇气和忍耐力。

必须提到的一点是，汤姆森的故事里还有这样一个细节：他把断臂伸在浴盆里，为了不让血白白流走。当救护人员赶到时，他被抬上担架。临行前，他镇静地告诉医生："不要忘了把我的手带上。"

这样的镇静，让人有一种荡气回肠的震撼！当人生的风雨来临，不曾恐惧，也不曾慌乱，而是冷静地想办法，让问题得到最快最好的解决。

我们应该向这个孩子学习，即使面对风雨，也要永远铭记普希金曾经充满热情的咏叹："假如生活欺骗了你，不要悲伤、不要心急，忧郁的日子里需要镇静……"

以"己变"应万变

世界上的任何事情都不会完全按照我们的主观意志去发展变化。我们要想获得成功，首先要认识事情的性质和特点，然后根据实际情况调整自己的思路和行为方式。只有如此，我们才能在顺应事物变化的同时，驾驭变化。

动物学家们在做青蛙与蜥蜴的比较实验时发现：青蛙在捕食时，四平八稳、目不斜视、呆若木鸡，直到有小虫子自动飞到它的嘴边时，才猛地伸出舌头，粘住飞虫吃下去。之后，它又开始了目不斜视的等待。看得出来，青蛙是在“等饭吃”。而蜥蜴则完全不同，它们整天奔忙在私人住宅区、老式办公楼、蓄水池边等地方，四处游荡搜寻猎物。一旦发现目标，它们就会狂奔猛追，直到吃到嘴里为止。吃完后，它们在略做休息，喝口水后，再次整装待发，又去“找饭吃”了。

我们不妨将青蛙与蜥蜴的捕食方法当作两种不同的处世风格。青蛙的捕食方法也有可能会吃饱，但它对环境的依赖性过高，不能对随时变化的环境做出迅速的反应，池塘一旦干涸了，青蛙也就消失了；而蜥蜴的方法却很灵活，它们能够快速适应变化了的环境，所以，即使这一片池塘干涸了，蜥蜴仍能够活跃在另外一个池塘边。

我们生活的社会瞬息万变，别人在变，自己不变，自己就会成为别人的垫脚石；环境在变，自己不变，最后只能惨遭淘汰。

推销员戴尔做了一年半的业务，看到许多比他后进公司的人都晋升了，而且薪水也比他高许多，他百思不得其解。想想自己来了这么长时间了，客户也没少联系，可就是没有大的订单让他在业务上有所起色。

有一天，戴尔像往常一样下班就打开电视若无其事地看起来，突然有一个名为“如何使生命增值”的专家专题采访栏目引起了他的关注。

心理学专家回答记者说："我们无法控制生命的长度，但我们完全可以把握生命的深度！其实每个人都拥有超出自己想象10倍以上的力量。要使生命增值，唯一的方法就是在职业领域中努力地追求卓越！"

戴尔听完这段话后，决定从此刻做出改变。他立即关掉电视，拿出纸和笔，严格地制订了半年内的工作计划，并落实到每一天的工作中。

两个月后，戴尔的业绩明显大增，9个月后，他已为公司赚取了2500万美元的利润，年底他当上了公司的销售总监。

如今戴尔已拥有了自己的公司。他每次培训员工时，都不忘说："我相信你们会一天比一天更优秀，只要你决心做出改变！"于是员工信心倍增，公司的利润也飞速增长。

"我们这一代最伟大的发现是，人类可以由改变自己而改变命运。"戴尔用自己的行动印证了这句话，那就是：有些时候，面对一些棘手的问题，应该迫切改变的或许不是环境，而是我们自己。换句话说就是：有些时候，我们不是找不到方法去解决问题，而是在问题面前，我们没有真正地做出努力。相信在完善自己的同时，我们也就找到了解决问题的方法。

环境的变化，虽然对一个人的命运有直接影响，但是，任何一个环境，都有可供发展的机会，紧紧抓住这些机会，好好利用这些机会，不断随环境的变化调整自己的观念，就有可能在社会竞争的舞台上开辟出一片新天地，站稳脚跟。所以，每个人在经营的过程中，必须有中途应变的准备，这是市场环境下的生存之本，也是强者的生存之本。

问题面前最需要改变的是我们自己，面对环境发展的变化，我们要及时改变自己的观点和思路，及时改变自己的生存方式，只有这样，才有可能最终走向成功。

1930年初秋的一天清晨，日本一个只有1.45米的矮个青年从公园的长凳上爬了起来，徒步去上班，他因为拖欠房租已经在公园的长凳上睡了两个多月了。他是一家保险公司的推销员，虽然工作勤奋，但收入少得甚至租不起房子，每天还要看尽人们的脸色。

一天，年轻人来到一家寺庙向住持介绍投保的好处。老和尚很有耐心地听他把话讲完，然后平静地说："听完你的介绍之后，丝毫引不起我投保的意愿。人与人之间，像这样相对而坐的时候，一定要具备一种强烈吸引对方的魅力，如果你做不到这一点，将来就不会有什么前途可言……"

从寺庙里出来，年轻人一路思索着老和尚的话，若有所悟。接下来，他组织了专门针对自己的"批评会"，请同事或客户吃饭，目的是请他们指出自己的缺点。

"你的个性太急躁了，常常沉不住气……"

"你有些自以为是，往往听不进别人的意见……"

"你面对的是形形色色的人，必须要有丰富的知识，所以必须加强进修，以便能很快与客户找到共同的话题，拉近彼此之间的距离。"

…… ……

年轻人把这些可贵的逆耳忠言一一记录下来。每一次“批评会”后，他都有被剥了一层皮的感觉。通过一次次的“批评会”，他把自己身上那一层又一层的劣根性一点点剥落。

与此同时，他总结出了含义不同的39种笑容，并一一列出各种笑容要表达的心情与意义，然后再对着镜子反复练习。

年轻人开始像一条成长的蚕，随着时光的流逝悄悄地蜕变着。到了1939年，他的销售业绩荣膺全日本之最，并从1948年起，连续15年保持全日本保险销售量第一的好成绩。1968年，他成了美国百万圆桌会议的终身会员。

这个人就是被日本国民誉为“练出价值百万美金笑容的小个子”、被美国著名作家奥格·曼狄诺称之为“世界上最伟大的推销员”的推销大师原一平。

改变自己，然后才能改变命运。有时候，迫切需要改变的或许不是环境，而是我们自己。不学会去变，或者没有能力去变，终将被社会淘汰。所以，做一切事、解决一切问题，我们都必须随着客观事情的变化而不断调整自己，这样才能为自己提供更多的生存机会。

第三篇

讲求方正，乃为人之本

恪守信誉，方能立足

现实生活中，许多人把说谎、欺骗视为获取成功的一种手段，相信说谎、欺骗会给自己带来好处。

一个言行诚实的人，因为有正义公理作为后盾，所以能够无愧做人，无畏地面对世界。与一个欺骗他人、没有信用的人相比，一个诚实而有信用的人能量要大得多。所以，即使从利害上计算，诚实也是一种最好的策略。

中国人历来把守信作为为人处世、齐家治国的基本品质，言必信，行必果。自古以来，讲信用的人受到人们的欢迎和赞颂，不讲信用的人则受到人们的斥责和唾骂，在人与人的交往中，把信用、信义看得非常重要。孔子说：“与朋友交而不信乎？”墨子说：“志不强者智不达，言不信者行不果。”“一诺千金”“一言九鼎”“一言既出，驷马难追”等传世名言都是强调一个“信”字。

生活中，才华出众的人并不少见，甚至时常有天才出现。但是，才华和智慧是让人信赖的资本吗？真正值得信赖的是人的忠诚和诚实。这种品质会赢得人们的尊重。忠诚是一个人美德的基础，它会通过人的行动体现出来，即正直、诚实的行为。如果人们把他看作一个可信的人，他一定做到了诚信，言必信，行必果。因此，值得信赖是赢得人尊重和信任的前提。

曾子的妻子到市场上去，她的儿子哭闹着要跟着去。曾子的妻子说：“你先回去，等回来时，宰只小猪给你吃。”

妻子从集市上回来后，曾子要捉小猪杀给儿子吃，妻子不让他杀，说："这不过是和孩儿说着玩的。"曾子说："小孩子不可以和他说着玩，他们不懂事，全靠学父母的样子，听父母的言语，现在你欺骗他，不是教他欺骗吗？母亲欺骗儿子，儿子不相信母亲，这不是教养之道。"于是曾子杀了小猪给孩子吃。

东汉时，汝南郡的张劭和山阳郡的范式同在京城洛阳读书，学业结束，他们分别的时候，张劭站在路口，望着长空的大雁说："今日一别，不知何年才能见面……"说着，流下泪来。范式拉着张劭的手，劝解道："兄弟，不要伤悲。两年后的秋天，我一定去你家拜望老人，同你聚会。"

两年后的秋天，张劭突然听见长空一声雁叫，牵动了情思，不由自言自语地说："他快来了。"说完赶紧回到屋里，对母亲说："母亲，刚才我听见长空雁叫，范式快来了，我们准备准备吧！""傻孩子，山阳郡离这里一千多里，范式怎么来呢？"他母亲不相信，摇头叹息："一千多里路啊！"张劭说："范式为人正直、诚恳、极守信用，不会不来。"老母亲只好说："好好，他会来，我去打点酒。"

约定的日期到了，范式果然风尘仆仆地赶来了。旧友重逢，亲热异常。老母亲激动地站在一旁直抹眼泪，感叹地说："天下真有这么讲信用的朋友！"

范式重信守诺的故事一直被后人传为佳话。

古希腊哲学家苏格拉底曾与人辩驳过关于诚信的话题。

一天，苏格拉底像平常一样，来到雅典市场。他拉住一个过路人说道："对不起！我有一个问题弄不明白，向您请教。人人都说要做一个有道德的人，但道德究竟是什么？"

那人回答说："忠诚老实，不欺骗别人，才是有道德的。"

苏格拉底又问："但为什么和敌人作战时，我军将领却千方百计地去欺骗敌人呢？"

"欺骗敌人是符合道德的，但欺骗自己人就不道德了。"

苏格拉底反驳道："当我军被敌军包围时，为了鼓舞士气，将领就欺骗士兵说，我们的援军已经到了，大家奋力突围出去。结果突围果然成功了。这种欺骗也不道德吗？"

那人说："那是战争中出于无奈才这样做的，日常生活中这样做是不道德的。"

苏格拉底又追问："假如你的儿子生病了，又不肯吃药，作为父亲，你欺骗他说，这不是药，而是一种很好吃的东西，这也不道德吗？"

那人只好承认："这种欺骗也是符合道德的。"

苏格拉底又问道："不骗人是道德的，骗人也可以说是道德的。那就是说，道德不能用骗不骗人来说明。究竟用什么来说明它呢？还是请你告诉我吧！"

那人想了想，说："不知道道德就不能做到道德，知道了道德才能做到道德。"

苏格拉底拉着那个人的手说："您真是一个伟大的哲学家！您告诉了我关于道德的知识，使我弄明白了一个长期困惑不解的问题，我衷心地感谢您！"

戴尔·卡耐基曾经说过：“任何人的信用，如果要把它断送了都不需要多长时间。就算你是一个极谨慎的人，仅需偶尔忽略，偶尔因循，那么好的名誉，便可立刻毁损。所以，养成小心谨慎的习惯，实在重要极了。”

信誉许诺是非常严肃的事情，对不应办的事情或办不到的事，千万不能轻率应允。一旦许诺，就要千方百计去兑现。否则，就会像老子所说的那样：“轻诺必寡信，多易必多难。”一个人如果经常失信，一方面会破坏他本人的形象，另一方面还将影响他本人的事业。

《郁离子》一书中有如下一则故事：

济阳某商人过河船沉，他拼命呼救，渔人划船相救。商人许诺：“你如救我，我付你100两金子。”渔人把商人救到岸上。商人只给了渔人80两金子，渔人斥责商人言而无信，商人反责渔人贪婪。渔人无言走了。后来，这商人又乘船遇险，再次遇上渔人。渔人对旁人说：“他就是那个言而无信的人。”众渔人停船不救，商人淹死河中。

这就是言而无信的后果。

古人崇尚仁、义、礼、智、信。信是立人之本。凡事应该以信誉为基础，只有具备了信誉这一良好的资本，你才能被人信赖，才能在办事时游刃有余，有更大的发挥空间。

当然诚信是有原则的。诚信要建立在与人为善的基础上。我们在做到诚信的同时，还要警惕，不要让自己的诚信被别人利用，让自己受到伤害。

做回真正自由的自己

忠于自己，做真正自由的自己，或者说保持本来面貌，其意义并不仅仅是说不要假装做某人，而是指应该完全忠实于自己内在的我——你心目中认为对的事。

曾经有这样一个故事：

有一个人带了一些鸡蛋在市场贩卖，他在一张纸上写道："新鲜鸡蛋在此销售"。

有一个人过来对他说："老兄，何必加'新鲜'两个字？难道你卖的鸡蛋不新鲜吗？"他想一想有道理，就把"新鲜"两字涂掉了。

不久，又有一个人对他说："为什么要加'在此'呢？你不在这里卖，还会去哪儿卖？"他也觉得有道理，又把"在此"涂掉了。

一会儿，一个老太太过来对他说："'销售'两个字是多余的，不是卖的，难道会是送的吗？"他又把"销售"擦掉了。

这时来了一个人，对他说："你真是多此一举，大家一看就知道是鸡蛋，何必写上'鸡蛋'两个字呢？"

结果所有的字全都涂掉了，他所卖的鸡蛋，也不如以前的多了。

英国戏剧家莎士比亚说："当忠于你自己！"忠于自己，人生才能获得真正的自由。

好莱坞一位著名制片人戈德温，他并没有在哈佛或牛津等名牌大学读过书，他所受的正规教育，只是白天在工厂做工，晚上进夜校所念到的那么一点点。虽然他自己并不是一个研究莎士比亚的学者，可是他常常觉得上面引证的那句话，可能是趋向成功的指路牌。

他在好莱坞待了许多年。见过许多想试一试目前大家喜欢的电影风格的男女明星，想抄袭他人风格的导演，想模仿那些成名剧作家的编剧家，以及许多想放弃自己的风格而模仿他人的人们，他最终给他们的最基本忠告是："尽量表现你自己！"

从心理学角度来说，人的内趋力在心理层面主要是认知力、情感力和意志力。人在这种内趋力和活动中相应产生三种心理需要，即认知需要、情感需要和道德需要。知、意、情是和人外在追求的三种理想境界——真、善、美一一对应的，所以人的认知需要、道德需要和情感需要主要表现为人对真、善、美的追求。人生既可以平凡地度过，也可以不同凡响，每个人都不一样，每个人的标准也不一样，感觉自己

成功了就对了。

其实，只要做好自己就够了，刻意模仿别人，往往适得其反。

大家都知道东施效颦的故事。

古时候，越国有两个女子，一个长得很美，叫西施，一个长得很丑，叫东施。东施很羡慕西施的美丽，就时时模仿西施的一举一动。有一天，西施犯了心口疼的病，走在大街上，用手捂住胸口，双眉紧皱。东施一见，以为西施这样就是美，于是也学着她的样子在大街上走来走去，可是街上行人见了她的这个样子，吓得东躲西藏，不敢去看她。

其实东施的出发点是好的，她想学好，想变美，但她忘却了什么是美，什么是丑。她不明白什么是表面美，什么是内在美，如何发掘自身优势展示自身美，做真正的自己。

无独有偶，《庄子·秋水》中也有类似的一个故事。

燕国寿陵地方有一位少年，这位寿陵少年不愁吃不愁穿，论长相也算得上中等人才，可他就是缺乏自信心，经常无缘无故地感到事事不如人，低人一等——衣服是人家的好，饭菜是人家的香，站相坐相也是人家高雅。他见什么学什么，学一样丢一样，虽然花样翻新，但始终不能做好一件事，不知道自己该是什么模样。家里的人劝他改一改这个毛病，他却认为家里人管得太多。亲戚、邻居们说他是“狗熊掰棒子”，他也根本听不进去。日久天长，他竟怀疑自己该不该这样走路，越看越觉得自己走路的姿势太笨、太丑了。有一天，他在路上碰到几个人说说笑笑，只听得有人说邯郸人走路姿势美。他一听，对此上了心，急忙走上前去，想打听个明白。不料想，那几个人看见他，一阵大笑之后扬长而去。邯郸人走路的姿势究竟怎样美呢？他怎么也想象不出来，这成了他的心病。终于有一天，他瞒着家人，跑到遥远的邯郸学走路去了。一到邯郸，他感到处处新鲜，简直令人眼花缭乱。看到小孩走路，他觉得活泼、美，学！看见老人走路，他觉得稳重，学！看到妇女走路，摇摆多姿，学！就这样，不过半月光景，他连走路也不会了，路费也花光了，只好爬着回去了。

成语“邯郸学步”，比喻生搬硬套，机械地模仿别人，不但学不到别人的长处，反而会把自己的优点和本领也丢掉。

其实，大多时候我们只要做自己就好，让自己的心自由，让自己的人生在快乐中度过。

慎独自省

“慎独”二字，顾名思义，“慎”其“独”者也。《礼记·中庸》上说：“莫见乎隐，莫显乎微，故君子慎其独者也。”《礼记·大学》中说：“小人闲居，为不善，无所不至。”也是说的在独处独居的时候要能够“独行不愧影，独寝不愧衾”。曾子“吾日三省吾身”同样具有慎其独处的含义。

所谓“慎独”，汉代经学大师郑玄的解释是：“慎独者，慎其闭居之所为。”也就是在一个人的时候，仍然按照道德原则行事，不做任何有损道德品质的事。

古希腊哲学家德谟克利特也说："要留心，即使当你独自一人时，也不要说坏话或做坏事，而要学得在你自己面前比在别人面前更知耻。"

金无足赤，人无完人。人活在世上，谁都难免有这样或那样的缺点和错误，谁都难免有丑陋的一面。罗曼·罗兰说："在你要战胜外来的敌人之前，先得战胜你自己内在的敌人；你不必害怕沉沦与堕落，只请你能不断地自拔与更新。"

每一种才能都有与之相对应的缺陷，如果不克服这种缺陷，这种才能就不能得到很好的发挥。一般来说，克服这种缺陷有很多方法，最重要的就是多加小心。应该看准究竟是什么样的缺陷，死死地盯住，就像你的对手寻找你的毛病那样。要充分发挥自己的才能，就必须学会"三省吾身"，克服自己主要的缺陷。主要的缺陷被克服了，其他的不足就会很快克服。

卢梭在少年时曾经将自己极不光彩的盗窃行为转嫁在一个女仆的身上，致使这位无辜的少女蒙冤受屈，成功后卢梭为这件事陷入痛苦的回忆中。他说："在我苦恼得睡不着的时候，便看到这个可怜的姑娘前来谴责我的罪行，好像这个罪行是昨天才犯的。"

卢梭在他的名著《忏悔录》中对自己做了严肃而深刻的批判。他敢把这件丑事公诸世人，显示了他彻底反省的坦荡胸怀和不同凡响的伟大人格。

伊索寓言里有这样一则故事：

一个哲学家在海边看见一艘船遇难，船上的人全部淹

死了。他便抱怨上帝不公，为了一个罪恶的人偶尔乘这艘船，竟让全船无辜的人都死去。正当他沉思时，他觉得自己被一大群蚂蚁围住了。原来哲学家站在蚂蚁窝旁了。有一只蚂蚁爬到他脚上，咬了他一口。他立刻用脚将这些蚂蚁全踩死了。

这时，众神使者赫耳墨斯出来了，他用棍子敲打着哲学家的头说："你自己也和上帝一样，如此对待众多可怜的蚂蚁。你又怎么能做判断天道的人呢？"

有的时候看不见的，并不代表不存在。

君子的高贵品质往往在于其严于律己，尤其是在独处的时候。《咸宁县志》记载了一个"不畏人知畏己知"的故事。

清雍正年间，有个叫叶存仁的人，先后在淮阳、浙江、安徽、河南等地做官，历时30余载，毫不苟取。一次，在他离任时，僚属们派船送行，然而船只迟迟不启程，直到明月高挂才见划来一叶小舟。原来是僚属为他送来临别馈赠，为避人耳目，特地深夜送来。他们以为叶存仁平时不收受礼物，是怕别人知晓出麻烦，而此刻夜深人静，四周无人，肯定会收下。叶存仁看到这番情景，便叫随从备好文房四宝，即兴书诗一首，诗云：

月白风清夜半时，
扁舟相送故迟迟。
感君情重还君赠，
不畏人知畏己知。

接着，将礼物"完璧归赵"了。

孔子说："躬身厚而薄责于人，则远怨矣。"意思是多责备自己，少责备别人，怨恨就不会来了。

《三国演义》第六十二回中，写了庞统辅佐刘备进军西川时出现的一段小插曲：

刘备设宴劳军，酒酣之际，刘、庞言语不和，刘备发怒，责问并驱赶庞统："汝言何不合道理？可速退！"夜半酒醒，刘备想起自己所说的话，大悔，次早穿衣升堂，请庞统谢罪曰："昨日酒醉，言语触犯，幸勿挂怀。"庞统谈笑自若。玄德曰："昨日之言，惟吾有失。"庞统曰："君臣俱失，何独主公。"玄德亦大笑，其乐如初。

本来，酒醉失言，虽然不好，但也算不得什么大错。刘备事后却一再自责，这是他自省的结果。

正直的人不会将错误掩盖，也绝不会打肿脸充胖子，他们会时时反省，不断自我完善。

反省是一种心理活动的反刍与回馈。它是把当局者变成一个旁观者，把自己变成一个审视的对象，站在另外一个人的立场、角度来观察自己、评判自己。

《中庸·天命章》里有一段话，大意为：在幽暗的地方，大家不曾见到隐藏着的事端，我的心里已显著地体察到了。当细微的事情，大家不曾察觉的时候，我的心中已显现出来了。所以君子独处的时候更加要谨慎小心，不使不正当的欲望潜滋暗长。

一个人是否具有反省能力很重要。反省可以改变一个人的命运和机缘。它在任何人身上，都会发生大效用。因为反省所带来的不只是智慧，更是夜以继日的进取态度和前所未有的干劲。当你克服了你的主要缺陷，你就会成为一个更强大的人。

孔子说："见贤思齐焉，见不贤而自省也。"意思是遇到品德高尚的人便要向他看齐；看见不贤的人，便要自省有没有同他类似的行为。孔子的学生曾子说："吾日三省吾身——为人谋而不忠乎？与朋友交而不信乎？传不习乎？"就是说：我每天多次反省自己这一天做过的事，替别人办事是否尽心竭力了？同朋友交往是否诚实了？教师教授的知识是否复习了？朱熹也曾说："日省其身，有则改之，无则加勉。"

在社会生活中，人与人之间免不了发生矛盾或产生隔阂。如果与邻居、同事或朋友闹了别扭，只去想对方的短处，越想会越觉得自己有理，越想越觉得委屈，因而越想越生气，关系必然越弄越僵。如果"三省吾身"，找一下自己的缺欠，就不难获得解决问题的钥匙。

一个人有缺点和过失是难免的，只要改正，就会进步。

但是，往往会出现这样的情况：对别人的缺点，哪怕很小，也看得很清楚；而自己的毛病却不易看到，甚至有时把自己的短处误认为是自己的长处。一个人的缺点和过失，不仅有害于自己，也会影响到他人。发现自己的缺点和过失，除了虚心听取别人的忠告、接受别人的批评外，还要三省吾身，也就是经常自省，这是行之有效的好办法。

执着走自己的路

人们都向往自己成为天才或者伟人，但是，伟人只是人类中的极少一部分，他们的伟大是相对于平凡而言的。实际生活中，大多数人只局限在一定的活动范围之内，从人群中脱颖而出，成为伟人的概率微乎其微。但是，做一个正直诚实、光明磊落的人，最大限度地发挥自己的能力，体现自身的价值，这是人人都可以实现的。平凡的岗位，也可以体现出人生的意义，真诚、公正、正直和忠厚是不可缺少的。这样，可以使每个人在自己的平凡位置上实现自身的价值。

人们应该知道自己的实际能力与水平，不图虚名、脚踏实地地走自己的路，而不应该投机取巧、心存侥幸。自古以来都是这三种人的身边常有祸事：包藏祸心，损害别人利益者，会反受其害；过分嫉妒，容不得他人的人，不被他人所容；喜爱虚名，并且不择手段去窃取他人成就的人，早晚会被别人识破揭穿。

第二次世界大战时期著名的美国将领——巴顿，其成功秘诀就是：着眼于目标，矢志不渝。

1908年6月，巴顿实现了童年时期就梦寐以求的愿望，成为著名的西点军校的学员。

学员时期的巴顿，的确非常引人注目，在他所学习的每个课题中，他都要力争第一。他极其注意军容军纪、外表仪态，他的军服上装有垫肩，不仅完全合体，而且每天洗烫，从不间断；他走起路来，昂首阔步，有军人气概；所有的体育项目以及他下工夫的其他各项活动，他都丝毫不能忍受被击败；在军事技术方面，则更是追求完全成功。

第一学年时，他全力以赴于列队操练，苦练基本功，并做到所有动作的完美无缺。当时队列操练在毕业成绩中只记15分，而数学却占200分，但在巴顿看来，努力争取队列训练的优秀成绩，是成为军人的第一步，所以他把全部时间都花在了队列操练上。到学年结束时，他的队列考试成绩虽名列第二，但数学成绩却位居榜尾，这使他留了级。做一名优秀军人是他儿时的梦，不能顺利通过考试，令他十分伤心。考试失败没有使他退缩，反而更激起了他强烈的好胜心。在重修一年级时，他没有再将其全部时间用在队列操练上，除了猛攻数学外，还悉心阅读了大量军事史、战略、战术等方面的书籍。他从初期受挫中深知，一个人除品格外，知识尤为重要。信心和果断建立在知识之上，只有对军事专业的博学，才有可能成为优秀将领，否则只能是有勇无谋的一介“武夫”。

这一年，巴顿通过不懈努力，终于如愿以偿：他的全部课程合格，队列操练仍是他在班上赖以出人头地的科目。他成为学员中公认的佼佼者。

巴顿曾对密友谈起过他想在军校达到的三个目标：在军列训练中夺冠；到第四年级时升为学员副官；在田径运动项目上打破学院纪录而达到A级运动员标准。他说到做到：二年级时，他升为上士学员，第三学年升为军士（此二者都是二、三年级学员中最高的军阶），第四学年真的升为学员副官。毕业时，他的队列训练第一，并刷新了几项学校田径赛纪录。

另一位优秀的将领拿破仑在学校读书时，简直笨得出奇。不论是法语还是别的外语，他都不能正确书写，成绩一塌糊涂。而且，少年的拿破仑十分任性、野蛮。不仅如此，拿破仑还袭击比他大的孩子，脸色苍白、体态羸弱的拿破仑却常让他的对手不寒而栗，他家里的人都骂他是蠢材，人们都称他“小恶棍”。在他的自传中，曾这样写道：“我是一个固执、鲁莽、不认输、谁也管不了的孩子。我使家里所有的人感到恐惧。受害最大的是我的哥哥，我打他、骂他，在他未清醒过来时，我又像狼一样疯狂地向他扑去。”

可是，在这个遭人白眼的孩子的心中，信念的力量悄悄地滋长着。他朦胧地意识到自己的与众不同，然而他还未真正地认识它。而且，他心中有一种狂妄而任性的想法：凡是自己想要的东西，都要归自己所有。一天天长大的拿破仑开始更理智、更成熟地关注自己。他常沉溺于同龄人所无法想象的冥思苦想之中，他又疯狂地迷恋着各种复杂的计算，他已学会了用冷静而彻底计算过的理智很好地控制自己的行动。他惊奇地看

到自己表现出来的出色的思考力，第一次真正地认识了自己。他的行动变得果敢而敏捷，富于抗争精神。一种崭新的渴望点燃了他生命的热情，终有一天，他明白无误地告诉自己："是的，我具有最出色的军事家的素质，权力就是我要得到的东西！"清醒的自我意识一旦形成，便发挥出巨大的推动作用。拿破仑在成功之路上连战连捷，势如破竹。35岁时他登上了法国皇帝的宝座。

人贵自制

华兹华斯曾说过，自我克制能够抗拒各种痛苦；严格的自我克制能帮助人们摆脱可怕的阴影；勤奋向上能推动时代的发展；宽宏大量的情感让人充满活力，心情愉悦……这一切至善的品格都会受到人们的欢迎。杰勒米·边沁说：“无论如何，如果人的意志力能够控制思想，就能使这些思想走向幸福。要努力看到事情好的一面。人们有时会浪费大部分的时间，白天，开会的时候，时间会在等待中白白地浪费；夜晚，睡觉之前，人们因兴奋会不停地想愉快的事儿；在外步行，或在家休息时，思维一刻也不会停止，这些思想可能有用，也可能无益，甚至对幸福有害。”

美国南北战争时的名将李将军，那时已经快走完一心为国的悲壮生涯。有一次他参加一个朋友孩子的洗礼，孩子的母亲请他说几句话，以作为孩子漫长人生征途中的准则。

李将军的答案，已经把带领自己历经征战苦难，以至最后荣获美国史上崇高地位的教条，归纳成一句极简短的话：“教他懂得如何自制！”

学会控制自己，特别是控制自己突发的冲动。控制冲动同驾驭烈马很相似，你如果能够在狂奔的马背上表现出镇静，那么你就能够做到遇事应对自如。预见危险，就会摸索着找到自己的路。

美国第一任总统华盛顿在历史上名声极为显赫。他的情

感的自我克制能力，在最困难和最危险的时刻，也强大无比，所以对他不大了解的人会觉得，他天生心平气和、镇定自若。其实，华盛顿是一个急性子。他严格自我控制和严格自律的结果，使他温和、文雅、礼貌以及处处为他人着想。

华盛顿的传记作家这样评价华盛顿：“他性格豪爽，充满激情，面对充满诱惑和激动人心的时刻，不懈的坚持，自我控制的努力，让他最终控制了诱惑，克制了激动。”传记作家还说：“他的激情无人能比，有时这种强烈的激情猛烈地爆发出来，但是，他在最短的时间内克制这种强烈的激情。自我控制应该是他最优秀的性格特征。”

智者对偶发的事件都具有高度的警惕性。激情爆发会使一个平时谨慎的人失去平衡，而这正是一个人最容易栽跟头的时候。在狂怒或获得满足的一瞬间，谨慎的人也会冲动，可是很可能这一冲动会让一个人悔恨终生。

自我克制是一切美德的根源所在。一个人如果被冲动和激情支配，那么，他就失去了他的全部道德自由，他就会人云亦云，淹没在时代的潮流中，成为强烈欲望的奴隶。

要想拥有光荣、平和的人生，就必须能够在小事或大事上自我克制。容忍和克制是人类必需的品格，脾气不能超越理智。

能够自我控制的人才能获得真正的自由和成功。

谦逊的人最高贵

泰戈尔说：“当我们最为谦卑的时候，便是我们近于伟大的时候。”做人要保持谦逊，不能自作聪明，不要总以为自己比别人多一点智慧。巴甫洛夫说：“决不要骄傲。因为一骄傲，你们就会在应该同意的场合固执起来；因为一骄傲，你们就会拒绝别人的忠告和友谊的帮助；因为一骄傲，你们就会丧失客观方面的准绳。”

庄子说：“天地有大美而不言。”谦虚是一种美德，是一种实事求是的科学态度，也是一个人恰当看待和处理他与外界关系的正确思想方法。心胸宽大，虚怀若谷的人，才能谦虚谨慎。

在第二次世界大战中，丘吉尔因为有卓越功勋，战后在他退位时，英国国会打算通过提案，塑造一尊他的铜像放在公园里供游人景仰。

丘吉尔却拒绝了。他说：“多谢大家的好意，我怕鸟儿在我的铜像上拉粪，那是多么的煞风景啊，所以我看还是免了吧！”

托马斯·杰斐逊是美国第三任总统。1785年他曾担任美国驻法大使。一天，他去法国外长的公寓拜访。

“您代替了富兰克林先生？”法国外长问。

“是接替他，没有人能够代替得了富兰克林先生。”杰斐逊谦逊地回答。

杰斐逊的谦逊给法国外长留下了深刻印象。

小肚鸡肠的人，器小易满，不到半瓶水，也会淌得不亦乐乎。进化论的创始人达尔文是一个十分谦虚的科学家。达尔文与别人谈话时，总是耐心听别人说话，无论对年长的或年轻的科学家，他都表现得很谦虚，就好像别人都是他的教师，而他是个好学的学生。1877年，当他收到德国和荷兰一些科学家送给他的生日贺词时，他在感谢信中写了一段感人肺腑的话：“我很清楚，要是没有为数众多的可敬的观察家们辛勤搜集到的丰富材料，我的著作便根本不可能完成，即使写成了也不会在人们心中留下任何印象，所以我认为荣誉主要应归于他们。”

东汉颍州父城（现河南叶县东北）人冯异，字公孙，熟读《左传》《孙子兵法》，文武双全。最初在王莽手下为小官，后见王莽为害人民，被人民所怨恨，了解到起义军领袖刘秀有治国安家的才干，便对苗萌说：“现在起义诸将，虽皆英雄，但多独断，不爱人民。只有刘将军不抢掠人民，举止言谈，温

和有远见，不是庸人，可以追随。”于是苗萌和冯异投靠了刘秀，又吸引了勇将姚期等人来，刘秀势力大振。他向刘秀建议说：“天下人都反对王莽苛政，刘玄部又纪律太坏，失信于民。此时人民疾苦，若稍施恩德，百姓必热烈拥护。”刘秀听了他的话，派冯异、姚期到邯郸安民，果然得到广大人民支持。王郎领兵追赶刘秀，刘秀及部下退到饶阳天萎亭（河北饶阳东北），正遇天气寒冷，士兵都饥饿疲劳，冯异送来豆粥，解除了困难。在南宫（河北南宫）又遇大风雨，刘秀躲到路旁空屋，冯异抱来柴，邓禹烧火，刘秀方能烤干衣服，冯异又送来饭、菜，终于安全移兵到信都（河北邢台）。刘秀使冯异收集散兵，重整队伍，大破王郎。

冯异对东汉统一建国之功，是巨大的，但他从不居功，对人也特别谦让。每当同其他大将的车仗在路上相遇，他必告诉车夫退让躲道，让别人先过。他领部队交战时，在各营之前；退兵时，在各营之后。当休战时，诸将坐在一起，都宣扬自己的功劳，以便争功多得升赏。当各将争功时，冯异则躲于大树下，一言不发，似为乘凉休息，实为躲避让功，后来军中称他为“大树将军”。不仅刘秀对他格外器重，他的军队，亦多愿在他麾下效力。

做人要谦虚，不可自大。我们经常听到有人说“我不服这个不服那个”，有些人总是看不起在某些方面不如自己的人。其实每个人都有其长处和短处，而恰恰有人只看到他的短处，看不到其长处。谦虚是尊重他人的一种表现，一种美德。只有谦虚的人才能发现别人的优势，知道自己的不足。老子说：

"江海能成百谷王者，以其善下之。"

社会上真正成功的人，往往懂得谦虚待人，他们真正理解世事艰难、行为处事的重要。凡唯我独尊、目空一切、夸夸其谈、不可一世的人，定是阅历太浅、磨难太少之人。有时我们总会发现一个不起眼的人在不经意间成就了他的不平凡，他不会说我有多么的厉害，只是默默地努力着，等待着时机，而后厚积薄发，让人措手不及地看到其成就。

只有尊重自己才能被人尊重

只有尊重自己，才能尊重别人，才可能受到别人的尊重。所以，我们应该养成自尊、自爱、自律的良好品德。

《礼记·檀弓下》记载，一年，齐国大荒，黔敖准备了些食物放在路边等候受灾的人来吃，有一个饥民眯着眼睛来了，黔敖就冲他喊道："嗟，来食！"（"嗟"是指不客气的招呼声，相当于现在的"喂"）那饥民睁大眼睛瞪着黔敖说："我就是因为不吃嗟来之食才饿到今天这个样子的。"黔敖当即道歉，但那饥民坚决不吃，终于饿死了。后来世人用"嗟来之食"表示带侮辱性的施舍。这个故事表现了齐国人自尊自爱、纯洁高尚的人格。

《明史·王溥传》记载：王溥，桂林人。洪武末为广东参政，他的弟弟从家里来看他，恰巧与王溥的下属同舟而行，便赠给他一件布袍。王溥知道后，让他的弟弟把衣服还回去，他说："一衣虽微，不可不慎，此污行辱身之渐也。"

周处年轻时，为人蛮横强悍，是当地一大祸害。义兴的河中有条蛟龙，山上有只白额虎，一起祸害百姓，义兴的百姓合称他们是三大祸害，三害当中周处最为厉害。有人劝说周处去杀死猛虎和蛟龙，实际上是希望三个祸害相互拼杀后只剩下一个。周处立即杀死了老虎，又下河斩杀蛟龙。蛟龙在水里有时浮起有时沉没，漂游了几十里远，周处始终同蛟龙一起搏斗。经过了三天三夜，当地的百姓都认为周处已经死了，对此表示庆贺。结果周处杀死了蛟龙从水中出来了。他听说乡里人以为自己已死而对此庆贺的事情，才知道大家实际上也把自己当作一大祸害，因此，有了悔改的心意。于是便到吴郡去找陆机和陆云两位有修养的名人。当时陆机不在，只见到了陆云，他就把全部情况告诉了陆云，并说："自己想要改正错误，可是岁月已经荒废了，怕终于没有什么成就。"陆云说："古人珍视道义，认为'哪怕是早晨明白了道理，晚上就死去也甘心'，况且你的前途还是有希望的。再说人就怕立不下志向，只要能立志，又何必担忧好名

声不能传扬呢？”

周处听后就改过自新，最终成为一名忠臣。

清朝初年，反清复明势力强大，为了对付抗清力量，朝廷派了在松山战役中投降清朝的洪承畴总督军事，招抚江南。这时候，在松江（今上海市松江区）有一批读书人也在酝酿抗清，领头的是夏允彝和陈子龙。夏允彝有个15岁的儿子叫夏完淳，是陈子龙的学生。夏完淳自小就读了不少书籍，能诗善文，在他父亲、老师的影响下，也参加了抗清斗争。不久，清军围攻松江，夏允彝父子和陈子龙冲出清兵包围，到乡下隐蔽起来。清兵到处搜捕，还想引诱夏允彝前来自首。夏允彝不愿落在清兵手里，投到河塘里自杀了。他留下遗嘱，要夏完淳继承他的抗清遗志。夏完淳和陈子龙秘密回到松江，准备再组织起义军。这时候，他们打听到太湖长白荡有一支由吴易领导的抗清义军，正在重整旗鼓。夏完淳把家产全变卖了，捐献给义军做军饷，在吴易手下当了参谋。他还写了一道奏章，派人到绍兴送给鲁王，请鲁王坚持抗清。鲁王听说上书的是个少年，十分赞赏，封给夏完淳一个中书舍人的官衔。吴易的水军在太湖边出没，把清军打得晕头转向。但是后来由于叛徒的出卖，义军失败，吴易也牺牲了。

过了一年，陈子龙又秘密策动清朝的松江提督吴胜兆反清，这次兵变不幸又失败了，吴胜兆被杀害，陈子龙也被清军逮捕。陈子龙不愿受辱，在被押解到南京的船上，挣脱绳索，跳河自杀。夏完淳正在为失去他的老师而悲痛，因为叛徒告密，他自己也被捕了。清军派重兵把他押到南京。夏完淳在监狱里被关押了80天。主持审讯的正是招抚江南的洪承畴。洪承畴知道夏完淳是江南出名的“神童”，想用软化的手段使夏完淳屈服。他问夏完淳说：“听说你给鲁王写过奏章，有这事吗？”

夏完淳昂着头回答：“正是我的手笔。”

洪承畴装出一副温和的神气说：“我看你小小年纪，未必会起兵造反，想必是受人指使。只要你肯回头归顺大清，我给你官做。”

夏完淳假装不知道上面坐的是洪承畴，厉声说：“我听说我朝有个洪亨九（洪承畴的字）先生，是个豪杰人物，当年松山一战，他以身殉国，震惊中外。我钦佩他的忠烈。我年纪虽然小，但是杀身报国，怎能落在他的后面。”

这番话把洪承畴说得啼笑皆非，满头是汗。旁边的兵士以为夏完淳真的不认识洪承畴，提醒他说：“别胡说，上面坐的就是洪大人。”

夏完淳“呸”了一声说：“洪先生为国牺牲，天下人谁不知道。崇祯帝曾经亲自设祭，满朝官员为他痛哭哀悼。你们这些叛徒，怎敢冒充先烈，污辱忠魂！”

说完，他指着洪承畴骂个不停。洪承畴被骂得灰头土脸。

1647年9月，19岁的夏完淳在南京西市被害。他的朋友把他的尸体运回松江，葬在他父亲的墓旁，受到人们的敬仰，而洪承畴则留了个千古骂名。

在达兰尔《你为什么没有钱》中，列出了富有的标准：

1. 自爱；

2. 被爱的感觉；

3. 身体健康；

4. 充裕的收入；

5. 个人权力；

6. 工作满意程度；

7. 对他人的满意程度；

8. 自尊；

9. 人际关系。

达兰尔把自爱放到了首位。因为只有懂得自爱的人才会受到尊敬。

不断充实自己

拿破仑·希尔说："有人因过食而亡，有人因喝多而亡，更有人因无所事事而凋零死去。"

采取积极向上的生活方式的人的确是选择了一条艰辛的路，而能通向这条路的只有一个机会：真正培养起学习和成长的乐趣。学得越多，成长越快，就越充实。

充实自己需要广涉群科、博采众长。宽打基础窄打墙，是读书的方法之一。

将知识基础打得宽博扎实些，涉足多学科知识，走"通才"之路，正是对现代人才的要求。唯有如此，才有创业的坚实后盾。

没有渊博的知识，就不会产生伟大的文化和伟大的人物，这已是当代许多志士能人的共识。一个新型人才，就要有举一反三的能力，具有扩大甚至转换专业的适应性和灵活性，要有分析、综合能力，要尽可能掌握多学科、多专业的知识和方法，做到视野开阔，思维活跃而敏捷，能够在形势和任务多变的情况下善于在群体的协同工作中，对跨学科领域的问题进行综合考察和分析，成为使问题得到最合理解决的优秀人才。

在求学阶段，要广涉群科，夯实基础，这是一个十分重要而现实的问题。

进入创造阶段，单有某一专业的知识，必然捉襟见肘，而阅读面广、知识量大的人即显出特有的优势。

南朝人江淹，自幼勤奋好学，每天从早到晚都在父亲的书房里读书吟诗，只有饭后才和小伙伴玩一会儿。因此，年长后写出了很多精彩的诗文，一时间闻名遐迩，尤其是《恨赋》《别赋》二篇，更为历代所传诵。当时文坛尊称他为"江郎"。

江淹后因才学超群而进宫做了官。经常一边饮酒一边挥笔疾书，几盅酒完，几十篇文章拟就，其豪情才气深得上方赏识和喜爱，曾官至"金紫光禄大夫"。但是，随着官位日高，声名日盛，江淹自满自足，致使青年时期的文思和才华大大减退了。人们惋惜道："江郎才尽。"

惋惜之情、警醒之意，也只有借江淹自己的《别赋》里的名句才能表达：

"值秋雁兮飞日，当白露兮下时。怨复怨兮远山曲，去复去兮长河循……令人意夺神骇，心折骨惊……黯然销魂者，惟则而已矣。”

中国有一句古话，叫“实践出真知”。意思是说只有经过实践的检验，知识才能成为真正的知识，成为你的能力。这方面的例子比比皆是。比如战国时代秦赵决战。赵国先由老将廉颇领军，秦将白起不能取胜，遂用反间计，散布“秦军不怕廉颇，只怕赵括”的言语，使赵国君主上当，改由赵括指挥军队。而这赵括熟读兵书，纸上谈兵头头是道，可谓掌握了不少理论知识，然而他的致命弱点就是实战经验不足。结果，赵军在他的统率下轻率出战，遭到大败，40万士卒被白起一举坑杀，赵国从此一蹶不振。

另外，学习还需要坚持，如果只有三分钟热度，贪图安逸，则永远也无法学到真正的本领。在学习过程中，要善于思考，只有不断发现问题和解决问题才能不断进步。

发现地心引力的伟大科学家——牛顿，小时候仿照当时的水车动力推磨机，制作了一个相同的小小模型，在家中自行测试之后，发现他的模型也能够借着流水的动力，顺利地将小麦磨成细粉。

小牛顿心中高兴无比，第二天就将他的水车推磨机带到学校去，向同学们

炫耀。水车转动得十分顺畅，引来许多同学艳羡的目光。

正当小牛顿沉醉在自己的成就当中时，突然有一个高年级的学生问他：“可不可以请你解释一下，为什么这个水车能够将麦子磨成细粉？它是基于什么样的原理来设计的？”

小牛顿一时之间被问得哑口无言，他只知道制作模型，却从未想过其中的道理。这时，那个高年级的学生不屑地道：“说不出它的原理，足以证明，你只不过是一个手指头灵巧的笨蛋罢了！”

从此以后，不管牛顿遇上什么事，都会在心中先问问自己：“为什么？”当苹果落在他头上时，牛顿思考，它为什么不往上掉，而偏要往地面掉？

于是有了“万有引力定律”。

随着科技的发展，人们的生活日新月异，新的知识技能不断地冲击着人们现有的知识水平，只有坚持求知上进，才不会被时代的潮流淹没。

第四篇

圆融为人，乃应世之道

方外有圆，**圆内有方**

我们经常看到这样的新闻：穷凶极恶的罪犯窜入老百姓的家里，杀人越货、绑架无辜或逼人做人质的时候，被害人委曲求全，先以圆滑诚恳的语言赢得罪犯的信任，然后伺机在罪犯不在意或误认为在他的胁迫下真的与其合作的时候，出其不意地逃脱报案或径直击败罪犯，这其实是外圆内方的最好案例。试想，面对凶狠的罪犯，如果表现得暴跳如雷，肯定会激怒罪犯。只有把“方”用“圆”先掩盖起来、包藏起来，装出很诚实的样子，充分地运用对方的怜悯之心，使对方不加害自己，才会为以后施展擒拿罪犯的计谋，赢得时间和条件。

这外圆内方的处事办法，在历史上就已有之。三国后期的司马懿，就是个外圆内方的高手，他佯装快要死的人，瞒过了大将军曹爽，达到了保护自己、等待时机的目的。最后实现了自己的抱负，统一了天下。这正是：“鹰立似睡，虎行似病。”

现实社会，对一些有经验的领导者来说，更是如此，因为他们知道自己的权力再大，毕竟还是有限的，它不可能使所有的人都听命于自己。当自己的管理目标受到权力条件的限制，一时难以完全实现时，他就必须运用计谋、审时度势、

权衡利弊，首先制服自己权力够得着的对象，暂时稳住还远离自己、鞭长莫及的对象。这在军事学上，叫远交近攻；在处世学上，叫外圆内方；在用人权术上，则是指采用不正当的手段，对“权力影响圈”外的下属装出和蔼可亲、体贴关怀的样子，但对“权力影响圈”内的下属，却严加管制，令人生畏。

总之，人生在世只要运用方圆之理，必能无往不胜，所向披靡；无论是趋进，还是退止，都能泰然自若，不为世人的眼光和评论所左右。

商界有巨富，官场有首脑。他们的成功要诀就是精通了何时何事可方，何时何事可圆的为人处世技巧。

因此，做人必须方外有圆，圆内有方，外圆内方。

做事方正，**做人圆融**

1924年，美国哈佛大学教授团在芝加哥某厂做“如何提高生产率”的实验时，首次发现人际关系才是提高工作效率的关键所在，由此提出“人际关系”一词。自此以后，人们普遍认识到个人的事业成功、家庭幸福、生活快乐都与人际关系有着密切联系。而人际关系技巧则能使你在与人交往的过程中如鱼得水，是你在现实世界中拼搏、奋争的有力武器。这就是我们讲的做事要方正，做人要圆融。

先来说说方。做事要方正，便是说做事要遵循规矩，遵循法则，绝不可乱来，绝不可越雷池一步，这个道理在中国已流传了上千年。

中国人常说的“没有规矩不成方圆”“有所不为才可有所为”，就是方这个道理。

每一个行当都有自己绝不可逾越的行规。比如说做官就绝对要奉守清廉的原则，从一开始就要做好承受清贫的思想准备，就像曾国藩家训“八不得”中的一条“为官要清，贪不得”一样。如果一开始做官的动机就不纯，或慢慢变质企图以权谋私、权钱演变，那这个官就绝对当不好、当不长。

为商要奉行的金科玉律是一个“诚”字。真正的大商人必是以诚行天下，以诚求发展，绝不会行狡诈、欺骗之伎俩，为一些蝇头小利或眼前得失而失信于天下。像韩国因商业楼倒塌而产生的震惊世界的惨案，便是因为韩国的建筑承包商在建造大楼时偷工减料；像中国某些生产鳖精厂家的秘密彻底被揭露，是因为他们生产的竟是没有鳖的鳖精，为此他们犯了行商的大忌。

再来说说做人要圆融。这个圆融绝不是圆滑世故，更不是平庸无能，这种“圆”是圆通，是一种宽厚、融通，是大智若愚，是与人为善，是居高临下、明察秋毫之后，心智的高度健全和成熟。不因洞察别人的弱点而咄咄逼人，不因自己比别人高明而盛气凌人，任何时候也不会因坚持自己的个性和主张让人感到压迫和惧怕，任何情况都不会随波逐流，要潜移默化别人而又绝不会让人感到是强加于人……这需要极高的素质，很高的悟性和技巧，这是做人的高尚境界。

圆的压力最小，圆的张力最大，圆的可塑性最强。

这“圆”好做又不好做。好做是因为如果人真正有大智慧、大胸襟，真正能自强自信，心态平和，心地善良，凡事都

往好的一面想，凡事都能站在对方的立场为他人着想，人的弱点皆能原谅，即便是遇见恶魔也坚信自己能道高一丈，如真能那样，人还有什么做不好呢？

当然，也不乏有人为了某种利益和目的不惜敛声屏息，不惜八面讨好，不惜左右逢“圆”。但这种圆和圆融绝对有本质的区别，这种圆的背后是虚伪和丑恶。

任何成功的背后都包含着牺牲。如果说有人能做到内方外圆的话，那也肯定包含了许多的牺牲。比如说做事要方，做事要有规矩、有原则，那就意味着许多事不能做、许多事又非要做，那也就意味着会得罪许多人，惹恼许多人，意味着要舍弃许多利益甚至招来杀身之祸。如中国的抗金名将岳飞，在“忠”君和“忠”国之间，为了“忠”舍弃了“孝”。为了这种原则，他惨死在风波亭。

做人圆融，也会有牺牲。有时要牺牲小我，有时要忍辱负重、忍气吞声，更多的时候要承受屈辱、误解，甚至来自至亲至爱的人的伤害。如明明你在履行一种神圣的职责，他却以为你好大喜功；明明你是深谋远虑，他却认为你是哗众取宠。

小牺牲换来小成功，大牺牲换来大成功。能做到方圆的，同时没有感到那是一种牺牲、痛苦的才是大成功、大境界；能为了方圆去承受牺牲的是小成功、小境界；不愿牺牲也做不到方圆的是不成功。

方圆之道蕴藏了成功之道，掌握了为人处世的方圆之道，成功离我们就很近了。

重视日常应酬

为人圆融才能有良好的人际关系，这就要求我们重视日常应酬。

应酬是一门社交艺术，只有善用心思的人，才能达到联络感情的目的。卡耐基为我们讲了一个浅显易懂的例子：

一位同事生日，有人提议大家去庆贺，你也乐意前行，可是去了以后发现，这么多的人为他贺岁，他们为什么不在你生日的时候也来热闹一番？这就是问题所在，这说明你的应酬还不到家、你的人际关系还欠佳。要扭转这种内心的失落，你不妨积极主动一些，多找一些借口，在应酬中学会应酬。

比如，你新领到一笔奖金，又适逢生日，你可以采取积极的策略，向你所在部门的同事说："今天是我的生日，想请大家吃顿晚饭。敬请光临，记住了，别带礼物。"在这种情形下，不管同事们过去和你的关系如何，这一次都会乐意去捧场的，你也一定会给他们留下一个比较好的印象。

重视应酬，一定要入乡随俗。如果你所在的公司，升职者有爱请同事的习惯，你一定不要破例，你不请，就会落下一个

“小气”的名声。如果人家都没有请过，而你却独开先例，同事们会以为你太招摇。所以，要按约定俗成的规定来办。

重视应酬，还有一个别人邀请，你去与不去的问题。人家发出了邀请，不答应是不妥的，可是答应以后，一定要三思而后行。

对于深交的同事，有求必应，关系密切，无论何种场面，都能应酬自如。

浅交之人，去也只是应酬，礼尚往来，最好反过来再请别人，从而把关系推向深入。

能去的尽量去，不能去的就千万不能勉强。比如，同事间的送旧迎新，由于工作的调动，要分离了，可以去送行；来新人了可以去欢迎。欢送老同事，数年来工作中建立了一定的感情，去一下合情合理；欢迎新同事就大可不必去凑这个热闹，来日方长，还愁没有见面的机会吗？

重视应酬，不能不送礼，同事之间的礼尚往来，是建立感情、加深关系的物质纽带。

应酬需把握一些必要的技巧：

1. 对于话题的内容应比较熟悉。当你和对方谈到某一件事时，你必须对此有所认识，否则聊起来缺乏吸引力，不能让对方感兴趣。

2. 充分明了人与人之间的关系的真理。有许多事即使做法不同，但道理是永不能改变的，这种“永不能改变”的道理，自己要常常放在心里。

3. 要培养忍耐力。切忌凡事小气。经验证明，小气常使自己吃亏。

4. 能够利用语气来表达你自己的愿望。不要使人捉摸不定，有些人以为态度模棱两可是一种技巧，其实是相当拙劣的。真正懂得运用应酬技术的人，都会让本身的立场迅速公开。

5. 常常保持中立，保持客观。按照经验，一个态度中立的人，常常可以交到更多的朋友。甚至对于你的“死党”，你也不必口口声声去对他表明，只要事实上是“死党”就行。

6. 对事物要有衡量种种价值的尺度，不要死硬地坚持某一个看法。

7. 对事情要守密。一个人不能守住秘密，会在任何事件上发现很多过失。

8. 不要说得太多，想办法让别人多说。

9. 对人亲切、关心，竭力去了解别人的背景和动机。

没有经过准备而进行一项应酬，难以获得成功，很有可能会遭受无可挽救的失败。

如电话应酬，预先准备好别人说“是”或“否”时你应如何应对，就可以避免太多不必要的烦恼。

只有重视日常生活中的应酬，巧妙应酬，我们才能给自己建立起一个良好的人际交际的网络。

悄悄为他人**做点好事**

许多人经常为他人做好事、行方便的时候，总会顺便告诉对方自己对别人好，心里悄悄地企盼着对方对自己有所肯定，其实这是完全没有必要的。

我们要求自己拥有健全的人格，希望自己成为有思想的人，所以我们加强自身修养，经常做些好事，对别人施以恩惠。

实际上，你做好事的同时，你善良的本性已经使你感觉到愉快——你仁爱的意义即在于此。

既然要付出，就单纯地付出，不要图回报，这就是为什么要提倡“悄悄地为他人做点好事”的初衷。别人的感激与表扬并不是你最需要的，你真正得到的有意义的回报是你无私奉献的热情。只要你有了这种热情，你的生活就更加美好、更加惬意。所以，下次你为别人做好事的时候，不要声张，你的心情坦然了，你就能体会到奉献的乐趣。这是一种跟你的生活密切相关的处事方式，它不仅会带给你快乐，而且做起来也轻而易举。

然而，在日常的生活中，无论我们是有意或是无意，我们总是想从别人那里得到点什么，尤其是当我们为别人做了点什么的时候。生活中常常出现这样的情况，住在同一间寝室的人常说：“既然我打扫了洗手间，那么她就应该将厨房清理一下。”或是邻居之间：“我上周帮他们家照顾了一下午孩子，这次总该他们帮我了吧。”而每当出现这种情况的时候，我们都认为我们所付出的已远远超过所得到的回报。

实际上，一个真正有智慧、内心平和宁静的人，是不会刻意去期待他人的回报的。你所做的这些爱心行动也可以使你在情感上得到同等程度的愉悦，你感觉上的回报就是你意识到你做了这些“小小的”好事。

如果你感到替别人做了什么而得不到任何回报，那么导致你心理不平衡的根本原因是隐藏在你内心的互惠主义，它干扰你内心的平静，它使你老是在想：我想要什么，我需要什么，我应当去索取什么。如果行善事而有所图，也许好事会变成坏事。有一位美国青年，曾从深井中救出一个小女孩，得到女孩父母的深深感激和众人的钦佩。不幸的是，从此以后，他无论走到哪里都希望人们知道他的这一善行。随着岁月流逝，人们渐渐淡忘了，他却念念不忘，越来越无法忍受人们如此对待他这样一个救人英雄，最后不得不选择了自杀。维吾尔族传说中最聪明的人阿凡提曾经说过：人家对你做的好事，你要永远记住；你对人家做的好事，你要立即忘记。或许，这位美国青年要是领会到阿凡提的名言，这个悲剧就能避免。

在你的生活中试着真心真意地去帮助别人，别让你自己有意无意就想着“我将得到什么样的回报”，你最好渐渐地摒弃

这种想法。当这一切完全发自你的意愿时，你一定可以体会到帮助他人而不在乎报答的快乐，只是真心实意地去做你所能做到的，将是件快乐的事情。

而事实上，你在悄悄为别人做好事的同时，你的“善行”也被他人看在眼里，无形当中你为自己立下了很好的口碑，小小好事也只有这样才能让你决胜人际。如果你刻意去期待他人的回报，那么在他人看来，你的“小小好事”反而只是你换取“人情”的筹码，这就显得不够真诚，也无法实现你打造良好人际关系网的初衷。

脸上先有**微笑**

每个国家和民族都有自己独特的风俗习惯和文化，都有自己的禁忌和避讳。比如在希腊和尼日利亚，摆手是一种极大的侮辱，尤其是当你的手接近对方脸部时；“再见”式挥手在欧洲可以意味着“不”，但在秘鲁却意味着“请过来”；在巴西，将你的拇指和食指相接——一个美国人的“OK”标志，意味着“见鬼去吧”；当与马来西亚或印度客户一起吃饭时，不要用左手进餐；等等。然而，却有一种交流方式是全球通用的，这便是微笑。微笑是我们这个星球上的通用语言。因此，不论走到哪里，都要带着微笑。

俗话说得好：“眼前一笑皆知己，举座全无碍目人。”

的确，没有人能轻易拒绝一张笑脸。笑是人类的本能，要人类将笑容从脸上抹去是件很困难的事情。由于人类具有这样的本能，因此微笑就成了两个人之间最短的距离，具有神奇的魔力。真诚的微笑是交友的无价之宝，是社交的最高艺术，是人们交际的一盏永不熄灭的明灯。

美国的希尔顿饭店名贯五洲，是世界上最富盛名和财富的酒店之一。董事长唐纳·希尔顿认为：是微笑给希尔顿带来了繁荣。为什么希尔顿这么重视微笑呢？许多年前，一位老妇人在希尔顿心情不好的时候去拜访他，希尔顿不耐烦地抬起头，他看见的是一张微笑的脸。这张笑脸的力量是那么不可抗拒，希尔顿立即请她坐下，两人开始了愉快的交谈。交谈中他发现这妇人真的是那么慈祥，她脸上真诚的微笑完全感染了他。从此，他把微笑服务作为饭店的宗旨。每当他在世界各地的希尔顿饭店视察时，总会问员工：“今天，你对顾客微笑了吗？”如果你去任何一家希尔顿饭店，你都会亲身感受到——希尔顿的微笑。唐纳·希尔顿总结说：微笑是最简单、最省钱、最可行，也最容易做到的服务，更重要的是，微笑是成本最低、收益最高的投资。因此，他要求员工不管多么辛苦、多么委屈，都要记住任何时候对任何顾客用心真诚地微笑。即使是在20世纪30年代的大萧条中，各行各业，每个人的脸上都挂着“愁云惨雾”的时代，希尔顿的员工仍然用自己的笑容给每位顾客带去阳光。大萧条过后，希尔顿率先进入了繁荣期。也许是希尔顿人的微笑赢得了“上帝”，从此，它迈入了黄金时期。

纽约一家大商店的负责人说：一个没有毕业然而带有甜蜜微笑的姑娘能很快被雇用，而一个愁眉苦脸的哲学博士却困难得多。

下面是艾尔伯特·哈巴德的一段建议，可以把它作为行动的指南。

您上街时要昂首挺胸，微笑着向朋友问好，高兴地回应别人的握手。不要怕别人不理解，也不要想自己的敌人。努力确定您想干什么，然后尽力去实现自己的目的，努力想您想要完成的伟大光辉的事业。随着时间的推移，不用怀疑，您一定能找到实现您愿望的机会，就像珊瑚那样，从水中吸取它需要的东西。在您的心目中要装上您所向往的、干练的、真正朝气蓬勃的那个人的形象，您的头脑中经常出现这个形象，时间长了，就可帮您成为他这样的人。思想比什么都重要。您要保持必要的心理素质：勇敢、直率和乐观、正确的思想——这就意味着行动。

因此，您若想使人羡慕，应遵循的准则是“微笑”。

任何人，包括善于做人者，在求人给自己办事时，应给被求者留下一个好的印象，而微笑则是一种办事前的铺垫准备、最佳途径。笑容堆满脸，不仅让人觉得自己的真诚，而且会形成一种和谐的气氛。

如果您心里不想笑，那怎么办？首先必须迫使自己笑。如果就您一个人，那就先开始吹吹口哨或哼哼歌曲。用这种方法控制自己，仿佛您很幸福，于是您就真觉得自己是幸福的人了。已故的哈佛大学詹姆斯教授说过：“似乎行动随感情而生，其实行动和感情是互相联系的。在很大程度上控制行动的是意志而不是感情，我们可以间接地调节非意志决定的感情。那么，为使人感到精神振作，您必须表现出精神振作的样子。”

微笑就像一抹宜人的春风，微笑拉近人与人之间的距离，让人与人之间的交流更加亲切自然。因此，圆融为人不要忘了微笑。

巧获热情与好感

善于圆融为人者应以礼待人、礼尚往来，这是出于他们内在的本性。荀子说：“人无礼则不生，事无礼则不成，国家无礼则不宁。”又有圣人说：“礼，就是天地的秩序。”礼是德行的外露，是人们作为范式的法则。大的方面就是天地的秩序，小的方面就是人伦的纲纪，以及事物的分别。简单说来，就是人们应事、待人、接物、处世的各种规矩、次序。待人访友，可以通过下述技巧获得热情和好感，就能形成良好人缘。

1.不做不速之客

访友做客应事先联系，待对方同意后按时赴约。不速之客冒昧登门会使对方不快，应予避免。到达主人家，要先按门铃或轻轻敲门。主人询问时，应通报自己的姓名，待主人同意后方可进入。

2.带点小礼品

如应邀到朋友家吃饭，一般不要空手前往，可带一瓶酒、一包巧克力、一束花或给小孩带一个小玩具等礼品。但要注意的是，一般不要带比较贵重的礼品，以免主人怀疑你别有用心。

3.在小孩身上动点脑筋

小孩是父母生命的延续，母亲对孩子怀有特别的爱，也希望别人能喜欢她的孩子。关心和喜欢主人家的小孩，实际上就是对其父母的尊重。因此，为了赢得主妇的热情，可在小孩身上动点脑筋。从交际艺术上说，这叫作感情的曲线投入。

要尽量发掘小孩或在品貌上、智力上、习惯上、爱好上的优点和特色，并给予热情赞扬。任何一个小孩总是有自己的优点和特色，而这又总是和父母亲的培育和教养连在一起的，称赞孩子，母亲当然高兴。总之，要把小孩当作一个角色，不要以为无关紧要。

4.保持必要的客气

进房门后，要将帽子、大衣或随身带来的雨具等放在门边或挂在衣架上。

如果有人引你到客厅请你稍候主人时，要站着等候，待主人出来说“请坐”后再坐下。坐时要注意姿势，不要跷腿或晃腿，也不能双手抱膝。即使是十分熟悉的朋友，也不要太随便。尤其要注意，不能随意翻动主人的东西。如果要在主人家打电话，则须征得主人的同意。

5.肯定主人的居室布置

家庭内部布置和陈设，往往是主妇们心血倾注之所在。正像人的相貌各不相同一样，家庭内部的布置和陈设也总是千差万别的，有的主妇喜欢读书，可能有精制的书柜；有的主妇爱好音乐，可能有昂贵的钢琴等。利用主人家内部的布置和陈设的特色给予赞赏，是赢得主妇热情的又一个方法，因为这实际上是对其个性的赞赏。

清洁卫生，是家庭主妇都很关心的一项内容。一般说来，家庭陈设得简陋是男人的无能，而家庭卫生不好，原因恐怕主要在于主妇。因而，真诚地称赞居室的布置和陈设，主妇当然会喜滋滋的。即使主人家的住房狭小，如能做到恰到好处的赞扬，也会赢得主妇的好感。

6.在主妇的手艺、衣着上打点主意

一般家庭主妇或多或少有点手艺和特长，或在烹饪上，或在编织上，或在裁剪上。手艺和特长通常是心灵手巧的一种反映，是智慧和勤奋的结晶。聪明的人会的很多，笨拙的人往往什么也不精。如发现主妇有某种手艺和特长，不失时机地给予赞扬，有助于赢得热情和好感。用餐时，发现某一道菜味道特别好，就详细询问做法，表示意欲回家仿做，这将大大刺激主妇的积极性。

在穿着上，女人是非常敏感的。称赞男子衣着得体，他们一般不会太在意，而称赞女子衣着得体，她们则往往会高兴一阵子，倘称赞之后，又能说出具体理由，使人觉得是内行人的赞词，那主妇内心的喜悦就可能非同寻常。主妇自己衣着随便，甚至不修边幅，而她的丈夫或小孩穿着比较入时和得体，则可在他们的衣着入手，称赞主妇把爱心倾注在丈夫和孩子身上，并且会打扮，懂穿着，有艺术眼光。

7.主动帮着干点活

一道同去的客人较多，需要用餐或留宿，那么，主妇就会很忙，倒茶、洗水果、买菜、洗菜、整理房间等事情很多，有时会忙不过来。倘若小孩还小或正处于似懂非懂的年龄，也有可能趁来客之机添乱。在这种情况下，客人不妨主动帮上一把，做些辅助性的事，如倒茶、择菜、洗菜之类，不要摆出大老爷的架子，坐着不动。自是衣冠楚楚，不便劳动，可退至一旁，以免影响主妇劳作，必要时，可中止与男主人的谈话，劝男主人一道帮助妻子做点事。就餐时，可邀请主妇一道入席，并对她的辛勤操劳表示谢意。

8.适时告辞

访友时要掌握时间，不要待得太久。当主人面露倦色或谈话高潮已过时，就应当主动告辞。

求大同存小异

心理学家高伯特普曾经说过：“人们只在无关痛痒的旧事情上才‘无伤大雅’地认错。”这句话虽然不胜幽默，但却是事实。由此也可以证明：愿意承认错误的人是少的，这就是人的本性。

留心我们的周围，争辩几乎无处不在。一场电影、一部小说能引起争辩，一个特殊事件、某个社会问题能引起争辩，甚至，某人的发式与装饰也能引起争辩。而且往往争辩留给我们的印象是不愉快的，因为它的目标指向很明白：每一方都以对方为“敌”，试图以一己的观念强加于别人。

人与人之间相互交往，难免有意见相左的时候，如果事无巨细要求有个都满意的结果，这样就很难圆融待人。所以，在这种情境下，我们可以把握求大同存小异的原则。

即使是作为朋友，每一个人都应该明白这点，自己永远生活在社会之中、同事之中、朋友之中，只有“同舟共济”才能共同生存，也只有尊重和帮助他人，才能赢得他人的尊

重和帮助。

明白了这一点，我们在与朋友交往过程中，在办事过程中，也就必须以求大同存小异为原则。

因为在现实生活中，朋友之间所处的环境不同，在经历、教育程度、道德修养、性格等方面虽然是“同声相应、同气相求”，但也不尽相同，必然存在着一定的差距。这种差距，不应该成为友谊的障碍。友谊的长久维持应该是正确对待这类差距的结果。应该承认自己和朋友在对待事物方面的差距，适应这种差距，双方可以有争论、有辩解，但不可偏激，应在争论中寻找两个契合点，求大同，存小异。而事实上，有许多友情之所以中断，就缘起于对一些小异的偏激争执上。

所以，当双方都各执己见、观点无法统一的时候，自己应该把握自己，把不同的看法先搁下来，等到双方冷静下来后再辨明真伪。也许，等到你们平静的时候，说不定会相顾大笑双方各自的失态呢。

而在当你胜利的时候，你也应该表现出自己的大将风度，不应该计较刚才对方对你的态度。应该顾及对方的面子，可以给对方一支烟或是一杯茶，抑或是向他求索一点小帮忙，这样往往可以令他重返愉快的心理。这样才可使朋友之间长期相知相交。

很多时候，很多人忽略了朋友的感觉，以为自己用某个理论或事实证明自己观点的正确就一定让对方心服口服。而事实并非如此。

这样看来，你虽然得到了暂时的胜利，但和那位朋友的友情，却从此疏远了，甚至一刀两断。比较之下，你会不会觉得，当初真是有欠考虑，仅仅为了暂时的胜利，而得罪了一个朋友。如果那位朋友较小气，说不定他正在伺机报复呢！

有些人在和朋友翻脸之后，明知大错已铸成，也故作不后悔状，还经常这样认为：这样的朋友不要也罢。其实这样对你又有什么好处？而坏处却很快可以看到，因为和别人结上怨仇，你就少了一位倾吐心事的人。

这种现象我们应该尽一切可能去避免。为人圆融就要求我们能允许不同意见的存在。不仅在一些思想观念上我们要求同存异，而且在具体的办事过程中我们也要坚持求同存异的原则，这样才能把事情办好，同时加深彼此之间的感情，以便日后进一步合作共事。

假糊涂结真人缘

在处世交往的问题上，有时并没有绝对的是与非，能否结下朋友，其实就看我们如何圆融对待朋友。仔细观察就会发现，那种是非特别分明，一毫一厘分得很清楚的人往往没有好人缘，而那些傻乎乎、乐呵呵的人，人们都愿意和他交往。

工作中，你经常会看到这种情况，某某人在单位里很受欢迎，领导也喜欢他，同事也喜欢他，换句话说就是群众基础好，人缘很好。而有些人则很少有人喜欢他，而且他也不喜欢别人，他的朋友也不多，即人缘很差，像个社会嫌弃儿一样。其实这就是我们所常说的“人缘儿”和“嫌弃儿”。这些都是心理学中的术语，用以表明一个社会成员被其他成员接受的程度，我们把它们用来作为人际关系学的术语，也很能说明问题。

一般而言，大家都比较喜欢“人缘儿”。而“人缘儿”受到大家普遍喜爱的原因则是千差万别的：或者是因为他诚实可信，值得信赖；或者是因为他沉稳老练，办事踏实；或者是因为他谦虚谨慎，待人和气；或者是因为他知识丰富；或者是因为他机警灵活，善处人际关系；甚至是因为他善于办事；等等。总之，他有某一方面或者许多方面被大多数人认可或接受。

在你选择朋友，建立自己的业务关系网络时，最好能选择“人缘儿”，而且能使“人缘儿”与你之间的关系越密切越好。这是为什么呢？“近朱者赤，近墨者黑”，这个道理已经成了老生常谈，姑且不提他对你的影响，只谈谈他将给

你带来的具体的好处。

“人缘儿”既然能被大多数人所喜欢，那么他的朋友肯定也不少，他自己必然也有一个完整系统的业务关系网络。如果某个“人缘儿”成为你的业务关系网络中的重要（或关键）人物，他与你的关系比较密切或者非常密切，那么他的朋友很自然地也会成为你的朋友，他的业务关系网络也会融入你的业务关系网络，成为你的网络中的一部分。这对于你迅速地建立或者扩大业务关系网络具有巨大的作用，这是其一。

其二，“人缘儿”朋友众多，群众基础好，那么他个人的能量是非常巨大的，因为他拥有那么多的人来支持他。一个人的朋友越多，群众基础越好，他的能量就越大，这是毋庸置疑的。有时你也会感觉到，找“人缘儿”帮忙办一件事，要比找其他人或者“嫌弃儿”办事容易得多、迅速得多。

因此，能够把“人缘儿”吸收进你的关系网络，使之成为你要好的朋友，无形中就大大增加了你的关系网络的能量。要是你的关系网络全部都由“人缘儿”组成，那么你的这个关系网络的能量将是无比巨大的。此外，结交“人缘儿”还会使你受到启发，学到许多关于如何结交朋友、赢得众人青睐的方法。

当然，除此之外，我们也要讲究交往的方法，要向朋友表达自己的真心，做人一定要讲“人情味”。我们知道，老一辈无产阶级革命家周恩来同志在人际交往中就很有“人情味”。

长征途中，当时任民运部部长兼政委的杨立三，坚持亲自给重病的周恩来抬担架，他和同志们在饥寒交迫中，抬着周恩来走出布满沼泽和泥潭的草地后就累病了。19年后，杨立三去世，身为国务院总理的周恩来，无论如何要亲自给他抬棺送葬。

1937年6月，周恩来在崂山遇险，护卫他的十多名警卫战士光荣牺牲。事后，周恩来和另外三个虎口脱险的同志合影留念，周恩来在照片背后写上“崂山遇险，仅余四人”。这张照片一直珍藏在他贴身的衬衣口袋里，直至病逝才被人发现。

周恩来患绝症要动手术时，听说云南一个旧锡矿的矿工得了肺病，十分难过，他在手术室指示北京医院赶快派医疗队去为矿工诊治。北京医院李冰院长被感动得痛哭流涕。“滴水之恩，当涌泉相报。”这就是周恩来的人格魅力。难怪在举行遗体告别仪式时，围绕安卧在鲜花丛中的周恩来的遗体，群众的泪水把地毯浸湿了一米多宽的一圈。难怪会出现十里长街送总理，长夜无言，天地同悲的动人一幕。

所以，要圆融为人，善结人缘就要适时假糊涂，而要有“人情味”的时候就应当讲人情味。

给人好处**莫张扬**

生活中经常有这样的人，帮了别人的忙，就觉得有恩于人，尽怀一种优越感，高高在上，不可一世。这种态度是很危险的，这不是圆融为人之道，常常会引发反面的后果，也就是：帮了别人的忙，却没有增加自己人情账户的收入，正是因为这种骄傲的态度，把这笔账抵消了。

人都是爱面子的，你给他面子就是给他一份厚礼。有朝一日你求他办事，他自然要“给回面子”，即使他感到为难或感到不是很愿意。这便是操作人情账户的全部精义所在。人们总是尽其全力来保持颜面，为了面子，可以做出常理之外的事。有句歌词非常流行，“若是某些记忆使你痛苦，何不轻易地去遗忘它。”但是谈何容易！在知道人们是如何地注重面子之后，还必须尽量避免在公众场合使你的对手难堪，必须时时刻刻提醒自己不要做出任何有损他人颜面的事。只要你有心，只要你处处留意给人面子，你将会获得天大的面子。

古代有位大侠叫郭解。有一次，洛阳某人因与他人结怨而心烦，多次央求地方上的有名望的人士出来调停，对方就是不给面子。后来他找到郭解门下，请他来化解这段恩怨。

郭解接受了这个请求，亲自上门拜访委托人的对手，做了大量的说服工作，好不容易使这人同意了和解。照常

理，郭解此时不负人托，完成这一化解恩怨的任务，可以走人了。可郭解还有高人一招的棋，有更高技巧的处理方法。

一切讲清楚后，他对那人说："这件事，听说过去有许多当地有名望的人调解过，但因不能得到双方的共同认可而没能达成协议。这次我很幸运，你也很给我面子，我了结了这件事。我在感谢你的同时，也为自己担心，我毕竟是外乡人，在本地人出面不能解决问题的情况下，由我这个外地人来完成和解，未免使本地那些有名望的人感到丢面子。"他进一步说："这件事这么办，请你再帮我一次，从表面上要做到让人以为我出面也解决不了问题。等我明天离开此地，本地几位绅士、侠客还会上门，你把面子给他们，算做他们完成此美举吧，拜托了。"

郭解这样在帮助别人的同时还能顾及其他士绅的面子，这样想必又拉拢了一批人心，为他在当地更好地立足，拓宽人脉创造了有利条件，可见其为人的圆融已达到一定境界。

所以，帮忙时应该注意下列事项：第一，不要使对方觉得接受你的帮助是一种负担；第二，要做得自然，也就是说在当时对方或许无法强烈地感受到，但是日子越久越体会出你对他的关心，能够做到这一步是最理想的；第三，帮忙时要高高兴兴，不可以心不甘、情不愿的，如果你在帮忙的时候，觉得很勉强，意识里存在着“这是为对方而做”的观念，假如对方对你的帮助毫无反应，你一定大为生气，认为“我这样辛苦地帮你忙，你还不知感激，太不识好歹了！”如此的态度甚至想法都不要表现。

如果对方也是一个能为别人考虑的人，你为他帮忙的种种好处，绝不会像打出去的子弹一样有去无回，他一定会用别的方式来回报你。对于这种知恩图报的人，应该经常给予一些帮助。

总之，人际往来，帮忙是互相的，但不可像做生意一样赤裸裸地，一口一个“有事吗”“你帮了我的忙，下次我一定帮你”。忽视了感情的交流，会让人兴味索然，彼此的交情也维持不了多长时间。要讲究自自然然，不故意“打埋伏”，以免被别人想：“和他做朋友，如果没用处，肯定会被一脚踢开！”

另外，帮助别人原本是“施恩”，莫把“施恩”当“施舍”，这样的帮助会伤人面子。

在一个大雪天，一个贫穷的村民去向村里的首富借钱。恰好那天首富兴致很高，便爽快地答应借与他两块大洋，末了还大方地说：“拿去开销吧，不用还了！”穷人接过钱，小心翼翼地包好，就匆匆往等着急用的家里赶。首富冲他的背影又喊了一遍：“不用还了！”

第二天大清早，首富打开院门，发现自家院内的积雪已被人扫过，连屋瓦也扫得干干净净。他让人在村里打听后，得知这事是那个村民干的。这使首富明白了：给别人一份施舍，只能将别人变成乞丐。于是他前去让那个村民写了一份借契，村民因而流出了感激的泪水。

村民用扫雪的行动来维护自己的尊严，而首富让他写借契极大地成全了他的尊严。在首富眼里，世上无乞丐；在村民心中，自己何曾是乞丐？把“施恩”变成了“施舍”，一字之差，高低立见，效果大大不同。

善于“储存”人情

很多人都有一本或数本银行存折，如果你年初存5000元，到了年底，你会发现，存折上不只是5000元，还有利息！人际关系也是如此。

有一位批发商，他平时很注重人际关系的建立，不论是大人物还是小人物，他都不吝花费地和他们建立关系。据说有一位与他并未谋面的零售商因为急用向他借钱，他二话不说就掏出2万元。他广结人际关系的结果是，到处都有人帮助他，他也因而得到很多好机会。后来他在危急时，有很多人帮他渡过难关。

他就是用在银行存钱的方式来存人情，以此建立他的人际关系。

这些人际关系，必成为你这一生中最珍贵的资产，在必要的时候，会对你产生莫大的效用。就像银行存款一样，有急需时便可派上用场。而别人对你的回报，有时是附带“利息”的，就好比银行存款计算利息那般。

为人圆融的人，会在自己能力范围之内尽量“给予”。而受到此种看似不求回报好意的人，只要稍微有心，绝不会毫无回礼的，也会在能力所及的情形下与你合作。通过此种交流，彼此关系就能愈来愈亲密，终至成为对你很有用的人。

在日常生活中遇到意想不到的人或好事，往往带给人意外之喜。这种情形下，心中常常只有感动二字。所以，为了要让对方脑海中为自己留下深刻的印象，一些意想不到的行动是很具效果的。

例如，突然想到找一位相识的朋友，可能只是顺道拜访，但足以让人开心。因为他会觉得你是关心他的，否则不会想起来拜访他，此时自然会对你另眼相看。

人是高级的情感动物，注定要在群体中生活，而组成群体的人又处在各种不同的阶层，适当时进行感情投资，有利于在社会上建立一个好人缘，只有人缘好，才能有一个好的形象，你的人际交往才能如鱼得水，没人缘的人自然会常常陷入进退两难的境地。

钱锺书先生一生过得比较平和，但困居上海写《围城》的时候，也窘迫过一阵。辞退保姆后，由夫人杨绛操持家务，所谓“卷袖围裙为口忙”。那时他的学术文稿没人买，于是他写小说的动机里就多少掺进了挣钱养家的成分。一天

500字的精工细作，却又绝对不是商业性的写作速度。恰巧这时黄佐临导演排演了杨绛的四幕喜剧《称心如意》和五幕喜剧《弄假成真》，并及时支付了酬金，才使钱家渡过了难关。时隔多年，黄佐临导演之女黄蜀芹之所以独得钱锺书亲允，开拍电视连续剧《围城》，实因她怀揣老爸一封亲笔信的缘故。钱锺书是个别人为他做了事他一辈子都记着的人，黄佐临40多年前的义助，钱锺书多年后还报。

俗话说："在家靠父母，出门靠朋友。"多一个朋友多一条路。要想人爱己，己须先爱人。诸位当时刻存有乐善好施、成人之美的心思，才能为自己多储存些人情的债权。这就如同一个人为防不测，须养成"储蓄"的习惯，这甚至会让各位的子孙后代得到好处，正所谓前世修来的福分。黄佐临导演在当时不会想得那么远、那么功利。但后世之事却给了他作为好施之人一个不小的回报。

究竟怎样去结交人情，并无一定之规。

对于一个身陷困境的穷人，一枚铜板的帮助可能会使他握着这枚铜板忍一时极度的饥饿和困苦，或许还能干番事业，闯出自己富有的天下。

对于一个执迷不悟的浪子，一次促膝交心的帮助可能会使他建立做人的尊严和自信，在悬崖勒马之后奔驰于希望的原野，成为一名勇士。

就是在平和的日子里，对一个正直的举动送去一缕可信的眼神，这一眼神无形中可能就是正义强大的动力。对一种新颖的见解报以一阵赞同的掌声，这一掌声无意中可能就是对革新思想的巨大支持。

对一个陌生人很随意的一次帮助，可能也会使那个陌生人突然悟到善良的难得和真情的可贵。说不定他看到有人遇到难处时，他会很快从自己曾经被人帮助的回忆中汲取勇气和仁慈。

现代人生活忙忙碌碌，没有时间进行过多的应酬，日子一长，许多原本牢靠的关系就会变得松懈，朋友之间逐渐互相淡漠，这很可惜。希望有大发展的人，一定要珍惜人与人之间宝贵的缘分，即使再忙，也别忘了沟通感情。

可见“储存人情”应该是经常性的，不可似有似无，从生意场到日常交往，都应该处处留心，善待每一个关系伙伴，从小处细处着眼，时时落在实处。这才是圆融为人之道。

第五篇

方圆通融，做人要变通

个性灵活

现代社会是一个竞争激烈的社会，竞争各方为了跻身竞争前列，无不使出浑身解数，不断推出新思想、新办法、新技术、新产品。激烈的角逐和竞争，使社会变化迅速异常。现代社会变化的速度，是历史上任何一个时代都无法比拟的。生活于这样一个变化多端的社会，需要人们具有灵活、敏捷的应变能力，审时度势，纵观全局，于千头万绪之中找出关键所在，权衡利弊，及时做出可行、有效的决断。从某种意义上可以这样说，在现代社会，这种素质已经成为一种新的生存能力。谁能最及时地正确洞察社会变化，并能最迅速地做出反应，谁就将走在前头。而头脑封闭、反应迟钝、因循守旧、故步自封的人，会一再地错失良机。不能深察明辨、盲目轻率地追随潮流的人，也会“差之毫厘，谬以千里”，造成决策的失误。这就要求我们学会为人变通，做到方圆通融。

20世纪80年代中期，有一部题为《让这个世界停下来吧——我要离它而去》的音乐喜剧片轰动了伦敦和纽约，反映

了一部分西方社会的人对节奏加快的生活的反感。托夫勒说，他们是“情愿和这个世界脱离，也要按自己惯有的速度闲混下去”。在变化面前无法入门的人，自己也难以享受新生活带来的乐趣。老年人害怕变化，希望按照自己熟悉的生活方式安度晚年，这没有什么奇怪的。害怕变化，这是心理衰老的一种标志。但是，青年人应当欢迎变化，不应当对变化采取漠视甚至固执的态度，因为那将有使自己的心理发生衰老的危险。

个性的灵活主要表现在为人处世的适应与变通上。大致可以归为三个不苛求。

1.不苛求环境

现代社会的发展为社会成员的自由流动提供了日益充分的物质条件，人们对环境的选择要求日益强烈。然而，即使是高度发展的现代化社会，人对环境的选择却总是有一定限度的。在我们这个正在从事现代化建设的国家，由于历史的原因，更由于生产力水平的限制，在一个不短的时期内，环境与人的交互作用的主导面，恐怕还是通过人对环境的适应来改变环境，而不是通过新的选择来调换环境。

善于适应环境表现了人的个性灵活，它具有多方面好处：

（1）能协调自己与环境的关系；

（2）能优化自己的心境与情绪；

（3）能调动自己内在的积极性；

（4）能为进一步发展准备条件。

所以，适应有积极与消极、主动与被动之分。我们提倡积极的、主动的适应环境，而不是消极的、被动的顺应环境。因此，适应环境与改造环境又是一个事物不可分割的两个方面。

2.不苛求他人

与适应环境同步存在的问题是人也不应苛求他人。也就是要承认别人能同自己一样选择、保护、发展他们的个性、习惯、兴趣和观念等。这是不苛求他人的第一个要求，也是灵活性格的重要表现。

现代心理学认为男性的女性性格化、女性的男性性格化，具有适应环境、适应他人的更大灵活性，因此在现代社会中也就能获得更大的生活自由度。

在人际交往中，和谐融洽是人人希望看到的，但是矛盾、隔阂常光顾我们的生活，于是，对不苛求他人的灵活性格，又提出了宽容待人的要求。尊重别人的个性、习惯等，是一种宽容；当别人对自己表现出进攻的姿态时，能做到合理的谅解、忍让，则是更大的宽容。当然，宽容并不是不讲原则，更不是寄人篱下，而是以退为进。能宽容别人，在人际交往中保持性格的灵活性，是有益的交往态度。

3.不苛求自己

不苛求自己，首先要做到情感上的超脱。生活中有快乐、幸福，也有痛苦和不幸，生活是痛并快乐着的。当面对挫折和失败的时候，不要被低落的自责情绪左右，要理性地去分析使自己陷入困境的各种原因，并积极寻找走出困境的方法，相信失败是成就事业必不可少的磨炼。乐观圆融地去看待人生的苦与痛，这样才能超脱一味的情感折磨，理性地去筹划你的生活，克服挫折，迈向人生的新境界。

其次，不苛求自己还要做到在不同的环境之中善于调整自己的人生目标，给自己一个适合的人生定位，不做自己难以企及的事，脚踏实地，从客观情况出发，制定人生奋斗目标。切记，只有适合自己的目标才能激发你去不断奋斗。

在现代社会，如果单单向前人讨教怎样生活、怎样做人已经远远不够了，更需要自己在社会生活中去探索、去体会、去总结。对于生活和做人的道理，前人确实探索过、研究过，留下了极其丰富的著述，充满了哲理和心得。但是，倘若你以为凭了前人的经验之谈，就可以顺顺当当地走完自己的人生之路，那就可能要大吃苦头。在多变的社会里，真正的危险不在于生活经验的缺乏，而在于认识不到做人要保持灵活的个性，去积极适应环境，变通为人。只有真正认识到了，才能在生活节奏日益加快的现代生活中与生活共舞，越舞越精彩。

舍小利**为大谋**

古时靠近边境一带住着一位老人，大家叫他塞翁。由于不小心丢了一匹马，邻居们认为是件坏事，替他惋惜。塞翁却说："你们怎么知道这不是件好事呢？"众人听了之后大笑，认为塞翁丢马后急疯了。几天以后，塞翁丢的马又自己跑了回来，而且还带来一群马。邻居们看了，都十分羡慕，纷纷前来祝贺这件从天而降的大好事。塞翁却板着脸说："你们怎么知道这不是件坏事呢？"大伙听了，哈哈大笑，都认为老翁是被好事乐疯了，连好事坏事都分不出来。果然不出所料，过了几天，塞翁的儿子骑新来的马玩耍，一不小心把腿摔断了。众人都劝塞翁不要太难过，塞翁却笑着说："你们怎么知道这不是件好事呢？"邻居们都糊涂了，不知塞翁是什么意思。事过不久，发生战争，所有身体好的年轻人都被拉去当了兵，派到最危险的第一线去打仗。而塞翁的儿子因为腿摔断了未被征用，他在家乡大后方安全幸福地生活。

这就是老子的《道德经》所宣扬的一种辩证思想。基于这种辩证关系，我们可以明白，即使是看起来很坏的事情，也会带来意想不到的好处。生活中此类事很常见，变通的人一定要懂得该忍就忍，有时看似失利的事反而是获得更大利益的前提和资本。

美国亨利食品加工工业公司总经理亨利·霍金士先生突然从化验室的报告单上发现，他们生产食品的配方中，起保鲜作用的添加剂有毒，虽然毒性不大，但长期服用对身体有害。如果不用添加剂，则又会影响食品的保鲜度。

亨利·霍金士考虑了一下，他认为应以诚对待顾客，毅然把这一有损销量的事情告诉每位顾客，于是他当即向社会宣布，防腐剂有毒，对身体有害。

这一下，霍金士面对了很大的压力，食品销量锐减不说，所有从事食品加工的老板都联合起来，用一切手段向他反扑，指责他别有用心，打击别人，抬高自己，他们一起抵制亨利公司的产品。亨利公司一下子到了濒临倒闭的边缘。

苦苦挣扎了4年之后，亨利·霍金士已经倾家荡产，但他的

名声却家喻户晓。这时候，政府站出来支持霍金士，亨利公司的产品又成了人们放心满意的热门货。

亨利公司在很短的时间内便恢复了元气，规模扩大了两倍。亨利·霍金士一举登上了美国食品加工业的头把椅子。

生活中变通思考的人，善于从丧失小利益当中学到智慧。舍小利为大谋也是一种哲学的思路。

人非圣贤，谁都无法抛开七情六欲，但是，要成就大业，就得分清轻重缓急，该舍的就得忍痛割爱，该忍的就得从长计议。我国历史上刘邦与项羽在称雄争霸、建立功业上，就表现出了不同的态度，最终也得到了不同的结果。苏东坡在评判楚汉之争时说，项羽之所以会败，就因为他不能忍，不愿意舍弃小利益白白浪费自己百战百胜的勇猛；汉高祖刘邦之所以能胜就在于他能忍，懂得舍小利为大谋的道理，养精蓄锐，等待时机，直攻项羽弊端，最后夺取胜利。

在生活中，我们只有经常舍弃一些小利益，一切从长计议，才能不被一些小利益迷惑，灵活变通地处理人和事，最终达成我们的目标。

以退为进

从处理事物的步骤来看，退却是进攻的第一步。现实中常会见到这样的事，双方争斗，各不相让。最后小事变为大事，大事转为祸事，这样往往导致问题不能解决，反而落得个两败俱伤的结果。其实，如果采取较为温和的处理方法，先退一步，使自己处于比较有利有理的地位，待时机成熟，便可以退为进，成功达到自己的目的。

何为退呢？即当形势对我军不利时，如果全力攻击，也可能不奏效时，就应采取退却的方法。军事家指出学会退却的统帅是最优秀的统帅，战而不利，不如早退，退是为了更好的胜利。

李渊任太原留守时，突厥兵时常来犯，突厥兵能征善战，李渊与之交战，败多胜少，于是视突厥为不共戴天之敌。

部属都以为李渊这次会与突厥决一死战，可李渊却另有打算，他早欲起兵反隋，可太原虽是军事重镇，却不足为号令天下之地，而又不能弃了这个根据地。那如果弃太原西进，则不免将一个孤城留给突厥。经过这番思考，李渊竟派刘文静为使臣，向突厥称臣，书中写道："欲大举义兵，远迎圣上，复与

贵国和亲，如文帝时故例。大汗肯发兵相应，助我南行，幸而侵暴百姓，若但俗和亲，坐受金帛，亦惟大汗是命。”

唯利是图的始毕可汗不仅接受了李渊的妥协，还为李渊送去了不少马匹及士兵，增强了李渊的战斗力。而李渊只留下了第三子李元吉固守太原，由于没有受到突厥的侵袭，李渊得以不断从太原得到给养。终于战胜了隋炀帝杨广，建立了大唐王朝。而唐朝兴盛之后，突厥不得不向唐朝乞和称臣。

唐高祖李渊以退为进，为自己雄心大志赢得了时间。如果不能忍那一时，李渊外不能敌突厥之犯，内不能脱失守行宫之责，其境险矣，忍一时而成就了大谋。

从军事进攻的谋略来看，退却可避免失败。三国时期曹爽带兵攻战兴久而不下，而急忙回兵，避免了蜀兵的伏击。

从人生的态度来看，退却有时也是一种进攻的策略。现代社会中，以退为进表现自我也不失为一种良好的方法。

有一位计算机博士，毕业后找工作，结果好多家公司都不录用他，于是他不用学位证明去求职。很快他就被一家公司录用为程序输入员。不久，老板发现他能看出程序中的错误，非一般的程序输入员可比，这时，他亮出了学士证。过一段时间，老板发现他远比一般的大学生要优秀，这时，他亮出了硕士证。再过了一段时间，老板觉得他还是与别人不一样，就对他“质问”，此时他才拿出了博士证。于是老板毫不犹豫地重用了他。

可见，以退为进，由低到高，这是一种稳妥的进攻之术。

石桥正二郎是日本著名的大企业家，在他所写的《随想集》中，记述了这样一件事。“二战”后，位于京桥的石桥总公司的废墟中，有十多家违章建筑。因此律师顾问提出，若不及早下令禁止的话，后果将不堪设想。但在当时的情景下，如果硬性要求那些违章户立即搬走，必招致他们坚决的拒绝。石桥公司没有出此下策，石桥夫人还来到现场和那些违章户谈话。对他们说：“你们的遭遇实在值得同情，那么，你们就暂住在这里，先多赚点钱，等公司要改建大厦时，再搬到别的地方去吧。”她这样专程地去拜访那些违章户，并且赠送慰劳品，如此体贴别人的难处，使那些居住在石桥总公司内的人心里十分感动。因此，当石桥大厦真的开工时，这些人不仅不抱怨，而且还心怀感激地迁到别的地方去住了。

以退为进有时候能获得极佳的效果。1812年6月，拿破仑亲自率领60万步兵、骑兵和炮兵组成的合成部队，向俄国发动进攻。俄国用于前线作战的部队仅21万，处于明显劣势。俄军元帅库图佐夫根据敌强己弱的局势，采取后发制人的策略，实行战略退却，避免过早地与敌军决战。在俄军东撤的过程中，库图佐夫指挥部队采取坚壁清野、袭击骚扰等种种方法，打击迟滞法军，削弱法军的进攻气势。9月5日，俄军利用博罗季诺地区的有利地形，给予敌军致命的一击。接着，又将莫斯科的军民撤出，让一座空城给法军。10月中旬，法军在莫斯科受到严寒和饥饿的巨大威胁，不得不撤退。此时，库图佐夫抓住战机，予以反击，大败法军。几十万法军，幸存者只有3万人。

有时候表面的退让只是一种应对的策略，为了追求更高的目标，做出一些退让是作为善于变通之人的成熟表现。

善于趋福避祸

善于断然退避，是一个人胸怀博大、大智若愚的具体体现。一个人，尤其是一个领导者、管理者，在客观条件不允许继续前进，或再前进就危及自身的情况下，应当自觉地、主动地断然退避。

这是保存自己实力的一种很重要的谋略思想。而要做到这一点，就必须具备较高的修养，善于克制、约束自己。缺乏一定修养的人，是不可能做到这一点的。历史和现实都一再表明，善于退与善于进，具有同等的谋略价值，只善于进而不善于退的人，决非高明之人，只有把两者有机地结合在一起并加以灵活运用的人，才称得上高明。

隐避不是消极地避凶就吉，而是暂时收敛锋芒，隐匿踪迹，养精蓄锐，待机而动。就是说退是迫不得已的，即使退也要做到主动、自觉、不露声色地壮大实力，以便时机成熟时，奋起继进。可见，这种退不是逃跑，而是进的一个环节，是下一步进的准备和前奏。只有这样的退，才称得上谋略。懂得变通的人善于趋福避祸。

明朝年间，在江苏常州地区，有一位姓尤的老翁开了个当铺，有好多年了，生意一直不错。某年年关将近，有一天尤翁忽然听见铺堂上人声嘈杂，走出来一看，原来是站柜台的伙计同一个邻居吵了起来。伙计连忙上前对尤翁说："这人前些时典当了些东西，今天空手来取典当之物，不给就破口大骂，一点道理都不讲。"那人见了尤翁，仍然骂骂咧咧，不认情面。尤翁却笑脸相迎，好言好语地对他说："我晓得你的意思，不过是为了过年关。街坊邻居，区区小事，还用得着争吵吗？"于是叫伙计找出他典当的东西，共有四五件。尤翁指着棉袄说："这是过冬不可少的衣服。"又指着长袍说："这件给你拜年用。其他东西现在不急用，不如暂放这里，棉袄、长袍先拿回去穿吧！"

邻居拿了两件衣服，一声不响地走了。当天夜里，他竟突然死在另一人家里。为此，死者的亲属同这个人打了一年多官司，害得别人花了不少冤枉钱。

这个邻人欠了人家很多债，无法偿还，走投无路，事先已经服毒，知道尤家殷实，想用死来敲诈一笔钱财，结果只得了两件衣服。他只好到另一家去扯皮，那家人不肯相让，结果就死在那里了。

后来有人问尤翁说："你怎么能有先见之明，向这种人低头呢？"尤翁回答说："凡是蛮横无理来挑衅的人，他一定是有所恃而来的。如果在小事上争强斗胜，那么灾祸就可能接踵而至。"人们听了这一席话，无不佩服尤翁的智慧。

这就是善于趋福避祸，有时为了趋福避

祸，适当的忍让是必要的。

当然，讲究趋福避祸之道并不是说一看前方有危险，便急忙后退，一退再退，以致放弃原来的目标、路线，改变方向、道路（而这个方向、道路与原来坚持的方向、道路已有本质的区别），那就是知难而退了，就不具有什么谋略价值，而是逃跑主义了。所以，在趋福避祸的问题上也要分清勇敢与怯懦、高明和愚笨。

机智的能量

有人曾经说过："每一条鱼都有它的钓饵。"正如任何鱼都有它的钓饵一样，只要我们足够机智，就可以在任何人身上找到突破的地方，从而接近他们，不管他们是如何地怪癖乖戾，如何地难以靠近。所以，圆融变通的人离不开机智的力量。

谁能够精确地估算出由于缺乏机智而导致的损失呢？——那些人生旅途上的跌跌撞撞、磕磕碰碰，那些生活中的弯路和陷阱，那些跌倒后的辛酸、苦涩与困惑，那些由于人们不知道怎样在合适的时间做合适的事情而导致的致命错误！你经常可以看到才华被无谓地浪费，或者得不到有效地利用，因为这些才华的拥有者缺乏这种被我们称之为"机智"的微妙品质。

他们仅仅因为不能主动寻找制胜的契机而备受挫折，遭受友谊、客户和金钱方面的巨大损失，他们所付出的代价是极其惨重的。由于缺乏机智，商人因此流失了自己的顾客；律师因此失去了富有的客户；医生因此病人骤减、门庭冷落；牧师因此丧失了他在讲道坛上的说服力和在公众心目中的崇高形象；教师在学生中的地位为此一落千丈；政治家也为此失去民众的支持和信任。

机智在商业活动中是一笔巨大的财富，对一个商人来说更是如此。在现代的大都市里，有无数的诱惑在吸引着顾客的注意力，因而机智所起的作用就更为重要。

一位著名的商界人士把机智列为促使其成功的首要因素，另外的三大因素是：远大的抱负、专业的商业知识和得体的穿着打扮。

如果一个人想要在自己的业务活动或职业生涯中获得成功的话，那他必须拥有这种能赢得同事信任并帮助他结交可靠朋友的才能。一个真诚的友人会利用一切机会赞扬我们所写的书，会不遗余力地向他人仔细描述我们在最近一次开庭中的精彩辩护，或者是我们在治疗某个病人时的神妙医术。他们会在我们的名誉受到恶意的诽谤时挺身而出、仗义执言，并反驳和痛斥那些卑劣的小人。然而，如果缺乏机智，我们是不可能交到这样肝胆相照、莫逆于心的知己好友的。

某位先生尽管极具才干，并过着刻苦努力的生活，然而，由于个性中缺乏机智这种卓越的品质，他的努力几乎完全付诸东流。他好像永远都无法与他人和平共处。尽管除了机智之外，他似乎具备成为一个杰出人物、成为一个领导者的全部品质，然而正是这一不足构成了他的致命缺陷，使得他的生活波折重重、坎坷颇多。他总是做那些不该做的事，说那些不该说的话，并在无意之中伤害他人的感情，所有的这一切都抵消了他的刻苦努力所取得的结果，使得其他的努力变得毫无意义，因为在他的头脑里压根就没有“机智”这样一个概念。他一直都在不断地得罪和冒犯他人。

关于这个问题，还有下面的论述：

“一个机智灵活的人不仅能够最大限度地利用他所知道的一切事物，而且能够巧妙地利用许多他所不了解的事物，通过熟练圆滑的技巧，他可以机敏地掩饰自己的无知，并比一个企图展示自己博学的老学究更能赢得人们的尊敬。”

在历史上，借助于机智成就大事者不胜枚举。以林肯为例，机智使他得以从内战期间无数不利的困境中解脱出来。事实上，如果缺乏这一重要因素的话，美国内战的结果很可能会完全改变。

“在运用机智和谋略的过程中，幽默始终在发生着作用，幽默还会滋养我们的心灵。很多时候，我们在想到那些灵巧高明的技法时，情不自禁地想笑，这些技法在日后总是被证明为恰当的。在机智地运用谋略时，并不需要任何欺骗，我们所需做的就是展示一种正确的诱导，从而最有效地吸引和说服那些尚在徘徊观望的人。应该说，这种在恰当的时间内把应当完成的事情处理好的技巧是一种艺术。”

或许你接受过高等教育，或许你在自己的专业领域受到过最尖端的训练，或许你在自己所从事的行业是一个真正的天才，然而，你仍然可能在这个世界上郁郁不得志或是难展宏图。但是，一旦你能够在原有才干的基础上增加机智这种品质，并与才干结合起来，你将惊奇地发现前途是多么的坦荡光明，而你在发展自己的事业时又是多么的得心应手。

所以，无论在生活中还是在事业拼搏的过程中，请不要忽视机智的力量，只有发挥了你的机智，你才能少走弯路，轻松为人处事，并获得人生的成功。

让一步，收获更大

你知道吗？你所有的思想及言行，造就全部的你。为他人提供良好的服务，善意地对待他人，对自己一定会有帮助；斤斤计较，吹毛求疵，处心积虑地伤害别人，自己也得不到内心的宁静。

在狭窄的路上行走，要留一点余地给别人走；羊肠小道两个人互相通过时，如果争先恐后，两人都有坠入深谷的危险，在这种情况下先停住脚步让对方过去，才是有礼貌、最安全的。

遇到美味可口的饭菜时，要留出三分让给别人吃，这样才是一种美德。路留一步，味留三分，提倡一种谨慎的利世济人的方式。在生活中，除了原则问题须坚持外，对小事、个人利益互相谦让就会带来个人的身心愉快。

一天，一户人家来了远方造访的客人，父亲让儿子上街去购买酒菜，准备请客，没想到儿子出门许久都没回来，父亲等得不耐烦了，于是自己上街去看个究竟。

父亲快到街上的便桥时，发现儿子在桥头和另一个人正面对面地僵持站在那儿，父亲上前询问："你怎么买了酒菜不马上回家呢？"

儿子回答说："老爸你来得正好，我从桥这边过去，这个人坚持不让我过去，我现在也不让他过来，所以我们两个人就对上了。看看究竟谁让谁？"

父亲听了儿子的一席话，就上前声援道："孩子，好样的，你先把酒菜拿回去给客人享用，这儿让爸爸来跟他对一对，看看究竟谁让谁？"

在社会上，无论说话也好，做事也好，好多人不肯给别人一点余地，不愿给别人一点空间，到处有这对父子的影子，往往只为了"争一口气"，本来没有什么大不了的琐事，非要大费周章，坚持己见互不让步，结果小事变大事，甚至搞得两败俱伤，这又何苦呢？

人在世间若是不能忍受一点闲气，不肯给人方便，让人一步，往往使自己到处碰壁，到处遭逢阻碍，不肯给人方便，结果会给自己带来很多不便。

如果一个人平常在语言上让人一句，在事情上留

有余地，肯让人一步，也许收获就能更大。

让人，多发生于竞争情境，由于让人行为出现而使矛盾化解，争斗平息，对手变手足，仇人变兄弟，因此，让人是避免争斗的极好方法，对个体也具有一定价值。它具体表现在：

1. 得理不让人，让对方走投无路，有可能激起对方的“求生”意志，既然是“求生”，就有可能是“不择手段”，这对你自己将造成伤害。好比把老鼠关在房间内，不让其逃出，老鼠为了求生，会咬坏你家中的器物。放它一条生路，它“逃命”要紧，便不会对你的利益造成破坏。

2. 对方“无理”，自知理亏，你在“理”字已明之下，放他一条生路，他会心存感激，来日自当图报。就算不会如此，也不太可能再度与你为敌。这就是人性。

3. 得理不让人，伤了对方，有时也连带伤了他的家人，甚至毁了对方，这有失厚道。得理让人，也是一种积蓄。

4. 人海茫茫，却常“后会有期”。你今天得理不让人，哪知他日你们二人不会狭路相逢？若届时他势旺你势弱，你就有可能吃亏！“得理让人”，这也是为自己留条后路。

人情翻覆似波澜。今天的朋友，也许将成为明天的对手；而今天的对手，也可能成为明天的朋友。世事如崎岖道路，困难重重，因此走不过的地方不妨退一步，让对方先过，就是宽阔的道路也要给别人三分便利。这样做，既是为他人着想，又能为自己留出回旋余地，多一个朋友多一条路。

做人圆融就要学会“让”的艺术，让人一步有时能获得意想不到的好效果。

以和为贵

孟子说：君子之所以异于常人，便是在于其能时时自我反省。即使受到他人不合理的对待，也必定先反省自己本身，自己是否做到仁的境界？是否欠缺礼？否则别人为何如此对待我呢？等到自我反省的结果合乎仁也合乎礼了，而对方强横的态度仍然未改，那么，君子又必须反问自己：我一定还有不够真诚的地方。再反省的结果是自己没有不够真诚的地方，而对方强横的态度依然故我，君子这时才感慨地说：他不过是个荒诞的人罢了。这种人和禽兽又有何差别呢？对于禽兽根本不需要斤斤计较。

每个人都生活在人群中，有人的地方自然会有矛盾。有了分歧，不知怎么办，很多人会选择争吵，非论个是非曲直不可。其实这种做法很不明智，吵架伤和气又伤感情，不值。不如大事化小小事化了，俗话说，家和万事兴，推而广之，人和也万事兴。人际交往中切不可太认死理，装装糊涂于己于人都有利，善于变通的人会选择“以和为贵”的方式来待人处事。

事实上，按照常情，任何人都不会把过去的记忆抛掉，就某些方面来讲，人们有时会有执念很深的事件，甚至会终生不忘。当然，这仍然属于正常之举。谁都知道，怨恨会随时随地有所回报。所以，为了避免招致别人的怨愤或者得罪人，行事须小心。《老子》中据此提出了“以德报怨”的思想，孔子也曾提出类似的话来教育弟子：“以德报怨，以德报德。”其含

义均是教人处事时不记仇怨、心胸要豁达，以君子般的坦然姿态对待一切。

《庄子》中对如何不与别人发生冲突也作了阐述。

有一次，有一个人去拜访老子。到了老子家中，看到室内凌乱不堪，心中感到很吃惊，于是，他大声咒骂了一通扬长而去。翌日，又回来向老子道歉。老子淡然地说："你好像很在意智者的概念，其实对我来讲，这是毫无意义的。所以，如果昨天你说我是马的话我也会承认的。因为别人既然这么认为，一定有他的根据，假如我顶撞回去，他一定会骂得更厉害。这就是我从来不去反驳别人的缘故。"

从这则故事中可以得到如下启示：在现实生活中，当双方发生矛盾或冲突时，对于别人的批评，除了虚心接受之外，还要以一种毫不在意的态度去对待。人与人之间发生矛盾的时候太多了，因此，一定要心胸豁达，有涵养，不要为了不值得的小事去得罪别人。而且生活中常有一些人喜欢论人短长，在背后说三道四，如果听到有人这样谈论自己，完全不必理睬这种人。只要自己能自由自在按自己的方式生活，又何必在意别人说些什么呢？

从前，有一对圣人兄弟名叫伯夷、叔齐，二人互相推让王位退隐到山林里，最后饿死了。还有一位商朝的宰相伊尹，也很著名。孟子把孔子、伯夷和伊尹三人的人生观加以比较后，他说："不同道。非莫君不事，非其民不使；治则进，乱则退：伯夷也。何使非君？何使非民？治亦进，乱亦进：伊尹也。可以仕则仕，可以止则止，可以速则速：孔子也。皆古圣人也。吾未能有行焉。及所愿，则学孔子也。"

孔子、伯夷、伊尹三人，各有不同的处事方法，但却都能坚守仁、义，所以孟子认为他们都是圣人。换言之，只要能够忠实地坚守原则，那么采取什么手段、方法都无关紧要。

这种处世态度对生活中的人们很有借鉴意义。人们往往因为别人的生活方式以及应对态度与己不同，因而排斥对方，认为唯有自己才正确。其实，只要能够遵守做人的原则，那么采取什么生活方式都无所谓。我们不可能要求别人在生活方面处处和自己一样，或是事事如己愿，这是极不现实的。如果能认清这个道理，人的心胸就会豁然开朗，就能做到以和为贵。圆融变通之人，就会允许人与人之间的差异存在，这样的人才是受欢迎的人。

美国第九届总统威廉·哈里逊，小时候家里很贫穷，他沉默寡言，人们甚至认为他是个傻孩子。他家乡的人常常拿他开玩笑。

比如拿一枚五分的硬币和一枚一角的银币放在他面前，然后告诉他只准拿其中的一枚。每次，哈里逊都是拿那枚五分的，而不拿一角的。

一次，一位妇女看他这样可怜，就问他："孩子，你难道真的不知道哪个更值钱吗？"

哈里逊回答说："当然知道，夫人，可要是我拿了一枚一角的银币，他们就再不会把硬币摆在我面前，那么，我就连五分也拿不到了。"

当你只拿五分钱的硬币时，你得到的可能是以后许多个"五分钱"。"傻"孩子的智谋绝不是小聪明的表现，里面蕴含着上等的智慧。

这就是会变通之人处世的表现，吃一些小亏反而能捡很大的便宜。

斯未尔诺夫伏特加酒厂的经理休布兰是一位踌躇满志的企业家。他在20世纪60年代遭到了沃尔夫·施密特酿酒厂全力以赴的进攻。这种进攻，以价格来决定胜负。沃尔夫·施密特酒每瓶价格比斯未尔诺夫伏特加便宜一美元。很明显，市场霸主在受到挑战时处于相当不利的地位：如果降价，就会损失大量的利润；如果不降价，那么它原有的销售额就会被降价的对手逐渐夺去，结果也是利润下降。

怎么办？休布兰对沃尔夫·施密特酿酒厂的进攻佯装不知，反而把斯未尔诺夫酒的价格提高了一美元，使它每瓶比沃尔夫·施密特酒贵二美元，以“显示”出他卖的酒确实是一种“更好的”伏特加，让对手任意降价抛售。然后，休布兰又出两种新牌子酒：一种伏特加的价格和沃尔夫·施密特一样，另一种则比它便宜一美元。

这样，很快，休布兰扭转了局势，继续控制了市场而且销路增加很快，1982年出售了733万箱。而沃尔夫·施密特呢？仅卖出126万箱，仅为前者的1/6。

变通之人善于从吃亏中明哲保身。

从前，有位商人狄利斯和他长大成人的儿子一起出海旅行。他们随身带上了满满一箱子珠宝，准备在旅途中卖掉，但是没有向任何人透露这一秘密。一天，狄利斯偶然听到了水手们在交头接耳。原来，他们已经发现了他的珠宝，并且正在策划着谋害他们父子俩，以掠夺这些珠宝。

狄利斯听了之后吓得要命，他在自己的小屋内踱来踱去，试图想出一个摆脱困境的办法。儿子问他出了什么事情，狄利斯于

是把听到的全告诉了他。“同他们拼了！”年轻人断然道。

“不，”狄利斯回答说，“他们会制服我们的！”“那把珠宝交给他们？”“也不行，他们还会杀人灭口的。”过了一会儿，狄利斯怒气冲冲地冲上了甲板，“你这个笨蛋儿子！”他叫喊道，“你从来不听我的忠告！”“老头子！”儿子叫喊着回答，“你说不出一句值得我听进去的话！”当父子俩开始互相谩骂的时候，水手们好奇地聚集到周围。狄利斯突然冲向他的小屋，拖出了他的珠宝箱。“忘恩负义的儿子！”狄利斯尖叫道，“我宁肯死于贫困也不会让你继承我的财富！”说完这些话，他打开了珠宝箱，水手们看到这么多的珠宝时都倒吸了一口凉气。狄利斯又冲向了栏杆，在别人阻止他之前将他的宝物全都丢入了大海。

过了一会儿，狄利斯父子俩都目不转睛地注视着那只空箱子，然后两人躺倒在一起，为他们所干的事而哭泣不止。后来，当他们单独一起待在小屋时，狄利斯说：“我们只能这样做，孩子，再也没有其他的办法可以救我们的命！”

“是的，”儿子答道，“您这个法子是最好的了。”

轮船驶进了码头后，狄利斯同他的儿子匆匆忙忙地赶到了城市的地方法官那里。他们指控了水手们的海盗行为和犯了企图谋杀罪，法官逮捕了那些水手。法官问水手们是否看到狄利斯把他的珠宝投入大海，水手们都一致说看到过。法官于是判决他们都有罪。法官问道：“什么人会弃掉他一生的积蓄而不顾呢，只有当他面临生命的危险时才会这样去做吧？”水手们只得赔偿了狄利斯的珠宝，法官因此饶了他们的性命。

不善变通的人，不愿意吃亏，往往招致的是不愉快的后果。

芦苇与橡树争论不休，都认为自己有耐力，很冷静，力气大，谁也不肯认输。

橡树说："你没有力量，无论哪个方向的风都能轻易地把你刮得东倒西歪。"

芦苇没有回答。

过了一会儿，一阵猛烈的强风吹了过来，芦苇弯下腰，顺风仰倒，幸免于连根拔起。而橡树却硬迎着风，尽力抵抗，结果被连根拔掉了。

因此，我们在生活中要有不怕吃小亏的精神，吃小亏之后往往能占大便宜。

做事要分**轻重缓急**

不会变通的人在处理日常生活的方方面面时，分不清哪个更重要，哪个更紧急。他们以为每个任务都是一样的，只要时间被忙忙碌碌地打发掉，他们就打心眼里高兴。

会变通的人是根据事情的紧迫感，而不是事情的优先程度来安排先后顺序的。

把一天的时间安排好，这对于一个想克服做事不会变通的人是很关键的。

在紧急但不重要的事情和重要但不紧急的事情之间，你首先去办哪一个？面对这个问题你或许会很为难。

实际上，懂得美好生活的人都明白轻重缓急的道理，他们在处理一年或一个月、一天的事情之前，总是按分清主次的办法来安排自己的时间。

1.把重要事情摆在第一位

商业及电脑巨子罗斯·佩罗说："凡是优秀的、值得称道的东西，每时每刻都处在刀刃上，要不断努力才能保持刀刃的锋利。"罗斯认识到，人们确定了事情的重要性之后，不等于事情会自动办得好。你或许要花大力气才能把这些重要的事情做好，而且始终要把它们摆在第一位。下面是有助于你做到这一点的三步计划：

（1）估价。首先，你要用目标、需要、回报和满足感四原则对将要做的事情做一个估价。

（2）去除。第二步是去除你不必要做的事，把要做但不一定要你做的事委托别人去做。

（3）估计。记下你为达到目标必须做的事，包括完成任务需要多长时间，谁可以帮助你完成任务等。

2.精心确定主次

在确定每一年或每一天该做什么之前，你必须对自己应该如何利用时间有更全面的看法。要做到这一点，你要问自己四个问题：

（1）我从哪里来，要到哪里去

我们每一个人来到这个世界上，都是上帝的安排。我们每个人都肩负着一个沉重的责任，按上帝指定的目标前进。可能再过20年，我们每个人都有可能成为公司的领导、大企业家、大科学家。所以，我们要解决的第一个问题就是，我们要明白自己将来要干什么。只有这样，我们才能持之以恒地朝这个目标不断努力，把一切和自己无关的事情统统抛弃。

（2）我需要做什么

要分清轻重缓急，还应弄清自己需要做什么。总会有些任务是你非做不可的。重要的是你必须分清某个任务是否一定要做，或是否一定要由你去做。这两种情况是不同的。非做不可，但并非一定要你亲自做的事情，你可以委派别人去做，自己只负责监督其完成。

（3）什么能给我最高回报

人们应该把时间和精力集中在能给自己最高回报的事情上，即比别人干得出色的事情上。在这方面，让我们用帕雷托定律（二八定律）来引导自己：人们应该用80%的时间做能带来最高回报的事情，而用20%的时间做其他事情，这样使用时间是最具有战略眼光的。

有些人认为能带来最高回报的事情就一定能给自己最大的满足感。但并非任何一种情况都是这样。无论你地位如何，你总需要把部分时间用于做能带给你满足感和快乐的事情上。这样你会始终保持生活热情，因为你的生活是有趣的。

在确定了应该做哪几件事之后，你必须按它们的轻重缓急开始行动。大部分人是根据事情的紧迫感，而不是事情的优先程度来安排先后顺序的。这些人的做法是被动的而不是主动的。懂得生活的人不能这样，而应按优先程度开展工作。以下是两点建议：

1.每天开始都有一张优先表

美国成功学大师卡耐基在教授别人时，有一位公司的老板去拜访他，看到卡耐基干净整洁的办公桌感到很惊讶。他问卡耐基说：“卡耐基先生，你没处理的信件放在哪儿呢？”

卡耐基说：“我所有的信件都处理完了。”

“那你今天没干的事情又推给谁了呢？”老板紧追着问。

“我所有的事情都处理完了。”卡耐基微笑着回答。

看到这位老板困惑的神态，卡耐基解释说：“原因很简单，我知道我所需要处理的事情很多，但我的精力有限，一次只能处理一件事，于是我就按照所要处理的事情的重要性，列一个优先表，然后就一件一件地处理。结果，完了。”说到这，卡耐基双手一摊，耸了耸肩。

“哦，我明白了，谢谢你，卡耐基先生。”几周以后，这位公司的老板请卡耐基参观其宽敞的办公室，对卡耐基说：“谢谢你教给了我处理事务的方法。过去，在我这宽大的办公室里，我要处理的文件、信件等，都是堆积得和小山一样，一张桌子都不够，就用三张桌子。自从用你说的法子以后，再也没有处理不完的事情了。”

这位公司老板找到了做事的好办法，几年以后成了美国社会成功人士的佼佼者。如果你对大量事务感到手足无措，那么不妨列一个优先表。

2.把事情按先后顺序写下来，定个进度表

把一天的时间安排好，这对于你成就大事是很关键的。这样你可以每时每刻集中精力处理要做的事。但把一周、一个月、一年的时间安排好，也是同样重要的。这样做给你一个整体方向，使你看到自己的宏图，从而有助于达成你的目标。做人要变通，一定要分清事情的轻重缓急才能把事情处理好，才能让自己的生活变得更加有条理。

第六篇

圆润为人，须通晓人情世故

为人低调好处多

准备了一个月的计划书终于可以呈报老板了，在会议上各部门主管都一致赞许你的真知灼见，老板更是赞赏有加，喜上眉梢。这时的你必然是春风得意，难掩喜悦之色，大有世界都属于你的感觉，但在你兴奋忘形之际，也许正是你为自己埋炸弹之时。

有些人是自私的，你呼风唤雨，一定惹来这些人的妒忌。表面上，他们或许阿谀奉承，甚至扮作你的知己和倾慕者，私底下却恨你入骨也说不定。为了避免遭人放暗箭，请收敛你的得意之态，谦虚一点吧。

也许有人会锦上添花地向你说："看来，老板就只信任你一个！""唔，经理这个位置，非你莫属了！""嘿，他日一人之下万人之上的时候，千万别忘记我啊！""你的聪明才智，公司里没人可及哩！"

切莫被美丽的谎言冲昏头脑，聪明的人必须是理智的，告诉他们："不要乱开玩笑啊，公司有太多人才呢。""我的意见只是一时的灵感，没啥特别呀！""我还有更多的东西要学。"

真正的强人，应该明白"居安思危"的道理！

老板对你的计划书大为赞赏，公开表示你的才干值得重视。还有，你刚好成功地完成了一项任务，使公司赚了钱，各

部门主管对你另眼相看，有点飘飘然了吧？

这实在太危险了！

记住，叫别人妒忌你，是十分失败的事，何况无端树敌，不是强人典范。但是，如何才能避过这些办公室里的敌意呢？

首先，请切记别乐昏了头脑，要处处表现得虚心、容易满足。总之，就是采取低调姿态。即使当你像坐直升机一样，势力一天比一天大时，也请仍然保持与旧同事的关系，抽时间与他们在一起。谈话时更不能自己翻那些成功史，即使别人阿谀一番，也当成是耳边风好了，或者索性说："那绝非我的功劳，老板对我也是太好了。"

处处表现虚心，不要颐指气使。同事一旦对你有了偏见（由妒忌演变而来），他日做起事来，障碍肯定更多，对你当然不是好事了。

为了达到某些目的，不少人勤于制造高帽，往"目标物"头上送。你的职权越大，成为"目标物"，乃是自然事。私下里，你开心之余，又觉得很不自然，但不知该如何处理。这时你应该保持低调的姿态。保持低调的姿态，首先，可以让你保持清醒的头脑，这样才能对事情做出正确的判断，不至于被得意冲昏了头脑；其次，低调的姿态是获取他人好感的必要表现，大多数人欣赏的是低调为人的人，而不是沾沾自喜的人；再次，低调为人可以避免小人的妒忌之心，避免不必要的闲言碎语，以免给自己带来不必要的内心烦恼；最后，低调为人，不自得方能给自己立下更大的奋斗目标，才能保持拼搏的劲头。因此，圆润为人，少不得做人低调。

自我解嘲保面子

幽默是化解矛盾的润滑剂。帮助别人选择笑，学着停下来看看滑稽的人生百态，便是生气的最佳解药。

美国一位幽默的作家霍尔摩斯有次出席一场会议，他是席间身材最为矮小的人。“霍尔摩斯先生，”一位朋友脱口而出，“你站在我们中间，是否有‘鸡立鹤群’的感觉？”霍尔摩斯反驳了他一句：“我觉得我像一堆便士里的铸币。铸币面值10便士，但比便士体积小。”

当别人对你稍有不恭时，如果不是大发雷霆就是极力辩解，这样做是不明智的。自我解嘲不仅能赢得他人的尊重，还会让人觉得你容易相处，将使你与他人的合作更加愉快。

当年里根总统执政的时候，有一次在白宫举行钢琴演奏会招待来宾。正当里根在麦克风前致辞时，夫人南希一不小心连人带椅子由舞台上跌到台下，全场来宾都站起来惊呼。还好地上铺了厚厚的地毯，南希立刻灵活地爬了起来，又重新回到舞台上去。观众以很热烈的掌声为她打气。

中断了演讲的里根，确定了夫人没有受伤之后，清了清喉咙说：“亲爱的，我不是告诉过你，只有在观众不给我掌声的时候，你才可以做这种表演吗？”

有一次加拿大总理特鲁多，邀请美国总统里根到加拿大访问。

正当里根在多伦多的一处广场上演讲时，远处有一群示威民众，不时高呼反美口号，打断了里根的演说。

这种场面让特鲁多总理十分尴尬，面对远来的客人，他不知如何是好，只好频频向里根道歉。没想到里根总统却说："这种情况在美国是屡见不鲜的，这一群人一定是从美国白宫前面来到这里的，他们是想让我觉得来到这里就像是在家里一样。"

一句幽默的话很快就化解了特鲁多总理满脸的尴尬。

有一位歌唱演员，初次演出就被观众赶下了舞台。别人关心地问他演出效果如何，他说："我很高兴，因为我初登舞台，观众就送给了我一幢房子。"听者耸耸肩说："我可不信。""真的，是给了。当然，每人只给了一块砖头。"依靠幽默，这位歌唱演员成功地战胜了自卑，恢复了自尊，日后终于一举成名。

在一个愚人节中，马克·吐温被人愚弄，纽约一家报纸报道说他死了。马克·吐温的亲友们信以为真，从各地赶来吊丧。当他们见到这位"死"去的作家正在写作时，异口同声地谴责那家造谣的报纸。马克·吐温却毫无怒色，他幽默地说："报纸报道我死是千真万确的，只不过把日期提前了些。"

林语堂说过："智慧的价值，就是教人笑自己。"在现实生活中，拿自己的错误开开玩笑，使人开怀大笑，你便已铺下了友谊之路。具有自我解嘲色彩的欢笑是你与别人进行内心沟

通的最短的道路。善于自我解嘲不仅能让你在尴尬的境地中超然走出来，也能让他人了解你的智慧和善意，这样不仅不失面子，还能更好地与他人沟通交流。

得意不可忘形

在与成功人士的交往过程中，卡耐基领悟到，成功者即使在功成名就时也时刻保持清醒的头脑，居安思危，他知道，轻敌、得意忘形只会给自己带来麻烦。

曾经的彩色胶片市场上，只有两个对手在争雄：美国的柯达和日本的富士。

20世纪70年代，柯达垄断了彩色胶片市场份额的90%。但是，1984年，富士公司取得“第23届奥运会专用”的特权后销量扶摇直上，直逼柯达的霸主地位。

为什么会这样呢？第23届奥运会在美国召开，为什么在天时、地利、人和的情况下，柯达反而打了败仗呢？

主要原因在于柯达的骄傲轻敌。它被排除奥运会赞助单位名单，是因为一个严重的战略性错误，正是这一原因，富士公司才有了一个发展的大好机会。

奥运会前夕，柯达公司的营业部主任、广告部主任等高级管理人员十分自信地认为，按照柯达的信誉，奥运会要选择大会指定胶卷，非他莫属。因此，他们认为再花400万美元在奥运会做广告不值得。当美国奥委会来联系时，柯达公司的官员们盛气凌人，对他们爱理不理，还要求组委会降低赞助费。这时，富士公司却乘虚而入，出价700万美元，争取到了奥运会指定彩色胶片的专用权。

此后，富士公司竭尽全力地展开奥运攻势，在奥运场地周围树立起铺天盖地的富士标志，胶卷也都换上了“奥运专用”字样的新包装，各比赛场馆设满了富士的服务中心，一天可冲洗1300卷的设备和人力安排得当，承办放大剪辑业务的网点处处可见，富士摄影频频展出……“要参加奥运会的运动员、观众能在奥运会上时时、处处看到‘富士’”——这就是富士公司的广告宣传策略。

富士的强大宣传攻势，给柯达带来了巨大的冲击，随后，柯达销量明显减少。这下柯达公司才着急了，在十万火急的情况下召开了董事会研究对策。广告部主管立即被撤职，亡羊补牢的紧急措施频频推出：拨款1000万美元作为广告费，挽回广告战败局。于是，在各地公路出现了柯达的巨幅广告牌；聘请世界级运动员大做广告；主动资助美国奥运会和运动员；赠给300名美国运动员每人一架特制柯达照相机。这些措施虽然起到了一点作用，但对于失去奥运会的独家赞助权来说，它已为时过晚、收效甚微了。

对于企业的发展来说忌讳得意忘形，一招不慎带来的可能是巨大的损失。对于个人来说，也要做到得意不可忘形。

宋太宗与两个重臣一起喝酒，边喝边聊，俩重臣喝醉了，竟在皇帝面前相互比起功劳来。他们越比越来劲，干脆斗起嘴来，完全忘了在皇帝面前应有的君臣礼节，侍卫在旁看着实在不像话，便奏请宋太宗，要将这两人抓起来送吏部治罪。宋太宗没有同意，只是草草撤了酒宴，派人把他俩分别送回了家。次日上午，他俩都从沉醉中醒来，想起昨天的事，惶恐万分，连忙进宫来请罪。宋太宗看着他们战战兢兢的样子，便轻描淡写地说："朕昨天也喝醉了，记不起这件事了。"既不处罚，也不表态，以一句"朕昨天也喝醉了"打发他们。

宋太宗这样处理不失为明智之举，是作为一国之君对臣子的仁厚，但是试想一下，如果君主有意治罪臣子的话，那么这两位大臣因为他们的得意忘形轻则被降职，重则丧命都是有可能的。因此，圆润为人，通晓人情世故必须做到得意而不可忘形。

在前在后**有分寸**

人在一个集体中不可强出风头，孚众望、得人心，是日积月累的结果，在你言谈举止之间，别人尤其是你的朋友、同事，都在那儿观察你、品评你。你有成就，你肯努力，你待人宽厚，别人自会欣赏，用不着强求注意。强出风头，往往引起别人的反感。圆润为人要把握好前与后的艺术与分寸。

"出头的椽子先烂""木秀于林，风必摧之""直木先伐，甘井先竭"……这类古训俗语常用来告诫人，要警惕环境险恶，人心叵测，要韬光养

晦，不露锋芒，不动声色。因为风头出尽的人容易遭人妒忌，容易首先受到攻击。做人持中，做事持中，这是中国人处世的哲学。中国人为人处世讲究在前在后的分寸，现实中，确有那么一些人，虽说其能力、才学的确有过人之处，可正因为他们比别人在工作中所起的作用大一些，便总以为一切高、精、难的工作必须自己插手才会马到成功，轻视他人的才华，认为他人纯属“跑龙套”的配角，俨然一副离了他地球就会不转的姿态。难怪“枪手们”总忍不住先打这样的“出头鸟”。在我们这个有着几千年历史的国度里，不知有多少人因才华出众而遭受诘难，甚至丢掉了性命。在这里我们并不是否定那些勇往直前、万事当先的人，只是强调前与后是有分寸的。

那么，在工作中，在与同事交往的过程中，应该怎样把握不前不后的分寸呢？

首先，必须认清自己在工作中的位置和在单位中的角色。属于自己工作职责范围内的事情，则责无旁贷，必须尽心尽力去完成，做到在其位谋其职。自己工作以外的事情，则以“多一事不如少一事”为原则，不该涉及的尽量不去涉及，尤其不要以“内行人”“明白人”或者其他居高临下的姿态去对待同事、领导。即使人家请你去帮忙，也应以谦逊的态度待人。

其次，在名誉、利益面前，不要表现得过于热衷。即使有

所追求，也应该在表面上含而不露，应该通过为人与处世的技巧去赢得同事和领导的认同。以避免成为众人妒忌、排挤的对象。要知道，很多事情的成功，正如在沙场上作战一样，迂回包抄要比正面直接进攻有效得多。

不前不后是控制欲望的结果，是理智的化身。它要求你在工作办事过程中沉着、稳定，不以情绪支配言行，不被心理欲望蛊惑。“淡泊明志，宁静致远”，正是这样不前不后处世态度的体现。

不前不后是一种处世哲学，更是一种处世技巧，它的根本点就在于明哲保身。这种策略可以保证你在一个群体之中四平八稳、步步为营地向前推进。

任何事情都应一分为二地看待，不前不后只是说在同事之中，在利益与荣誉面前，不过分张扬自己，不踩着别人的肩膀向上攀登。不前不后是一种过程，但这种处世的态度带来的结果往往是赢得同事和上司的认同，最终在人群中脱颖而出。到那时，情势将不是“木秀于林，风必摧之”，而是“众星捧月”“众望所归”。这正是恰当地把握不前不后的分寸，为自己的事业赢得人缘与机缘。

我们在观看一场马拉松比赛时，通常会看到在前半程跑在最前面的人反而不容易夺到金牌，位置太靠后的落伍者也同样与冠军无缘，而跑在第二位置稍后一点的队员却在更多的时候夺取了桂冠，这同人与人之间的社会性竞争和相处何其相似。人生的奋进过程其实就是一次马拉松比赛，只有恰到好处地保持不前不后的位置，把握不前不后的分寸，才有可能更多地获得成功。要知道，在这场比赛中，人们要看的不是过程，而是最后的结果。但是结果如何是由过程来决定的，保持不前不后的最佳人生位置带给你的报偿可能就是巨大的人际便利和成功的收获。

为人切莫**太聪明**

《伊索寓言》里有一篇是关于鸟、兽和蝙蝠的寓言。

鸟族与兽类宣战，双方各有胜负。蝙蝠总是站在胜利的一方。经过一段时间，鸟族和兽类宣告停战，争取和平，交战双方最终知道了蝙蝠的欺骗行为。双方都把很多罪名加在蝙蝠头上：内奸、叛徒、间谍……

因此，双方一致决定把蝙蝠赶出日光之外。从此以后，蝙蝠总是躲藏在黑暗的地方，只有到了晚上才能独自出来觅食果腹。

这则寓言告诉我们一个道理，为人切莫太聪明，巧诈不如拙诚。真正圆润的人不会让自己的聪明太外露，聪明过了头，反而会招来大麻烦。

东汉末年，杨修在曹操手下任主簿，起初曹操很看重他，杨修却不安分起来，起先还是耍耍小聪明，如有一次有人送给曹操一盒酥，曹操吃了一些，就又盖好，并在盖上写了“一合酥”，大家都弄不懂这是什么意思，杨修见了，就拿起匙子和大家分吃，并说：“这分明是说一人一口酥啊，有什么可怀疑的！”

还有一次，建造相府，才造好大门的构架，曹操亲自来察看了一下，没说话，只在门上写了一个“活”字就走了。杨修一见，就令工人把门造窄。别人问为什么，他说门中加个“活”字不是“阔”吗，丞相是嫌门太大了。

总之，杨修其人，有个毛病就是不看场合，不分析别人的好恶，只管卖弄自己的小聪明。当然，光是这些也还不会出什么大问题，谁想他后来竟渐渐地搅和到曹操的家事里去了。

在封建时代，统治者为自己选择接班人是一个极为严肃的问题，而那些有希望成接班者的人，不管是兄弟还是叔侄，简直都红了眼，所以这种斗争往往是最凶残、最激烈的。但是，杨修却偏偏不识时务地挤到这场危险的赌博里去，而且还忘不了时时卖弄自己的小聪明。

曹操的长子曹丕、三子曹植，都是曹操选择继承人的对象。曹植能诗赋，善应对，很得曹操欢心。曹操想立他为太子。曹丕知道后，就秘密地请歌长（官名）吴质到府中来商议对策，但害怕曹操知道，就把吴质藏在大竹片箱内抬进府来，对外只说抬的是绸缎布匹。这事被杨修察觉，他不加思考，就直接去向曹操报告，于是曹操派人到曹丕府前盘查。曹丕闻知后十分惊慌，赶紧派人报告吴质，并请他快想办法。吴质听后很冷静，让来人转告曹丕说：“没关系，明天你只要用大竹片箱装上绸缎布匹抬进府里去就行了。”结果可想而知，曹操因此怀疑是杨修帮助曹植来陷害曹丕，十分气愤，就更讨厌杨修了。

还有，曹操经常要试探曹丕、曹植的才干，每每拿军国大事来征询他们的意见，杨修就替曹植写了十多条答案，曹操一有问题，曹植就根据条文来回答，因为杨修是相府主簿，深知军国内情，曹植按他写的回答当然事事中的，曹操心中难免又产生怀疑。后来，曹丕买通曹植的随从，把杨修写的答案呈送给曹操，曹操气得两眼冒火，愤愤地说："匹夫安敢欺我耶！"

又有一次，曹操让曹丕、曹植出邺城的城门，却又暗地里告诉门官不要放他们出去。曹丕第一个碰了钉子，只好乖乖回去，曹植闻知后，又向他的智囊杨修问计，杨修干脆告诉他："你是奉魏王之命出城的，谁敢拦阻，杀掉就行了。"曹植领计而去，果然杀了门官，走出城去，曹操知道以后，先是惊奇，后来得知事情真相，愈加气恼，于是开始找机会除掉这个不知趣的家伙了。

最后机会果然来了，建安二十四年（公元219年），刘备进军定军山，他的大将黄忠杀死了曹操的爱将夏侯渊，曹操亲自率军到汉中来和刘备决战，但战事不利，要前进害怕刘备，要撤退又怕被人耻笑。一天晚上，护军来请示夜间的口令，曹操正在喝鸡汤，就顺便说了："鸡肋。"杨修听到以后，便又耍起自己的小聪明来，居然不等上级命令，只管教随从军士收拾行装，准备撤退。曹操知道以后，他竟说："魏王传下的口令是'鸡肋'，食之无味，弃之可惜，正和我们现在的处境一样，进不能胜，退恐人笑，久驻无益，不如早归，所以才先准备起来，免得临时慌乱。"曹操一听，差点气炸，大怒道："匹夫怎敢造谣乱我军心！"于是喝令刀斧手，推出斩首，并把首级悬挂在辕门之外，以为不听军令者戒。

虽然曹操事后不久果真退了兵，但平心而论，杨修之死也确实罪有应得。试想两军对垒，是何等重大之事，怎么能根据一句口令，就卖弄自己的小聪明，随便行动呢？无论有没有前面所说的那些芥蒂，单这一点也足以说明杨修其人是恃才傲物，我行我素，只相信自己，不考虑事情后果的。杨修的为人处事，我们只应把他作为前车之鉴，切不可把他当成聪明的楷模。

世上有真聪明与假聪明之分。可惜的是有些人属于假聪明，却并不自知，其结果可想而知。

每个人都有自己的做人原则，有些人可能喜欢平淡从容，有些人可能喜欢锋芒毕露。我们会发现踏踏实实的人很容易与人共处，而锋芒毕露的人则没有什么太好的人缘。人缘可不是小问题，它的好坏直接影响着你社交的成败。因此，要切记聪明反被聪明误。

学会和他人**分享名利**

第一次登陆月球的宇航员，其实共有两位，除了大家所熟知的阿姆斯特朗外，还有一位是奥尔德林。阿姆斯特朗说："我个人的一小步，是全人类的一大步。"在庆祝登陆月球成功的记者会中，有一个记者突然问奥尔德林一个很特别的问题："由于阿姆斯特朗先下去，成为登月的第一个人，你会不会觉得有点遗憾？"

在全场有些尴尬的气氛下，奥尔德林很有风度地回答："各位，千万别忘了，回到地球时，我可是最先出太空舱的。"他又环顾四周笑着说："所以我是由别的星球来到地球的第一个人。"他肯和别人分享名利的豁达得到了大家的赞赏。

虽然说患难可以见真情，但有些时候，在可以有福同享的情况下也可以看出人的本质。有许多人可以共患难却无法同富贵。

中国近代太平天国的创始人洪秀全，与冯云山及广西人杨秀清、萧朝贵、韦昌辉、石达开形成领导核心，洪秀全自称天父次子、天兄耶稣胞弟，其余五首领并为天父之子，于1850年夏，在桂平金田村举行起义。1851年（咸丰元年）1月11日建号太平天国，称天王。同年，设官封王，建立各项制度。但是，曾经共患难的兄弟却因为争权夺利而自相残杀。1856年9月，太平天国发生内乱。其主要领导者杨秀清、韦昌辉被杀，石达开带兵出走，极大地打击了太平天国，损伤了实力。1863年（同治二年），太平天国统治区相继失陷，天京遭清军包围，粮尽援绝。1864年7月19日，清军攻破天京，太平天国灭亡。

不会分享名利的人留不住人才为己所用，没有人可以只凭一己之力就成功。

春秋战国时期，范蠡常年寓居嘉兴，和越王勾践共谋灭吴复国之策，功成名就后，他不苟名利，辞官从商，重创新业。据《史记·越王勾践世家》记载："范蠡事越王勾践，既苦身戮力，与勾践深谋二十余年，竟灭吴，报会稽之耻，北渡兵于淮，以临齐、晋，号令中国，以尊周室，勾践以霸，而范蠡称上将军。……范蠡以为大名之下，难以久居，且勾践为人可以同患，难以处安。"即上书勾践辞去官职，与其私徒乘舟浮海。不久到了齐国，改名换姓为鸱夷子皮，耕于海畔，父子治产，致产数千亩。齐人闻其贤，劝其出任齐相，而范蠡自知之明，曰："居家则致千金，居官则至卿相，此布衣之极也。久受尊名，不祥。"

再度辞官经商十九年，成为富甲一方的儒商，自称“陶朱公”，嘉兴人为纪念这位名臣和经商高手，在范少伯祠的东墙角，为他立碑一块，碑上刻有“陶朱公里”四个大字。

而越王勾践则失去了这样一个优秀的人才来辅佐自己。

不要独占荣誉，要让那些默默无闻地帮过你的朋友或部属也分享这份荣誉。要知道，你现在的成就并不完全是由你一个人创造出来的，即使你不曾正视这个问题，但不可否认一定有人曾经帮助过你。当你能公开地对自己及他人承认，你并非独立达成这些成就，所以不能独享荣耀时，一种完美和谐的感觉会在你的内心和你的人际关系中逐渐浮现。如果你身边都是正直又有能力的人，而这些人又和你有相同的观念及类似的价值观，你会发觉慷慨地将功劳归于他人并不是件困难的事。

坦率表达和维护自己的**利益**

日常生活中常常有一些人总是一味地想讨好别人，但却总是费力不讨好。为了面子或所谓的交情，对于别人的要求，即使为难，他们也硬撑着答应下来；即使对方做了有损于自己的事情，他们也装作大度地原谅。其实，他们这是在“死要面

子活受罪”。“求生存”是人的天性。追求幸福、自由是人的本性，也是天赋的权利，从生活到学习，从孩提到成人，这种天性是绝对不可能改变的。因此，在面对本应该属于自己的利益，或者在自己的利益受到损害的时候，我们完全可以理直气壮地去争取，并堂而皇之地表现出来。千万莫当“老好人”，该黑脸时，就应该黑脸。

春秋时期，郑国是个小国，不得不在大国的夹缝中求生存。子产为郑国国相时，曾经多次出使诸侯国，却每次都能够不辱使命。子产曾陪同郑国国君到晋国拜访。晋国接待郑国君臣很不礼貌，安排给他们居住的宾馆大门低矮，围墙又矮又破。不但如此，晋国国君还推说有事，迟迟不肯接见他们。子产见晋国如此无礼，便派人把郑国所住的宾馆围墙全部拆毁，将带来的车马礼品全都安放在宾馆里。

晋国国君听闻后十分恼怒，于是派了负责接待的官吏士文伯前去向子产问罪。子产回答说：“我们拆毁围墙，实在是迫不得已。我们郑国是小国，处在大国中间，经常要给你们进贡。这次我们征集了全国的财富前来与贵国会盟，没想到这么不巧，偏偏碰到你们国君没有时间接见，又没有告诉我们具体接见的时间，我们带来的东西，总得找个地方存储，就只能放到宾馆里了啊。”士文伯说：“那怎么不直接把东西送到我们国君那去呢？”子产说：“这样做，很不妥当。我们贡奉的礼品，是要通过在庭中举行的陈列仪式才敢奉献，如果没有陈列仪式，就等于是私自馈赠。我们不敢使贵国蒙受这样的羞辱啊。但是又不能让它们在外边经受日晒雨淋。如果它们变坏了，到了贵国君主索要的时候，我们只能将一堆腐朽之物送上，那我们的罪过就更大了。”

士文伯无可反驳，但还是说：“以前可没有发生过这样的事情啊。”子产说：“对啊。贵国文公在位的时候，也经常接见各国使者。但那时候，尽管贵国的宫殿很低小，但接待诸侯的宾馆却修得像你们现在的宫殿一样高大。不但如此，对使者的招待也无微不至。文公也从不让宾客耽搁时间，总是及时安排时间接受诸侯的贡品。但是现在可不一样了，现在贵国国君的宫室绵延几里，但诸侯使者的宾馆却像奴隶住的屋子。宾客觐见没有一定的时候，接见的诏令也迟迟不发布。”士文伯听了这番话之后，知道自己不是子产的对手，于是回去复命。晋国国君听了后，知道子产和郑国不可辱，于是派人表示歉意。

鲁迅先生有一句名言：“横眉冷对千夫指，俯首甘为孺子牛。”这两句诗表明，鲁迅为人处世是依照不同对象来采取对策的。尽管在更多的时候，他像牛一样“吃的是草，挤出来的是奶”，但是当自己的正当权益受到侵害的时候，他也会十分坦率地维护自己的利益。

20世纪30年代的上海有一家书局，在给作者发算稿费时，只按实际字数计算，而不算标点符号和段落空格。于是，鲁迅有一次故意给该书局寄去既没划分段落，更无一个标点的稿子。书局一点办法都没有，只得写信给鲁迅说：“请先生分一分章节和段落，加一加新式标点符号。”鲁迅回信说：“既然要作者分段落加标点，可见标点和空格还是必要的，那就得把标点和空格也算字数。”书局只好认输。

早在东京留学的时候，鲁迅曾把一部6万多字的书稿寄返国内，卖给一家书店，但是书商却用欺骗手段少算给了他1万字的稿酬。由于对世人真实面目的渐渐了解，鲁迅毫不客气地维护了自己的正当权益。为了书稿的顺利出版，他事先并不张扬，而是耐心地等了一年，等书出版之后，才仔细地核计一番，然后有根有据地去信诘问，最后终于追回了一笔十分可观的、本来就属于他的款子。

许多人喜欢做烂好人，在自己的利益受到损害，尤其是对方的力量很强大的时候，总是故作慷慨地一笑置之，听之任之。但是子产却并不这么做。即使是在强大的对手面前，他也敢于表达和维护自己的正当利益。正因为此，子产所争取到的不光是自己和国家的利益，最后也得到了晋国的尊重。鲁迅也是一样。在他身上，可能我们更多的认识是为反抗黑暗进行的英勇斗争，认为他应该不会这么“俗气”，不应该这么“斤斤计较”。其实，一方面为伟大事业而努力，一方面却不放弃自己应该得到的正当利益，这才是真实且伟大的鲁迅。

学会忍耐，**低调做人**

张良替老人捡起鞋子，跪着替老人把鞋穿到脚上，这是把忍用于自己；“蛲关鸿沟”，背弃盟约，置人于死地，这是把忍用于别人。

人生在世，尤其在关系复杂、利害重大的时候，总是遇到种种不顺心的事情：不公、冷遇、误解、诋毁、陷害，这些不顺心有时候会对自己固有的原则和利益造成损害。对于如何对待这些事情，每个人都有不同的做法。有人主张坚持自己的原则，宁折不屈；有人主张以其人之道，还治其人之身。而正确的做法是，以忍来化解矛盾，或以忍来等待时机。

忍是一种利益的取舍。人们所争的是名利，所忍的也是名利的暂时失去。很多人在小事上和别人争个头破血流，可以算得上是得不偿失。真正聪明的人才懂得权衡利弊，他们重视大利，不夺小利，当争则争，当忍则忍。当然，这同时也说明他们需要具有这种能忍的素质。能够忍受暂时的屈辱，磨炼自己的意志，寻找合适的机会，正是一个成功者必不可少的心理素质。只有忍受自己遭遇的不公，才能保全自己的名利。只有处变不惊、虚静自守、厚积薄发，才有以静制动、后发制人、以虚应实、以退为进、以屈求伸的良好效果。正是“忍”加强了我们的韧性和灵活性，使我们能够迎接和承受各种艰难险阻的挑战。

当然，还有另一种“忍”。很多拥有卓越的才华和异于常人才能的人，总是锋芒毕露，咄咄逼人，看起来不可一世。但是，实际上，这么做不但不会给他带来除了满足虚荣心之外的更多好处，相反，所谓“树大招风”，会招致无法预料的坏处。低调做人，收敛锋芒，能够削弱别人对自己的提防和控制，特别是自己处于劣势的时候，这种做法更加能够隐蔽和保护自己，讨好和麻痹敌人，这样才有可能赢得成功。

历史上因为不懂得低调和收敛而落得悲惨结局的人不计其数。

杨恽是汉宣帝时的官员，他重仁义轻财物，为官也清廉奉法，大公无私。这样的官员，照理来说应该是皇帝特别喜欢的，一开始也的确如此，他屡次被提拔，官至中山郎，而且被封为平通侯。不过，正当他官运亨通、春风得意的时候，有人却在皇帝面前告了他一状，说他对皇帝心怀不满，表现得那么出色，其实是为了笼络人心，图谋不轨。皇帝当然喜欢有称职的官员能够帮助他治理天下，但是却厌恶有人和他唱对台戏，即便是才干再高，品德再好，只要对他“图谋不轨”，便会立即招来灾祸。这样，皇帝一怒之下，就把杨恽贬为了平民。

杨恽原先做官时，为官清廉，并没有怎么添置家产。成为平民之后，就添置了很多家当。他以置办财产为乐，每天忙得不亦乐乎。他的好朋友孙会宗听说这件事，感到可能会闹出大事来，就写了一封信给杨恽，信里说：“大臣被免掉了，应该关起门来表示‘心怀惶恐’，装出可怜的样子，免得被人怀疑。你不应该置办家产，更加不该大张旗鼓地宴请宾客，为自己引得美誉，这样容易引起人们的非议。让皇帝知道了，不会轻易放过你的。”不料杨恽却很不服气，他回信给老朋友说：“我自己认为确实有很大的过错，德行也有很大的污点，理应一辈子做农夫。农夫很辛苦，没有什么快乐，但在过年过节杀牛宰羊，喝喝酒，唱唱歌，来慰劳自己，应该总不至于犯法吧！”

杨恽依然我行我素。有人向皇帝告发说，杨恽被免官后，不思悔改，生活高调，大有不满之意。而且，近时出现的一次不吉利的日食，也可能就是由他造成的。于是，皇帝派人立即将杨恽缉拿归案，以大逆不道的罪名把他腰斩了，还把他的妻子和子女流放到酒泉。

难怪杨恽做不好官，他连“欲加之罪，何患无辞”的常识也不懂，甚至连最高权威者忌惮什么都不清楚。他因过于招摇而被皇帝免官之后，本来应该学会收敛，接受友人的劝告，采取“忍”的策略，装出一副堪于忍受损害与侮辱、逆来顺受的可怜样子，说不定皇帝和敌人还会放过他。但他却并没有吸取教训，还广置家产，广交朋友，这不是明摆着对自己被贬不满吗？杨恽不能压住自己的不满情绪，不会提防皇帝和敌人抓住自己不满的把柄，终于酿成了自己被杀、家人遭流放的悲剧。

北齐的高洋，在当上皇帝之前，总是少言少语，显得愚钝憨厚，没有人把他看在眼里。就连他的哥哥高澄都说：“我这个弟弟如果哪天大富大贵了，那么预言吉凶的相面书也就无法解释了。”轻视之意溢于言表。退朝之后，高洋也总是在家闭门静坐，对妻妾也很少说话，最激烈的举动也只不过是有时脱了鞋，光着膀子在院子里奔跳而已。高澄却和高洋截然不同。高澄从小就显得聪明无比，长大之后，能力出众，功勋卓越，被皇帝封为相国、齐王，“赞拜不名，入朝不趋，剑履上殿”，权势至高无上。但是高澄却丝毫不满足，嚣张跋扈，甚至敢当面责骂皇帝，还调戏高洋的美妾，总之从不把任何人放在眼里。

不过，天有不测风云，高澄后来密谋废除皇帝，却不料竟被家奴兰京刺杀身亡。高洋听闻后，神色不变，率兵赶至，立即将兰京等人一一捕杀，对外，他则称高澄只是在家奴造反时受了点伤。又向皇帝请求护送高澄回晋阳养伤。皇帝以为高澄既然已经受伤，而高洋大器难成，自己的威权可以收回来了，于是大喜，批准照行。高洋回到晋阳后，当即召集群臣布置政事，推行新法，革除弊政。不到一年，把晋阳治理得井井有条，百官见了均惊叹不已。高洋见内外安定，这才宣布高澄已经去世，为兄发丧。而皇帝见他毫无野心，便晋封他为大丞相，都督中外诸军，袭其兄封号为齐王。不料数月后，高洋却率兵抵达国都，逼皇帝禅位。皇帝毫无准备，闻知后大惊，但却不得不交出王位。高洋就此成功建立了北齐政权。

俗话说“人在屋檐下，不得不低头”，意思是当自己的权势不如人家，或者时势不利于自己的时候，不得不低头退让。低头退让就是忍。

隋炀帝杨广十分残暴，统治很不得人心，各地农民起义风起云涌，就连隋朝的许多官员也纷纷倒戈，转向农民起义军，反对朝廷。因此，杨广对朝廷大臣疑心很重，尤其是对外藩的重臣，更是充满猜忌。唐国公李渊曾经多次担任中央和地方官，他每到一个地方，都诚心结识当地的英雄豪杰，广树恩德，因此声望很高，很多人都来归附。隋炀帝曾经下诏让李渊到他的行宫去晋见他，李渊因病未能前往，隋炀帝很不高兴。李渊的外甥女王氏是隋炀帝的妃子，隋炀帝向她问起李渊没有来朝见的原因，王氏回答说是因为病了，隋炀帝又问道："会死吗？"还是恼怒他没有来。王氏把这消息传给了李渊，李渊更加谨慎，他知道迟早为隋炀帝所不容，但自己过早起事又力量不足，只好忍耐等待。他故意收受贿赂，败坏自己的名声，又表面上沉湎于声色犬马之中，而且大肆张扬。隋炀帝听到这些，果然放松了对他的警惕。等自己的实力渐渐壮大后，李渊才公开起事，终于成功，建立唐朝。

相比之下，高洋和李渊就聪明很多。他们深知低调做人、忍耐待机的奥妙。其实说起才能来，高洋未必不如他那位看不起他的哥哥，但是他却懂得将自己的实力隐蔽起来，这样才能解除对方的警惕和迫害，而且能够得到更多的机会。正因为他跟高澄不同，所以同样是要谋权篡位，高澄身首异处，他却成功了。李渊也是如此，他完全知道在必要的时候，要学会忍耐，隐藏和保存实力，这样才有机会成功。

凡事不要**太较真**

处理事情的时候，一味地强调细枝末节，以偏概全，就会抓不住要害问题，没有重点，头绪杂乱，不知道从哪里下手做起才是正确的。因此无论是用人还是做事，都应抓关键，不要因为一点小事而妨碍了事业的发展。须知金无足赤，人无完人，我们要用的是一个人的才能，不是他的过失，那为什么还总把眼光盯在过失上呢？忍小节，就是不去纠缠小节、小问题，要宽恕待人，用人之长。

《劝忍百箴》中认为：顾全大局的人，不拘泥于区区小节；要做大事的人，不追究一些细碎小事；观赏大玉圭的人，不细考察它的小疵；得巨材的人，不为其上的蠹蛀而快快不乐。因为一点瑕疵就扔掉玉圭，就永远也得不到完美的美玉；因为一点蠹蛀就扔掉木材，天下就没有完美的良材。

有一则关于伯乐相马的故事。秦穆公对伯乐说："您的年纪大了，您的家里，有能去寻找千里马的人吗？"伯乐回答说："好马可以从外貌、筋骨上看出来。但千里马很难捉摸，其特点若隐若现，若有若无，我的儿子们都是才能低下的人，我可以告诉他们什么是好马，但没有办法告诉他们什么是天下的千里马。我有一个朋友，名字叫九方皋。他相马的本领不比我差，请您召见他吧！"

秦穆公于是召见了九方皋，派他去寻找千里马。三个月之后，九方皋回来了，向秦穆公报告说："千里马已经找到了，现在沙丘那个地方。"穆公问他："是一匹什么样的马呢？"九方皋回答说："是一匹黄色的母马。"秦穆公派人去取，结果是一匹公马，而且是黑色的。秦穆公非常不高兴，于是将伯乐召来，对他说："真是糟糕，您让我派去的那个寻找千里马的人，连马的颜色和雌雄都分辨不出来，又怎么能知道是不是千里马呢？"伯乐长叹一声说道："他相马的本领竟然高到了这种程度！这正是他超过我的原因啊！他抓住了千里马的主要特征，而忽略了它的表面现象；注意到了它的本领，而忘记了它的外表。他看到他应该看到的，而没有看到不必要看到的；他观察到了他所要观察的，而放弃了他所不必观察的。像九方皋这样相马的人，才真达到了最高的境界！”那匹马牵来了，果然是天下难得的千里马。

很多男人常常会埋怨陪伴女人买东西，既费时间，又很劳累。她们不是对花纹不满意，就是对式样百般挑剔，或者觉得虽然式样勉强过得去，可惜质料实在不行，因为各种因素而犹豫不决，结果常常空手而归。其实，这些毛病并非只有女人才有，一般人在工作或读书的时候，也会由于某种原因而产生迷惑。

一个人对于某事犹豫不决时，就会发生如上的迷惑或彷徨。这时候，如能针对自己的目的，抓住核心问题来研究，就可以发现一条排除迷惑的大道。例如，你要选购西装，不妨先明确地限定是何种花纹、式样、布料，如果决定以花纹为主，那么，式样和质料就可以作为次要考虑的条件。如果抓住重点来研究，自然能果断地选购，而且，以后也不会遭到别人的埋怨，自己也不会后悔。

俗语说的“眼花缭乱”这句话，正是上述的状况，但只要能有意识地视若无睹，就不会被眼前的情况所迷惑。总之，最重要的是要先抓住问题的核心，其他问题则可列为次要。

把着眼点放在较大目标上。一个没有做成生意的售货员向经理报告说：“买卖没做成，但我和那位客人吵嘴赢了。”在销售中，重要的是做成生意，而不是分辨谁对谁错。

在与员工一起工作中，重要的是发挥他的潜力，而不是就他们犯的小错误大做文章。

在与邻居相处时，重要的是互相尊重与友好相处，而不是总盯着他们是否在说别人的闲话。

如果用部队里的术语来说，我们宁愿败了一场战斗，而赢得一场战争；也不愿因赢得一场战斗而败了一场战争。

自问："这真的很重要？"在每次激动之前，问问自己："这事值得我那样大动干戈吗？"没有比这一提问更好地治疗为麻烦事而烦恼、激动的药方了。如果我们碰到麻烦事时，问自己一声："这事真的重要？"则会减少90%的争吵与不和。

不要掉进琐事的圈套中。在解决问题时，多想那些重要的事。不要为一些表象、肤浅的事情所淹没，集中精力于大事上。

另外，爱较真的人，经常没法转变思想，不会圆润说话，这样坦诚的话语可能招致的是不满。

比如甲认为同事乙小姐的衣服难看，便马上对她说：腿短而粗的人不适合穿这种裙子。结果乙小姐脸一沉，扭头便走，留下甲发愣。或者同事小李当着处长的面指点小王说："你的稿子里错别字很多，以后要仔细些。"实话固然是实话，但不久后公司却隐约有人传言：小李惯于在上司面前打击别人，抬高自己……倘若如此，小李恐怕会意识到自己的真诚并不那么受人欢迎，既然这样，又何苦呢？

真诚并不等于不假思索地将自己的感觉说出来，因为你的感觉是否正确是一个需要判断的问题。人们对事物的看法都属仁者见仁智者见智，本没有绝对的对错。所以，有些事其实不用那么去较真，这样的人经常会把自己的生活弄得混乱不堪。圆润为人要学会不较真。

同谁都**合得来**

圆润为人就不要过分地亲近或疏远任何人，既不要过于亲近比你高贵的人，也不要过于疏远那些地位比较低的人，尽管人们的社会角色和社会地位不同，但每个人都需要受到尊重。如果你忘记这一事实，与他们交际时，对“重要人物”谦卑有加，而对其他人却毫不在意，则会刺伤后者的自尊，失去一大批人。这样的人际代价是不值得的。

有这样一场家宴：宴席上坐着男主人、男主人单位的领导以及几位同事，圆桌上的酒菜已经摆得让人感觉十分满意了，可是，围着花布裙的主妇还是一个劲地上菜，嘴上一直对领导说：

“没有什么好吃的，请领导对付着用点！”

男主人则站起来，把领导面前吃得半空的菜盘撤掉，接过热菜又放在他面前，热情有余地给领导夹菜、添酒，而对其他同事只是敷衍地说声“请”。

面对这样“尊卑有别”的款待，试想男主人的几位同事将作何感想？即便不觉得难堪，也会觉得主人对他们招待不周。也许未等宴席告终，有些同事就“有事”告辞了。

像这样的宴席，男主人眼里只有领导，怠慢他人，使同事们的自尊心和面子受到损伤，非但不能增进主客间的友谊，反而会造成心理隔阂，稍作权衡就会发现如此尊卑有别的待客之道实属不智之举。

圆润处世时，不能过分亲近权势，亲近权势大的，疏远权势小的，等于从中挑拨，必导致两势相争。两者取其中，“公事公办”，不搞拉拉扯扯那一套，也不要把精力和心思花费在研究某某“背景”之上。以权势视其关系亲疏，实则是“亲一时，疏一世”。凡是这样“套”来的亲，没有长久的。因此权势本身就不是永恒的，而是无常的，那么以此为筹码的亲疏一定不会长远，这是必然的。真正做到不以权势为标准来决定亲疏远近，十分了不起，那是真正悟透了、想开了，才是圆润为人之道。

汉代有一位非常有名的清廉又重义的人，叫朱晖。他在读书的时候偶然结识了一位大官张堪，恰是他的同乡。张堪很器重他，但朱晖却因为自己只是一个大学士，不敢与之来往太密。有一次，张堪对朱晖说：“你真是一个自持的人，值得信赖，我愿以身家子妻托付于你。”朱晖因为张堪是一位德高望重的前辈，对此重言不晓得做什么反应，只是恭敬地拱手相应。后来，张堪死了，身后没有留下什么丰厚遗产。朱晖其时早已与张堪无甚交往，但闻讯之后，感于张堪的知遇之情，竟千方百计地济以钱粮，前去嘘寒问暖。朱晖的儿子对他说：“爸爸，我们以前并不曾听到你与张堪有什么厚交，你为何如此善待他的家人？”朱晖回答说：“张堪生前，曾对我有知己相托之言，我当时已有备于心。做人不能分其尊卑欺骗别人，更不能欺骗自己。”

尽管人们在社交中需要分清主次，有轻有重，不可能平均用力、等齐划一，但圆润为人的人，在保证“重点”的时候，绝不忽略“一般”。比如，去某单位办事，恰巧遇见了三个都认识的人，都好久未见了，其中一位正是自己急于寻找求助办事的，你怎么对待呢？是抓住一人，不计其余，还是逐个关照，热情寒暄一番，然后和其他人说明情况，保证重点？这就是一个技巧。

再如当你和同一家公司的主管与普通职员会面并交换名片时，一般都会较珍惜主管的名片。由于想要拥有可以立即发挥效用的人际关系，因此目光完全投注于眼前地位最高的人。然而所谓建立人际关系，务必以更长期性的观点进行思考。所谓同辈的普通职员，未来必定不断往前突进。轮到自己将来担当重任时，可以助你一臂之力的可能正是他们。

因此，如果眼前因为对方职位低下而加以漠视，稍后便会形成阻碍。等到对方变成重要人物之后，即便予以亲切接待，彼此也不可能结成莫逆之交。所以愈是不久后即可能发迹的普通职员，愈需要郑重地看待对方。如果光看眼前的职衔，人际关系的建立便会受到限制，看准将来，同谁都合得来，一定可以获得巨大的回馈。

在当今社会，人际交往中流行一句口头禅：“好使不？”即：有用吗？尊者，有用、好使则亲；卑者，没用、不好使则疏远。这里的“好使”“不好使”和权势有密切联系。趋炎附势者，都想直接从权势者那里获取什么功利，“好使”则亲，完全是急功近利，实用主义。人们议论某人实用主义作风，往往说他“尽拣有用的交”，就是这个意思。善于广交朋友，这未必不是好事，还说明此人有公关能力。但专拣有权的、有用的交，不交那些地位低下的无权无势的，与“好使”者亲，与“不好使”者疏远，这就势必在亲情、友情、人情中夹杂了功利目的。亲疏只要带上尊卑功利色彩，肯定就会出现悲剧，假如人际关系中专以“好使”论亲疏，最终必然会导致弱肉强食，恃强凌弱。圆润的为人之道，须持不尊不卑的姿态，与他人和谐相处。

常来常往，**常聚常新**

圆润为人之人善于打造和谐的人际关系网络，人际关系网络的打造不在一朝一夕，而是要日积月累，这就是所谓的没事常联系常走动，人际关系靠的是“常来常往，常聚常新”。

俗话说，是亲三分像。亲戚之间大都是血缘或亲缘关系，这种特定的关系决定了彼此之间关系的亲密性。这种亲属关系是提供精神、物质帮助的源头，是一种长期持续、永久性的关系，是一种客观存在。因此，人们都具有与亲属保持联系的义务。在平常保持好亲戚关系密切，在困难时期求助亲戚才最有利。

亲戚“不走不新”“常走常新”，这是中国人一贯的观点，只有经常礼尚往来，才能沟通联系，深化感情，密切亲戚关系。有人说：“我不缺吃不少穿，亲戚间何必要常联系找麻烦呢？”此话不对。纯洁挚密的亲戚关系是一种人情味较浓的人际关系，不能蒙上庸俗的面纱。只有建立在亲近、挚密、常联系的基础上，才能建立真诚的关系，如果彼此间少了经常性的走动，那就可能会出现“远亲不如近邻”的局面了。

“常来常往”，首先表现在一个“往”字。这个意思就是说自身要发挥主观能动性，经常到亲戚家走走、看看，聊聊家常，联络联络感情，这样是非常有益的。

刘某是一家公司的老板，经过几年的辛苦经营，现在虽说没有千万，但至少也有百万家财了。到底是什么原因使他在短短几年内拥有数目可观的资产呢？

在一家报纸记者采访他时，他说了这样一段话：“……自身的努力与勤奋固然是我成功很关键的因素，但还有一点也是非常重要的。我的亲戚很多，还在我未发迹时，就经常拜访他们，以致彼此间关系都特别好。后来，在公司小有规模后，我仍经常性地与他们保持联系，正是因为这种密切来往，我的亲戚都对我非常不错。刚创业的时候，资金有一半是由他们筹借；办公司遇到困难时，也有他们的帮助与鼓励；就是他们中的一些人，现在也在我的公司里帮我的忙，是我得力的助手……总之，在各种人际关系中，我最注重的就是亲戚关系，也正因为我的经常性走动，我才有今天的成就……”

在刘某的谈话中，我们可以很直接地看出，常“往”在亲戚关系中的重要性。但有一点，就是千万不可有贫富贵贱之分，也不要因为自己的地位较高而不常“往”亲戚家。这样下去，亲戚就会对你冷眼相待，那再想搞好亲戚关系，就难上加难了。

亲戚与亲戚来往，除了一个“往”字，还要一个“来”字。它的意思是除了经常到亲戚家走动外，自身也要经常性地邀请亲戚们到家里做客，利用自己的空间与亲戚联络感情，做一回主人，热情款待他们，让他们有一种自己家的感觉，那时间一长，亲戚之间的关系会处得异常融洽。

也许，就是如此平常的“常来常往”，才会在以后的关键时刻，得到亲戚的一臂之力。所以，不要以为“常来常往”是没用的、不必要的，无论从哪个角度来说，于情、于理都要掌握这个技巧。

俗话说“一辈同学三辈亲，三辈同学辈辈亲”，还说“十年寒窗半生缘”，可见，同窗之情，如果处得好，在某种程度上还要胜过手足之情、朋友之情。能为同窗，在这个世界中也算是一种缘分。这种缘分因为它纯洁、朴实，有可能日后发展为长久、牢固的友谊。

现代社会里，人际交往更注重同学关系，同学之间互相帮忙、互相提拔的事情，经常可以见到。在一个单位里，同一个学校里毕业的同学或校友往往形成“××大学帮”，如果其中有一个晋升到主要的领导岗位，那么不出几年，这些同学或校友便都能得到提升晋职，这就是同学关系的力量。

同学关系有时的确能在关键的时刻帮上自己一个大忙。但是要值得注意的是，平时一定要注意和同学培养、联络感情，只有平时经常联络，同学之情才不至于疏远，同学才会心甘情愿地帮助你。如果你与同学分开之后，从来没有联络过，你去托他办事时，除非是一些比较重要的关乎他的利益的事情，否则他就不一定会帮你。

与同学保持联系的方式有很多。

有空给远在异地的同学们打打电话，通通信，询问一下对方近来的工作、学习情况，介绍一下自己的情况，互相交流一下，这是很有必要的，这点时间绝对不能节省。碰上同学们的人生大事，如果有空最好参加，如果实在脱不开身，至少也要写信或托人带点什么，不然怎么算得上同窗情谊。

对方有困难的时候，更应加强联系，许多人总喜欢向同学汇报自己的喜事，而对一些困难却不好意思开口，应去除这些顾虑。

而当听到同学家有人生病或遇上不幸的事，应马上想办法去看看。平日尽管因工作忙、学习任务重而没有很多时间来往，但朋友有困难时鼎力相助或打声招呼，才显出你们之间的深厚情谊来。

“患难朋友才是真正的朋友”，关键时刻拉人一把，别人会铭记在心。

现代社会里，人们都已经充分认识到同学之间交往的重要性，为了经常保持联络、加深合作，在一些大或小的城市里，“同学会”已成为一种时髦，这是一种十分有效的方法。一年一小会，五年一中会，十年一大会，关系愈聚愈坚，愈聚愈紧，彼此互相照应，“一方有难，八方支援。”

不仅亲朋之间、同学之间要常联系常走动，其他人际关系网，如邻里、同事、领导等都要保持常联系、常走动的状态，这样圆润相处，你就拥有了不断扩张的人情网。

第七篇

方圆处世，讲究刚柔相济

该刚则刚，当柔则柔

刚柔相济是一种交友处世的管理方法，它可使激烈的争论停下来，也可以改善气氛，增进感情。

东汉初年，冯异治理关中甚见成效，有人向刘秀打他的小报告说：“异威权至重，百姓归心，号为咸阳王。”刘秀虽然并不相信这一套，但他也没有就此罢休，而是将这份报告转给了冯异。冯异大为惊恐，连忙上书申辩，刘秀便抚慰他说：“将军之于国家，义为君臣，恩犹父子，何嫌何疑，而有惧意！”这种效果显然比单独施恩或施威要好得多。

下面这个例子是日本著名企业家松下幸之助的故事：

有一次，部下后藤犯下一个大错。松下怒火冲天，一面用挑火棒敲着地板，一面严厉责骂后藤。骂完之后，松下注视着挑火棒说：“你看，我骂得多么激动，居然把挑火棒都扭弯了，你能不能帮我把它弄直？”

这是一句多么绝妙的请求！后藤自然是遵命，三下五除二就把它弄直了，挑火棒恢复了原状。松下说：“咦？你的手可真巧呵！”随之，松下脸上立刻绽开了亲切可人的微笑，高高

兴兴地赞美着后藤。至此，后藤一肚子的不满情绪，立刻烟消云散了。更令后藤吃惊的是，他一回到家，竟然看到了太太准备了丰盛的酒菜等他。“这是怎么回事？”后藤问。“哦，松下先生刚来过电话说：‘你家老公今天回家的时候，心情一定非常恶劣，你最好准备些好吃的让他解解闷吧。’”此后，后藤自然是干劲十足地工作了。

前秦时苻坚357年即位后，任用汉人王猛治理朝政，富国强兵，在近二十年的时间内，先后攻灭前燕、仇池、代、前凉等割据政权，占领了东晋的梁、益两州，把整个黄河流域和长江、汉水上游都纳入了前秦的控制之中。为了争取支持者，他对各族上层人物极力优容和笼络，如鲜卑族的慕容垂、羌族的姚苌，都毫不迟疑地委以重任。对苻坚这一做法，谋臣王猛曾多次劝说苻坚对那些异族重臣有所制约，甚至还不止一次利用机会，设法除掉这些人。但苻坚迷信自己对他们的恩义，阻止他这么做。

在鲜卑贵族慕容垂、慕容泓相继谋反后，苻坚面责仍在自己手中的原前燕国主慕容玮说：“卿欲去者，朕当相资。卿之宗族，可谓人面兽心，殆不可以国士期也。”在慕容玮叩头陈谢之后，他又说：“《书》云，父子兄弟相及也。……此自三竖之罪，非卿之过。”但是，慕容玮并未为苻坚这一套所感化，在暗中仍企图谋杀苻坚来响应起兵复国的慕容氏鲜卑贵族，后来因谋泄才被苻坚擒杀。苻坚这才后悔不听王猛的忠谏，但这时大局已无法挽回了。

公元214年，刘备夺取西川后，诸葛亮在协助刘备治理西川时，立法“颇尚严峻，人多怨叹者”，当地的官员法正提醒诸葛亮，对于初平定的地区，大乱之后应“缓刑弛禁以慰其望”。诸葛亮认为自己的做法并没有错，他对法正说：西川的情况，与一般不同。自从刘焉、刘璋父子守蜀以来，“有累世之恩，文法羁縻，互相奉承，德政不举，威刑不肃。蜀土人士，专权自恣，君臣之道，渐以陵替”。现在如果用在他们心目中已失去价值的官位来拉拢他们，以他们已经熟视无睹的“恩义”来使他们心怀感激，是不会有实际效果的。所以，只能用严法来使他们知道礼义之恩、加爵之荣，“荣恩并济，上下有节，为治之要”。

曾国藩认为：人不可无刚，无刚则不能自立，不能自立也就不能自强，不能自强也就不能成就一番功业。刚就是使一个人站立起来的东西。刚是一种威仪，一种自信，一种力量，一种不可侵犯的气概。由于有了刚，那些先贤们才能独立不惧，坚韧不拔。刚就是一个人的骨头。人也不可无柔，无柔则不亲和，就会陷入孤立，四面楚歌，自我封闭，拒人于千里之外。柔就是使人站立长久的东西。柔是一种魅力，一种收敛。

大凡刚烈之人，其情绪颇好激动，情绪激动则很容易使人缺乏理智，仅凭一股冲动去做或不做某些事情，这便是刚烈之人的优点，同时又恰恰是其致命的弱点。俗语说，“牵牛要牵牛鼻子”，有个成语叫“四两拨千斤”，讲的正是以柔克刚的道理。俗语说：“百人百心，百人百姓。”有的人性格内向，有的人性格外向，有的人性格柔和，有的人性格刚烈，各有特点，又各有利弊。然而纵观历史，我们不难发现，往往刚烈之人容易被柔和之人征服利用。因此要善于以柔克刚。

不过“柔”也要有一定的尺度，当你想施恩于对方，打算做出让步之前，首先考虑你的让步在对方眼里有无价值。别人并不看重的东西，没必要送给他。若一开始你就做出许多微小的让步的话，对方也许不仅不领情，反而会加强对你的攻势，因为他知道你做出这些小的让步有企图，而且他们并不看重这些让步。

子路向孔子请教什么是刚强，孔子说：“你问的是南方人的刚强，北方人的刚强，还是你这样的刚强呢？用宽厚温和的态度教育别人，不报复别人的蛮横无理，这是南方人的刚强，君子属于这一类。顶盔贯甲，枕着戈戟睡觉，在战场上拼杀至死而不悔，这是北方人的刚强，强悍的人属于这一类。所以，君子温和而不随波逐流，这才是刚强啊！君子中立而不偏不倚，这才是刚强啊！国家太平，政治清明时，君子不改变贫困时的操守，这才是刚强啊！国家混乱，政治黑暗时，君子一直到死不改变操守，这才是刚强啊！”

记得给别人**留面子**

人都爱面子，你给他面子就是给他一份厚礼。有朝一日你求他办事，他自然要“给回面子”，即使他感到为难或感到不是很愿意。这便是操作人情账户的全部精义所在。

有一次卓别林准备扮演古代一位徒步旅行者。正当他要上场时，一位实习生提醒他说：“老师，您的草鞋带子松了。”

卓别林回了一声："谢谢你呀。"然后立刻蹲下，系紧了鞋带。

当他走到别人看不到的舞台入口时，却又蹲下，把刚才系紧的鞋带松开了。显然，他的目的是，以草鞋的带子都已松垮，试图表达一个长途旅行者的疲劳状态。演戏能细腻到这样，确实说明卓别林具有许多影视明星不具有的素质。

当他解松鞋带时，正巧一位记者到后台采访，亲眼看见了这一幕。戏演完后，记者问卓别林："您该当场教那位弟子，他还不懂演戏的技巧。"

卓别林答道："别人的好意必须坦率接受，要教导别人演戏的技能，机会多的是。在今天的场合，最要紧的是要以感谢的心去接受别人的好意，并给予回报。"

戴尔·卡耐基在他的《人性的弱点》一书中，讲述了他批评他的秘书的技巧：

"数年前，我的侄女约瑟芬，离开她在堪萨城的家到纽约来担任我的秘书。她当时19岁，3年前由中学毕业，当时她的办事经验稍差一点，但现在她已经成了一位完全合格的秘书。……当我要使约瑟芬注意一个错误的时候，我常说：'你做错了一件事，但天知道这事并不比我所做的许多错误还坏。你不是天生具有判断能力的，那是由后天经验而为，你的表现比我在你这么大岁数时好多了。我自己曾经犯过许多愚鲁不智的错误，我有绝少的意图来批评你和任何人。但是，如果你这样做的话，不是更聪明吗？'"

这样，既指出了她的错误又能不伤她的面子，以后她则会更认真细心地工作。

卡耐基说：“一句或两句体谅的话，对他人的态度做宽大的了解，这些都可以减少对别人的伤害，保住他的面子。”

下面是会计师马歇尔·格兰格写给卡耐基的一封信的内容：

“开除员工并不是很有趣，被开除更是没趣。我们的工作是有季节性的，因此，在3月份，我们必须让许多人走。

“没有人乐于动斧头，这已成了我们这一行业的格言。因此，我们演变成一种习惯，尽可能快地把这件事处理掉，我们通常是这样说的：‘请坐，史密斯先生，这一季已经过去了，我们似乎再也没有更多的工作交给你处理。当然，毕竟你也明白，你只是受雇在最忙的季节里帮忙而已。’等等。

“这些话给他们带来失望以及‘受遗弃’的感觉。他们之中大多数一生皆从事会计工作，对于这么快就抛弃他们的公司，当然不会怀有特别的爱心。

“我最近决定以稍微圆滑和体谅的方式，来遣散我们公司的多余人员。因此，我在仔细考虑他们每人在冬天里的工作表现之后，一一把他们叫进来，而我就说出下列的话：‘史密斯先生，你的工作表现很好（如果他真是如此）。那次我们派你到纽华克去，真是一项很艰苦的任务。你遭遇了一些困难，但处理得很妥当，我们希望你知道，公司以你为荣。你对这一行业懂得很多，不管你到哪里工作，都会有很光明远大的前途。公司对你有信心，支持你，我们希望你不要忘记！’

“结果呢？他们走后，对于自己的被解雇感觉好多了。”

有一位女士在一家公司任市场调研员，她接下的第一份差事是为一项新产品做市场调查。她说道：

“当结果出来的时候，我几乎瘫倒在地，由于计划工作的一系列错误，导致整个事情失败，必须从头再来。更不好对付的是，报告会议马上就要开始，我已经没有时间进行修改了。

“当他们要求我拿出报告时，我吓得不能控制自己。为了不惹大家嘲笑，我尽量克制自己，因为太过紧张了。我简短地说明了一下，并表示我需要时间重新来做，我会在下次会议时提交。然后，我等待老板大发脾气。

“结果出人意料，他先感谢我工作踏实，并表示计划出现一些错误，在所难免。他相信新的调查一定会准确无误，会对公司产生很大帮助。他在众人面前肯定我，让我保全了颜面，并说我缺少的是经验，不是工作能力。

“那天，我挺直胸膛离开了会场，并下定决心不再犯错误。”

懂得尊重别人的人才会受欢迎。

1917年1月4日，一辆四轮马车驶进北京大学的校门，徐徐穿过园内的马路。这时，早有两排工友恭恭敬敬地站在两侧，向刚刚被任命为北大校长的传奇人物蔡元培鞠躬致敬。只见蔡元培走下马车，摘下自己的礼帽，向这些校园里的工友们鞠躬回礼。在场的人都惊呆了，这在北京大学是从来未有的事情，北大是一所等级森严的官办大学，校长享受内阁大臣的待遇，从来就不把这些工友放在眼里。像蔡元培这样地位显赫的人向身份卑微的工友行礼，在当时的北大乃至全国都是罕见的现象。蔡元培由此给北大新生树立了一面如何做人的旗帜。

有时候，给别人留面子能更好地解决与人之间的问题。

有一位夫人，她雇了一个女仆并告诉她下星期一上班。这位夫人给女仆以前的主人打过电话，知道她做得不好。当女仆来上班的时候，这位夫人说："亲爱的，我给你以前做事的那家人打过电话，她说你不但诚实可靠，而且会做菜，会照顾孩子，但她说你不爱整洁，从不将屋子收拾干净。现在我想她是在说瞎话，你穿得很整洁，谁都可以看得到。我相信你收拾屋子一定同你的人一样整洁干净，我们也一定会相处得很好。"

后来她们真的相处得很好。女仆要顾全高尚的名誉，并且她真的顾全了。她多花时间打扫房子，把东西置放得井然有序，没有让这位夫人对她的希望落空。

《圣经·马太福音》中说："你希望别人怎样对待你，你就应该怎样对待别人。"这句话被多数西方人视为待人接物的"黄金准则"。

真正有远见的人不仅在一点一滴的日常交往中为自己积累最大限度的"人缘儿"，同时也会给对方留有相当大的回旋余地。给别人留面子，实际也就是给自己挣面子。

应对自如，才能游刃有余

我们在社会应酬中，要动用不同的思考模式去对待不同的事情，做到灵活应变，进退自如，方能立于不败之地。

清朝礼部尚书纪昀，才思敏捷，能言善辩。一次，天奇热，他正光着膀子同军机处的几个人伏案工作。突然，门外传来"皇上来了"的声音，穿衣已来不及了，光膀子接驾又恐有亵渎万岁之罪。纪昀急中生智，连忙钻到桌子底下藏起来。后来听不到皇上说话的声音了，他估计皇上走远了，就在桌子下面问其他几个人：“老头子走了没有？”

这时，坐在椅子上的皇上一听此说，立即板起面孔问：“纪昀，你叫我老头子是什么意思？今天非讲清楚不可。”

纪昀见皇上还没走，知道闯祸了。于是，干脆从桌子底下钻出来，赶忙俯伏在地叩头，口称“死罪，死罪”。

皇上说：“叩多少头也不行，快讲‘老头子’是什么意思。”

纪昀又给皇上叩了一个头，然后索性慢条斯理地说：“万岁不要发怒，奴才之所以称您为‘老头子’，确实是对您的尊敬。‘万寿无疆’称为‘老’，‘顶天立地’称为‘头’，皇上称为‘天子’，这就是我称您‘老头子’的原因。”皇上得意地笑了，赦纪昀无罪。

纪昀应对之巧在于将“老头子”一词拆字联义，并使其义处处都落实在“天子至尊”之意上，这就是纪昀的机智。

在政治斗争中，掌握局势，应付自如显得尤为重要。

公元222年，罗马帝国的皇帝因昏庸无能，激起了人民的不满，被大将塞维罗推翻，义子塞维罗当了新一代罗马大帝。

此时，塞维罗要主宰整个帝国，面临两大困难：一是尼格

罗已在亚洲称帝，二是阿尔匹诺正在西方建立自己的政权。塞维罗知道，此时，他如以习惯性的思考模式去对待尼格罗和阿尔匹诺，就只有进军一途，坚决地消灭他们。但是，这两强的势力太大了，如不知进退，将是十分危险的。于是，他决定动用不同的思考模式，采取灵活应变的方法去对付这两大强敌：对于西方的阿尔匹诺，他用退一步的方法，以赐给“恺撒”的称号来稳住他；对于亚洲的尼格罗，他则用突袭的方式予以剿灭。当然，最后他还是在法国活捉了被他赐封过的阿尔匹诺，达到了他主宰罗马帝国的目的。

公元前192年西汉惠帝时，其母吕太后专权。一天，吕后接到匈奴军冒顿的一封信，信中之意，要娶吕后为妻，代刘邦当中原皇帝。看过这封粗鲁无礼的来信之后，吕后大怒，“欲斩其使，后兵击之”。

季布道：“高帝新丧，吴下疮痍未复。樊哙大言以十万军可横行匈奴，这不是为了面谀太后，置天下安危于不顾吗？况且冒顿素来大话欺人。”这一番话，说得太后一脸的怒色渐渐平息下去。

经过一段时间的沉思，吕后命人回信冒顿：“大王不忘怀于我，给我来信。想我已年老色衰，发齿坠落，行步失度，哪里还配得上大王呢？现在奉上我平日乘坐的御车两辆，良马八匹，备大王乘用。”

遭遇困境时能应付自如、游刃有余是成功者必备的素质之一。

“绝圣弃智，绝仕弃义，绝巧弃利”，弃人为而变无为，却反是有为。“民利百倍，民腹孝慈，盗贼无有”。

东汉光武帝刘秀的侄孙刘睦年轻时谦逊好学，博览群书，才智过人，且为人仁厚，随和爽快，深得光武帝喜爱。长大以后，刘睦喜欢结纳宾客，笼络天下贤才，在士人中声望很大，有昔日孟尝君之风，天下才子纷纷与他交往，刘睦的名声顿时大噪。

刘睦被封北海敬王之后，意识到自己不能再按以前的方式做下去，他深谙皇帝的猜忌心理，皇帝一般希望自己在百姓心中是一个仁德的好君主，“仁德”是他们追求的标准。若自己也过于仁德，岂不有超过君主之嫌？这是皇帝所不能允许的。作为藩王，如果因为贤能而引起皇帝的注意，并不是什么好事，相反都有可能招致各种危险。

想到这一层，刘睦就改变了往日的风气，他把门关起来，不再与社会名流交往，不再接待宾客，对往日的朋友一律拒之千里之外，并且，平时也不再显露自己的学识才干，处处掩饰。他日日耽于酒色，纵情享乐，让人觉得他平庸无能。

后来，刘睦果然一直稳居王位，没人忌恨他，皇帝对他也很放心。

老子主张无为而为，无为即是有为，有为反而不如无为。

曾有一个叫阳子居的人问老子：“先生，我有一个问题想请教先生，望先生不吝指教。”

老子微微一笑，点点头，示意他问。阳子居问：“先生，

有一个人，行动果敢敏捷，同时又具有深入透彻的洞察力，而且他又勤学于道，先生说，这样的一个人是不是就可以称为是理想的领导者了呢？”

老子仔细地聆听着，边听边思索。等阳子居说完，老子微微摇了摇头，抬眼望着阳子居，依旧笑着回答说：“如你所言的人其实只不过像个小官吏罢了。像你所描绘的那样的人的才能其实是有限的，而有限的才能往往其才能成了束缚自己的绳索。

“才所困，终使自己身心俱乏，心力交瘁。恰似虎豹因其身上长有美丽的斑纹和光亮的皮毛反而招致猎人的捕杀。猴子因为灵敏活泼，机警灵巧，猎狗因其擅长猎取动物，善于追奔，所以被人抓来，捆之以绳索。有了优点反而引来灾祸。你说，这样的人是理想的为职者吗？”

阳子居若有所悟，问道：“是这样。是不是就像马儿因为善于奔跑却又只会奔跑，结果却是被人驯服豢养，成了供人骑耍的工具？”

老子微笑着点头，表示他很赞赏阳子居的聪慧。

阳子居又问：“如此说来，那么，先生以为什么样的人才是理想的领导者呢？”

老子回答说："一个真正的理想的领导者应当是这样的，他的功德普及天下，恩惠泽被后世，而在一般人眼中一切功德又都似和他没有什么关系；他的教化惠及万物，德追乾坤，然而，人们又丝毫感觉不出他的教化；他治理天下时，根本不会留下任何施政的痕迹，而对万事、百姓都具有潜移默化的影响力。只有做到这一点的领导者才是真正理想的领导者。"

庄子说过：

圣人清静无为，不是说清静无为好，所以才清静；而是说不足以扰乱内心，所以才清静。

水清静，胡须眉毛便可照得一清二楚。水的平面能合乎标准，所以最高明的匠人都取法于水。

水清静则明澈，何况人呢？圣人的心清静，它是天地的明镜，万物的明镜。虚静、恬淡、寂寞、无为是天地的根本，道德的本质。

能持清静，则恬淡无为；恬淡无为，则什么事都尽到责任了。

《道德经》指出："是以圣人处无为之事，行不言之教。"无为非不为，而是指顺应自然规律，顺应形势的发展，无为而为才能达到更好的效果。

妥协不是软弱

一个人一生中做得最多的事恐怕就是妥协。妥协是现实人生中的一个事实。

人生要不断地妥协。人际关系更是一种妥协。可是，虽然人们经常在妥协，但人们对它却不太熟悉、不知道，知道了也不爱承认它。年轻气盛时，更不愿正视妥协，以妥协为耻。殊不知妥协不仅是现实人生中的一个铁的事实，是一种理性，一种策略，一种绝高的社交智慧。

19世纪中期的美国，在木材行业中，经营规模很大而获得成功的人却为数很少，其中经营得最好的莫过于费雷德里克·韦尔豪泽。

1876年，韦尔豪泽意识到，如果没有伐木的权利，木业公司就会衰落，于是他开始实行一个大规模购买林地的计划，他从康奈尔大学买进5万英亩土地，后来继续买进大量土地，到1879年，他管辖的土地大约有30万英亩。而正在此时，一个重要的木业公司——密西西比河木业公司吸引了韦尔豪泽的兴趣。该公司具有很多的土地及良好的木材，由于经营者方法不对，导致公司效益不好，于是韦尔豪泽决心收购该公司。经过双方的接触后，双方同意促成这个买卖。

在收购该公司的价钱上，双方展开了一场激烈的谈判。按该公司的要求，出价为400万美元，而韦尔豪泽则千方百计想把价钱压得低一点。于是他派了一名助手直接与该公司谈判，要求只给200万美元，态度异常坚决，并大讲道理。在经过双方的激烈争执后，韦尔豪泽闪亮登场，以一个中间人的身份出现，建议二者都做出一些让步，并提出自己的方案，声明：若此方案也达不成协议，你们不必继续谈判。卖方正在苦恼之时，有些“松动的”迹象，自是欣喜。这样，只做了小的修改即达成协议，而买方所得的条件也比原来料想的好得多。最终以250万美元成交。

他的“妥协”收到的效果显而易见。从此，韦尔豪泽的事业如虎添翼，20世纪初，费雷德里克·韦尔豪泽通过对木材业的各方面的控制，使他的公司发展成为一个强大的木材帝国。

妥协与让步在谈判中是一种常见现象。妥协与让步不是出卖自己的利益，而是为了获得更大利益而放弃小利益，可见让步应该是必要的。但是，妥协与让步也要讲究原则与尺度。

不要过早妥协与让步。太早，会助长对方的气焰。待对方等得将要失去信心时，你再考虑让步。在这个时候做出哪怕一点点的让步，都会刺激对方对谈判的期望值。

你率先在次要议题上做出妥协与让步，促使对方在主要议题上做出让步。

在没有损失或损失很小的情况下，可考虑妥协与让步。但每次让步，都要有所收获，且收获要远远大于让步。

让步时要头脑清醒。知道哪些可让，哪些绝对不能让，不要因妥协与让步而乱了阵脚。每次让步都有可能损失一大笔钱，应掌握让步艺术，减少你的损失。

每次以小幅度妥协与让步，获利较多。如果让步的幅度一

下子很大，并不见得使对方完全满意。相反，他见你一下子做出那么大的让步，也许会提出更多的要求。

有时候，妥协还可以保住性命。

大家都听过“杯酒释兵权”的故事。

宋太祖赵匡胤黄袍加身建立北宋后，为防止被人夺权，就在一次宴席上对昔日为他打下江山的功臣们说：“以前的日子里多好！白天厮杀，夜晚倒头就睡。哪像现在这样，夜夜睡觉不得安宁！”众兄弟一听，关心地问：“怎么睡不稳？”赵匡胤说：“这不明摆着吗，咱们是把兄弟，我这个位子谁也该坐，而又有谁不想坐呢？”大家面面相觑，感到了事态严重。赵匡胤说：“你们虽然不敢，可难保手下人不这么想。一旦黄袍加在你们身上，就由不得你们了。”大家一听，明白赵匡胤已在猜忌大伙了。吓得在地上叩头不敢起身，求赵匡胤想个办法。赵匡胤说：“人生短暂，大家跟我苦了半辈子，不如多领点钱，回老家过个太平日子，那多幸福。”大家忙点头答应。

第二天，旧日的那些功臣们一个个请求告老还乡，交出兵权，领到一笔钱回老家去了。

在日常生活中，学会适当妥协，可以让你避免许多麻烦。美国成功学家卡耐基常常带一只叫雷斯的小猎狗到公园散步。他们在公园里很少碰到人，再加上这条狗友善而不伤人，所以，他常常不给雷斯系狗链或戴口罩。

有一天，他们在公园遇见一位骑马的警察。警察严厉地说：

“你为什么让你的狗跑来跑去而不给它系上链子或戴上口

罩？你难道不知道这是犯法吗？”

“是的，我知道。”卡耐基低声地说，“不过，我认为它不至于在这儿咬人。”

“你不认为，你不认为！法律是不管你怎么认为的。它可能在这里咬死松鼠，或咬伤小孩。这次我不追究，假如下次再被我碰上，你就必须跟法官解释了。”

可是，他的雷斯不喜欢戴口罩，他也不喜欢它那样。一天下午，他和雷斯正在一座小山坡上赛跑，突然，他看见执法大人正骑在一匹红棕色的马上。

卡耐基想，这次逃不掉了。他决定不等警察开口就先发制人。他说：

“先生，这下你当场逮到我了。我有罪。你上星期警告过我，若是再带小狗出来而不替它戴口罩，你就要罚我。”

“好说，好说，”警察回答的声调很柔和，“我知道在没人的时候，谁都忍不住要带这样的小狗出来溜达。”

“的确忍不住，”卡耐基说道，“但这是违法的。”

“哦，你大概把事情看得太严重了。”警察说，“我们这样吧，你只要让它跑过小山，到我看不到的地方，事情就算了。”卡耐基的主动妥协让他逃过了责罚。

人们往往只强调毫不妥协的精神，事实上，学会妥协，在人际交往中十分重要。

人们要正视这个事实，学会妥协的睿智和技巧。事实上，人生极需要这种技巧、智慧和策略。在正确对待妥协的社交中，人们才会有双赢的可能，人们也才会避免两败俱伤的结果。学会妥协，是人生的大学问。其实，妥协就是以退为进的智谋。我们中国古人很懂这个道理，他们总是以表面上的退让、割舍和失败来换取对方的利益认可，从而在根本上保证了自己更长远或更大的利益。

身处弱势不气馁

世上不可能有永远一帆风顺的事。只许成功不许失败，实际上背离了事物演进的法则。常言道，失败是成功之母。失败是登上成功顶峰的阶梯，人非生而知之，只有在经历失败之后，才会发现不足，才能获得提高。卡耐基说："迈向成功的路是由一次又一次的失败铺起来的。"

当你处于弱势的时候，不要气馁，凡事都会有转机，只要坚持努力，成功终会属于你。

李嘉诚在1998年接受香港电台访问时说道："在逆境的时候，你要自己问自己是否有足够的条件。当我自己处于逆境的时候，我认为我够！因为我有毅力，肯建立一种信誉。"所以在创业之初，他并没有大量的扩大再生产的资金，在竞争十分激烈的商场上，他并没有气馁。

有一次，一位开发商看中了他们的产品，约他次日到酒店商谈合作。翌日，李嘉诚带着样品到批发商下榻的酒店。

批发商大为赞赏这9款样品，声言是他所见到过的最好的3组。望着李嘉诚通宵未眠熬得通红的双眼，批发商心里便明白了一切。

他拍拍李嘉诚的肩膀说："我欣赏你的办事作风和效率。我们开始谈生意吧！"

李嘉诚坦率直言说："谢谢您的厚爱。我非常非常希望能与先生做生意。可我又不得不坦诚地告诉您，我实在找不到殷实的厂商为我担保，十分抱歉。"

接下来，李嘉诚诚恳地对批发商谈了长江公司白手起家的发展历程和现在的状况，请批发商相信他的信誉和能力。

李嘉诚的经商原则引起批发商的共鸣。批发商相信自己的判断，他确定合伙人就是这个诚实又深富潜力的年轻人。他微笑着对李嘉诚说：

"你不必为担保的事担心了。我替你找好了一个担保人，这个担保人就是你自己。"

接下来，谈判在轻松的气氛中进行，很快签了第一单购销合同。按协议，批发商提前交付货款，基本解决了李嘉诚扩大生产的资金问题。

古往今来，身处弱势而不气馁，仍坚持自己的理想与抱负的大有人在，下面的例子是关于鬼谷子的两个徒弟张仪和苏秦的故事。

张仪，魏国贵族后裔，学纵横之术，主要活动应在苏秦之前，是战国时期著名的政治家、外交家和谋略家。战国时，列国林立，诸侯争霸，割据战争频繁。各诸侯国在外交和军事上，纷纷采取"合纵连横"的策略。或"合纵""合众弱以攻一强"，防止强国的兼并，或"连横""事一强以攻众弱"，达到兼并土地的目的。张仪正是作为杰出的纵横家出现在战国时的政治舞台上，对列国兼并战争形势的变化产生了较大的影响。秦惠文君九年（公元前329年），张仪由赵国西入秦国，凭借出众的才智被秦惠王任为客卿，筹划谋略攻伐之事。次年，秦国仿效三晋的官僚机构开始设置相位，称相邦或相国，张仪出任此职。他是秦国置相后的第一任相国，位居百官之首，参与军政要务及外交活动，从此开始了他的政治、外交和军事生涯。

秦惠文王更元二年（公元前323年），秦国为了对抗魏惠王的合纵政策，进而达到兼并魏国国土的目的，张仪运用连横策略，与齐、楚大臣会于啮桑（今江苏沛县西南）以消除秦国东进的忧虑。张仪从啮桑回到秦国，被免去相位。三年，魏国由于惠施联齐，楚没有结果，不得不改用张仪为相，企图连秦、韩而攻齐、楚。其实张仪的最终目的是想让魏国做依附秦国的带头羊。由于连横威胁各国，秦惠文王更元六年（公元前319年）魏国人公孙衍受齐、楚、韩、赵、燕等国的支持，出任魏相，张仪被驱逐回秦。秦惠文王更元八年（公元前317年）张仪再次任秦相国。九年，秦惠王接受司马错的建议，遣张仪、司马错等人率兵伐蜀，取得胜利，旋即又灭巴、苴两国。这样秦国占据了富饶的天府之国，有了巩固的大后方，为秦国的经济发展和军事战争，提供了有利条件。秦惠文王更元十二年（前公元313年）秦惠王想攻伐齐国，但忧虑齐、楚结成联盟，便派张仪入楚游说楚怀王。张仪利诱楚怀王说："楚诚能绝齐，秦愿献商、於之地六百里。"楚怀王听信此言，与齐断绝关系，并派人入秦受地，张仪对楚使说："仪与王约六里，不闻六百里。”楚国的使臣返回楚国，把张仪的话告诉了楚怀王，楚怀王一怒之下，兴兵攻打秦国。秦惠文王更元十三年（公元前312年）秦兵大败楚军于丹阳（今豫西丹水之北），虏楚将屈丐等70多人，攻占了楚的汉中，取地600里，置汉中郡（今陕西汉中东）。这样秦国的巴蜀与汉中连成一片，既排除了楚国对秦国本土的威胁，也使秦国的疆土更加扩大，国力更加强盛。《史记·张仪列传》中说："三晋多权变之士，夫言纵横强秦者大抵皆三晋之人也。"张仪无疑是其中最杰出的一个。

鬼谷子的另一个徒弟苏秦，字季子，他出身低微，少有大志，曾随鬼谷子学游说术多年。后辞别老师，下山求取功名。苏秦先回到洛阳家中，变卖家产，然后周游列国，向各国国君阐述自己的政治主张，希望能施展自己的政治抱负。但无一个国君欣赏他，苏秦只好垂头丧气，穿着旧衣破鞋回到洛阳。洛阳的家人见他如此落魄，都不给他好脸色，连苏秦央求嫂子做顿饭，嫂子都不给做，还狠狠训斥了他一顿。苏秦从此振作精神，苦心攻读。他把头发束住吊在房梁上，用锥子刺自己的腿，"头悬梁，锥刺股"便由此而来。一年后，苏秦掌握了当时的政治形势，开始二次周游列国。这回终于说服了当时的齐、楚、燕、韩、赵、魏六国合纵抗秦，并被封为"纵约长"，做了六国的丞相。当苏秦衣锦还乡后，他的亲人一改往日的态度，都"四拜自跪而谢"。

人生不可能是一帆风顺的，在处于弱势的时候要处变不惊，波澜不兴，或蛰伏或争取，努力充实完善自己，成功则指日可待。

成全别人的**好胜心**

人人都有自尊心，人人都有好胜心，若要联络感情，应处处重视对方的自尊心。重视对方的自尊心，必须抑制你自己的好胜心，成全对方的好胜心。

下面这个例子讲述了名相萧何如何成全刘邦的好胜心而保全了自己。

汉初良相萧何，泗水沛（今江苏沛县）人。曾任沛县主吏掾、泗水郡卒吏等职，持法不枉害人。秦末随刘邦起兵反秦，刘邦进入咸阳，萧何把相府及御史府的法律、户籍、地理图册等收集起来，使刘邦知晓天下山川险要、人口、财力、物力的分布情况。项羽称王后，萧何劝说刘邦接受分封，立足汉中，养百姓，纳贤才，收用巴蜀二郡的赋税，积蓄力量，然后与项羽争天下。为此深得刘邦信任，被任为丞相。他极力向刘邦举荐韩信，认为刘邦要取得天下非用韩信不可。后来韩信在楚汉战争中的才干证明萧何慧眼识人。楚汉战争中，萧何留守关中，安定百姓，征收赋税，供给军粮，支援了前方的战斗，为刘邦最后战胜项羽提供了物质保证。西汉建立后，刘邦认为萧何功劳第一，封他为侯，后被拜为相国。萧何计诛了韩信后，刘邦对他就更加恩宠，除对萧何加封外，刘邦还派了一名都尉率五百名士兵作相国的护卫。

当天，萧何在府中摆酒庆贺。有一个名叫召平的人，穿着白衣白鞋，进来对萧何说：“相国，您的大祸就要临头了。皇上在外风餐露宿，而您长年留守在京城，您既没有什么汗马功劳，又没有什么特殊的勋绩，皇上却给您加封，又给您设置卫队，这是由于最近淮阴侯在京谋反，因而也怀疑您了。安排卫队保卫您，这可不是对您的宠爱，而是为了防范您。希望您辞掉封赏，再把全部私家财产都捐给军用，这样才能消除皇上对您的疑心。”

萧何听从了他的劝告，刘邦果然很高兴。同年秋天，英布谋反，刘邦亲自率军征讨。他身在前方，每次萧何派人输送军粮到前方时，刘邦都要问：“萧相国在长安做什么？”使者回答，萧相国爱民如子，除办军需以外，无非是做些安抚、体恤百姓的事。刘邦听后总默不作声。使者回来后告诉萧何，萧何也没有识破刘邦的用心。

有一次，偶然和一个门客谈到这件事，这个门客忙说：“这样看来您不久就要被满门抄斩了。您身为相国，功列第一，还能有比这更高的封赏吗？况且您一入关就深得百姓的爱戴，到现在已经十多年了，百姓都拥护您，您还在想尽办法为民办事，以此安抚百姓。现在皇上所以几次问您的起居动向，就是害怕您借关中的民望而有什么不轨行动啊！如今您何不贱价强买民间田宅，故意让百姓骂您、怨恨您，制造些坏名声，这样皇上一看您也不得民心了，才会对您放心。”

萧何说：“我怎么能去剥削百姓，做贪官污吏呢？”门客

说：“您真是对别人明白，对自己糊涂啊！”萧何又何尝不知道这个道理，为了消除刘邦对他的疑忌，只得故意做些侵夺民间财物的坏事来自污名节。不多久，就有人将萧何的所作所为密报给刘邦。刘邦听了，像没有这回事一样，并不查问。当刘邦从前线撤军回来，百姓拦路上书，说相国强夺、贱买民间田宅，价值数千万。刘邦回长安以后，萧何去见他时，刘邦笑着把百姓的上书交给萧何，意味深长地说：“你身为相国，竟然也和百姓争利！你就是这样‘利民’啊？你自己向百姓谢罪去吧！”刘邦表面让萧何自己向百姓认错，补偿田价，可内心里却窃喜。对萧何的怀疑也逐渐消除。

刘邦身为开国皇帝，自是不希望臣子的威信高过自己。萧何采纳了门客的建议成功地保全了自己。

人们在人际交往中也是如此，每个人都有好胜心，何不成人之美，皆大欢喜。

大丈夫能屈能伸

能屈能伸是能成大器、获得成功的人必备的一项素质。

大丈夫根据时势，需要屈时就屈，需要伸时就伸，可以屈时就屈，可以伸时就伸。屈于应当屈的时候，是智慧；伸于应当伸的时候，也是智慧。屈是保存力量，伸是光大力量；屈是隐匿自我，伸是高扬自我；屈是生之低谷，伸是生之巅峰。

而说到能屈能伸，我们不得不提到一位古人——韩信。

西汉时期的淮阴侯韩信受胯下之辱的故事是妇孺皆知

的。韩信是淮阴人，自幼不农不商，又因家贫，所以衣食无着，想去充当小吏，却无一技之长，也未被录取。因此终日游荡，往往寄食于人家。他曾和亭长很要好，经常到亭长家里去吃饭，吃多了，也就惹得亭长的妻子厌烦。于是，亭长的妻子提前了吃饭的时间，等韩信到了，碗已经洗过很久了。韩信知道惹人讨厌，从此不再去了。他来到淮阴城下，临水钓鱼，有时运气不佳，只好空腹度日。那里正巧有一个临水漂絮的老妇人，见韩信饿得可怜，每当午饭送来，总分一些给韩信吃。韩信饥饿难耐，也不推辞，这样一连吃了几十日。一日，韩信非常感激地对漂母说："他日发迹，定当厚报。"谁知漂母竟含怒训斥韩信说："大丈夫不能自谋生路，反受困顿。我看你七尺须眉，好似公子王孙，不忍你挨饿，才给你几顿饭吃，难道谁还望你报答不成！"说完，漂母竟拿起漂絮而去。

韩信受人赐饭之恩，虽受激励，但苦无机会。实在穷得无法，只得把家传的宝剑拿出叫卖，卖了多日，竟卖不出去。一天，他正把宝剑挂在腰中，沿街游荡，忽然遇到几个地痞，有个地痞有意给他难堪，嘲笑他说："看你身材高大，却是十分懦弱。你若有种，就拿剑来刺我，若是不敢刺，就从我的胯下钻过去。"说完，双腿一叉，站在街心，挡住了韩信的去路。

韩信打量了一会儿地痞，就爬在地下，径直钻了过去。别人都耻笑韩信懦弱，他却不以为耻。其实绝非韩信不敢刺他，因为他胸怀大志，不愿与小人多生是非，如果一剑把他刺死了，自己势必难以逃脱。所以，他审时度势，暂受胯下之辱。后来韩信跟刘邦南征北战，屡建奇功，被封为淮阴侯，并诚心地报答了那个漂母。

同样是发生在楚汉相争时期的事件：

项羽吩咐大将曹咎坚守城皋，切勿出战，只要能阻住刘邦15日，便是有功。不想项羽走后，刘邦、张良使了个骂城计，派兵城下，指名辱骂，甚至画着漫画，污辱曹咎。这下子，惹得曹咎怒从心起，早将项羽的嘱咐忘到九霄云外，立即带领人马，杀出城门。汉军早已埋伏停当，只等项军出城入瓮，霎时地动山摇，杀得曹咎全军覆没。

春秋时期，吴越两国相邻，经常打仗，有次吴王领兵攻打越国，被越王勾践的大将灵姑浮砍中了右脚，最后伤重而亡。吴王死后，他的儿子夫差继位。三年以后，夫差带兵前去攻打越国，以报杀父之仇。

于是夫差倾国出动，去征讨越国，在木叙山这个地方大败越军，越王勾践带着五千残兵败将逃到会稽山上。夫差率领大队人马追赶上去，夫差在船头亲自击鼓为将士助威。吴兵士气高昂，快速向越兵冲去，团团包围了会稽山。

这时，越王勾践觉得大事不好，就急忙和谋臣范蠡、文种商量。勾践对范蠡说：“我后悔当初没有听从你的话，对吴国掉以轻心，才有今天之祸。”

范蠡说：“现在说那样的话也救不了越国了，您只有带着礼物到吴国去认罪求和。如果他们不答应，那您只好给人家做奴隶，以求得人家的宽容，其他的事以后再说。”

勾践知道事情已经到了这种地步，还有什么可说的呢，只好先派文种带着大量的礼物到吴军中去求和。文种来到吴军阵中，跪在夫差面前，给夫差反复叩头，行臣子之礼。他说：“我奉亡国之君的命令来给大王请安，冒昧地向您转达勾践的心愿。他愿意做您的臣子。他的妻子愿意做您的仆人，为大王日日夜夜服务。”

勾践作为亡国之君来到吴国，吴王让他们夫妻白天放养马匹，晚上为吴的先王守墓；夫差出行时，让勾践在车前牵马，受尽了羞辱。勾践把仇恨藏在心里，表面上却对吴王十分恭顺，又经常贿赂伯嚭，请他在吴王面前多说好话。夫差一高兴，就放勾践回国了。

勾践从吴国回到国内，就尽心治国。他整天忧心苦思，为国操劳，食不甘味，睡不安席，一心致力于复国大业。他将一枚苦胆挂在自己的座位旁边，睡的时候看着它，休闲的时候也打量着它，吃饭之前，也要先尝尝这苦胆。他常常提醒自己：“你忘掉了在吴国所受到的耻辱吗？”他亲自纺织，亲自种地，不吃肉食，只吃蔬菜，不穿华丽的衣服，和百姓们一样，只穿粗衣粗衫。他放下国王的架子，谦虚待人，热情地接待四方宾客，所以在短短的几年时间里，就有大量有德行有智谋的人归顺越国。

就这样，经过了七年，越国的力量大增，越王勾践觉得时机已经成熟，就准备向吴国报仇。大夫逢同说：“我看现在还不是时机。吴国目前是诸侯中力量最强的国家之一，我们不能轻易和他相斗。我们只能胜，不能败。凶猛的鸟袭击目标时，一定要善于隐藏它的身体，对待吴国也是如此。现在许多国家都不满于吴国，我们可以联合楚、晋、齐三国。吴国的野心很大，如果这三个国家不听吴国的，吴国一定会发动战争，让这三个国家先和吴国交战，我们利用它的疲惫再消灭它。”

勾践觉得这一想法很好，就采用了。又过了两年，果不出逢同所料，吴国征讨齐国，伍子胥哭着进谏：“我听说勾践能和老百姓同甘共苦，这个人不除去，一定是我吴国的心头大患；而齐国之事对我们来说只是像身上长了个脓包。大王真是打错了对象，你应该先去攻打越国。”可是这时的夫差哪里能听进去这样的话，执意攻打齐国，得胜而归。他从战场回来后，讽刺伍子胥：“我要是听你的，在家里睡大觉，哪里会有今天的胜利？”但是，伍子胥非常冷静，他说：“大王不要高兴得太早了。”这句话差点没把这傲慢的国王气死，就大骂伍子胥，说他倚老卖老。经过十年的积聚，越国终于由弱国变成强国，最后打败了吴国，吴王羞愧自杀。

老子说：道，空虚而有作用，并且这种作用永远也没有穷尽。它不露锋芒，以简驭繁，碰到光明就和光明相拥，遇见尘埃就和尘埃混同。别以为道看上去好像碧湛湛的天空似乎什么没有，但它却又确确实实地存在着。大道无穷，能够顺应大道的人，必将是个经得起得也经得起失，经得起宠也经得起辱，经得起喜也经得起愁的人。所谓和其光，同其尘，就是顺应大道，顺应万物，随遇而安，心安就是家。能屈能伸才是真正的大丈夫。

顺应形势发展，**保护自己利益**

只按照自己的方法一意孤行，失败时便把一切过失都推给别人，这种做法很常见。有些人经年累月往前冲，往往不顾后果，常常同他人产生摩擦，让事情愈弄愈糟。

现实生活中，有些人很粗暴，有些人很沉默，有些人很冷酷，有些人拒人于千里之外。其实，无论对人还是做事，我们都要看清形势，只有顺应形势的发展，才能保护自己。

美国著名作家欧·亨利曾写过这样一个故事：

一天晚上，一个人正躺在床上，突然一个蒙面大汉跳进阳台，走到床边。他手中拿着一把手枪，对床上的人厉声说道："举起手！起来，把你的钱都拿出来！"躺在床上的人哭丧着脸说："我患了十分严重的风湿病，尤其是手臂疼痛难忍，哪里举得起来啊！"那强盗听了一愣，口气马上变了："哎，老哥！我也有风湿病，可是比你的病轻多了，你得这种病多长时间了？都吃什么药呢？"躺在床上的人把各类药都说了一遍。强盗说："那不是好药，那是医生骗钱的药，吃了它不见好也不见坏。"两人热烈讨论起来，尤其对一些骗钱的药物看法颇为一致。两人越谈越热乎，强盗早已在不知不觉中坐在床上，并扶病人坐了起来。

强盗突然发现自己还拿着手枪，面对手无缚鸡之力的病人十分尴尬，赶紧偷偷地放进衣袋之中。为了弥补自己的歉意，强盗问道："有什么需要帮助的吗？"病人说："咱们有缘分，我那边的酒柜里有酒和酒杯，你拿来，庆祝一下咱俩的相识。”强盗说：“干脆咱俩到外边酒馆喝个痛快，怎样？”病人苦着脸说：“可是我手臂太疼了，穿不上外衣。”强盗说：“我能帮忙。”强盗替他穿戴整齐，扶着他向酒馆走去，刚出门，病人忽然大叫：“噢，我还没带钱呢！”强盗说：“我请客。”

如果那个人没有顺应当时的形势做出灵活的应付，强盗后来请他吃的也许就是子弹了。

据司马光《涑水纪闻》记载，有一天，宋太祖赵匡胤在后园里用弹弓打麻雀，玩得正高兴的时候，有臣子称有急事请见，赵匡胤只好慌忙出来接见。谁知，所奏并非什么急事，不过是例行公事。赵匡胤很不高兴，责问这种小事有什么好急的？那位臣子也不含糊，不慌不忙地回答：“总比打鸟要急一些吧？”赵匡胤一听火了，捞起根斧柄便打了过去，正好打在那人嘴上，碰落了两颗门牙。那人仍是不慌不忙地弯腰拣起牙齿，放到了自己怀里。见此情形，赵匡胤骂道：“你拿上那两颗门牙，想告我的状吗？”对方回答说：“我当然不能告您，不过，自然会有史官秉笔直书的！”赵匡胤听到这话，觉得有道理，不仅消了气，还赐给了那人一批金帛，向他表示慰问。

赵匡胤为了不在史书上留污点，顺应当时的情况，安抚史官。

在官场上，学会顺应形势的人，才能戴稳自己的乌纱帽。

明朝的名臣张居正也是在不动声色地暗中结纳人缘，积蓄力量才登上相位的。高拱在未当首辅宰相之前，张居正就看出了苗头，尽心与他结纳，两人互为钦佩，经常称赞对方的才能，等高拱做宰相之后，张居正又紧紧追随他，高拱为人性格直爽而倨傲，很多人因受不了他的役使而离开了，唯独张居正能够卑辞以事，始终没有离开。

冯保是内宫太监，为人狡黠奸诈，与张居正的关系很好。按顺序本当升他为司礼太监，但因高拱推荐了其他人而落选，所以对高拱怀恨在心。后来明穆宗去世，遗诏由高拱等人为顾命大臣，但因冯保篡改了诏书，改成高拱、张居正、冯保等人一同为顾命大臣辅佐新君。高拱无法与冯保等人长期共事，就上书历数太监专权的弊端，并做了其他准备，满以为可以一下子把冯保驱逐出朝。

高拱把一切准备情况都告诉了张居正，希望他暗中支持，谁知张居正竟把情况透露给了冯保。冯保立即找皇太后哭诉，列举高拱专权的罪状，太后当即拟旨，斥逐高拱。

第二天，朝廷大集群臣，宣读两宫及皇上诏书，高拱本以为计谋成功，谁知诏书竟历数自己的罪状，解除了自己的一切官职。高拱又惊又怒，悲伤得趴在地上不能起身，张居正连忙把他扶起，雇了一辆驴车把他送走。

冯保还想罗织罪名诛杀高拱，多亏张居正从中巧妙斡旋，才未得逞。高拱去世后，张居正等人还向朝廷请求恢复他的官职荣誉。后来神宗亲政，重理高拱旧案，赠他太师头衔，追加文襄名号。就这样，张居正在钩心斗角的朝廷中，顺应局势的发展，在宫内宫外，先朝今朝，都游刃有余，稳稳当当地升官。

施于人者**被施**

帮助别人是一种美德。人生活在社会群体中，需要互相帮助，因为也许有一天你也需要别人对你伸出援手。施恩于人，就有回报的惊喜等着你。

南朝宋孝武皇帝时，齐太祖萧道成担任舍人的官职，而刘怀珍任直阁将军，二人很早就结识了。有一天，刘怀珍请假回青州探家，萧道成有一匹白色良马，因为咬人，不能骑，就送给刘怀珍作为送别礼，刘怀珍因此回赠萧道成上百匹丝绢。有人对刘怀珍说："萧君这匹马因为咬人不能骑，才送给你。你回报他丝绢百匹，岂不是回礼太重了吗？"刘怀珍说："萧君器量堂堂，志向高远，还会对不住我送的丝绢吗？我打算把自己的性命和名声都托付在他身上，怎么还能计较钱物的多少呢！"

唐朝雍州泾阳（今甘肃平凉西北）人李大亮，文武兼备，隋末曾在韩国公庞玉帐下任行军兵曹。唐高祖李渊入关以后，他归顺唐朝，被任命为金州（今陕西安康）总管府司马，后来升迁为左卫大将军，兼领太子右卫率、工部尚书等职，负责皇帝和太子两宫的警卫任务，皇上和太子都非常宠信他。

李大亮为人忠厚、严谨、恭敬。他勤于职守，每到他值夜班时，一定是通宵不眠，实在困乏得支持不住了，也只是坐着打个盹。唐太宗曾夸赞他说："每当大亮值夜班时，我便通宵安眠。"唐太宗每次出巡，都安排李大亮留守。宰相房玄龄十分看重李大亮，常常称赞李大亮有王陵、周勃那样的节操，可以担当重任。李大亮虽然位高望重，生活却十分简朴。他的住房低矮简陋，穿着也很朴素。当初，李大亮跟随庞玉在东都与李密作战，战败被俘获，李密的部将张弼释放了他。李大亮富贵以后，总想报答张弼的救命之恩。张弼当时任将作丞，绝口不言当年这件事。踏破青山无觅处，得来全不费工夫。正当李大亮为打听不到张弼的下落而大伤脑筋的时候，有一天，两人在路上不期而遇。李大亮很快认出了张弼，抱着张弼痛哭不止，恨相遇太晚。李大亮要把自己的家产全部送给张弼，张弼说什么也不肯接受。于是，李大亮就把这件事禀告皇上，说："微臣能够服事陛下，并有今天的荣华富贵，这都是张弼的功劳啊。我请求陛下把我的全部官职都转授给张弼。"唐太宗就任命张弼为中郎将。不久，又升迁为代州都督。

俗话说，授之以桃报之以李。有时在无意中帮助别人，可以获得意外的收获。

鲁宣公二年（公元前607年），宣子在首阳山（今山西省永济县东南）打猎，住在翳桑。他看见一人非常饥饿，就去询问他的病情。那人说："我已经三天没吃东西了。"宣子就将食物送给他吃，可他却留下一半。宣子问他为什么，他说："我离家已三年了，不知道家中老母是否还活着。现在离家很近，请让我把留下的食物送给她。”宣子让他把食物吃完，另外又为他准备了一篮饭和肉。后来，灵辄做了晋灵公的武士。一次，灵公想杀宣子，灵辄在搏杀中反过来抵挡晋灵公的手下，使宣子得以脱险。宣子问他为何这样做，他回答说：“我就是在翳桑的那个饿汉。”宣子再问他的姓名和家居时，他不告而退。

同时，知恩图报是一种美德。

作家马尔克斯年轻时供职于波哥大《观察家报》，1955年，他因揭露海军走私而引火烧身，以至于不得不狼狈逃窜，亡命巴黎。

他穷困落魄，举目无亲。多年以后，他是这样回忆的：没有工作，一人不识，一文不名，更糟的是不懂法语，所以只好待在弗兰德旅馆的一个不是房间的房间里干着急。肚子饿得实在捱不过去了，就出去捡一些空酒瓶或旧报纸，以换取少量面包。这样的生活他品尝了整整两年。他在痛苦的期待和期待的痛苦中奇迹般地活了下来。过后他才知道，许多拉丁美洲流亡者都有过类似的乞丐经历。他和他的同伴不谋而合，都发现了这么一个秘密：骨头可以熬汤！买一块牛排搭一大块骨头，牛排吃了，骨头不知要熬多少锅汤。即便如此，他仍诅咒过那些肉铺。在他看来，所有开肉铺、开面包店或旅馆的，都是可恶的小人。

由于马尔克斯实在穷得可怕，仿佛下辈子也还不清长期拖欠的房租了，弗兰德旅馆的老板拉克鲁瓦夫妇也许是自认倒霉或该当如此，不但不催不逼，最后似乎还不得不由他徒托空言、一走了之。后来，马尔克斯时来运转，竟无可阻挡地发达起来。1967年，《百年孤独》的出版更使他名满天下。

一天，春风得意、身处巴黎某五星级饭店的马尔克斯忽然想起了拉克鲁瓦夫妇。于是他悄悄来到拉丁区，寻找弗兰德旅馆。旅馆依然如故，只是物是人非，他再也见不到拉克鲁瓦先生了。好在老板娘尚健在，她一脸茫然，根本无法将眼前这位西装革履、彬彬有礼的绅士同10多年前的流浪汉联系在一起。为了让她相信眼前的和过去的事实并收下“欠款”，马尔克斯煞费了一番苦心。

再后来，马尔克斯获得了诺贝尔文学奖。拉克鲁瓦太太得知这一消息后惊喜万分。她在《世界报》刊登一则寻人启事，诚挚地表示要把那一笔钱归还给他，也算是他们夫妇对世界文学的一点贡献。马尔克斯为此又专程前往巴黎看望老人家，而且陪同他前去的是拉克鲁瓦夫妇年轻时的偶像：嘉宝。马尔克斯诚恳地告诉拉克鲁瓦太太，她的贡献在于她的善良，她没让一个可怜的文学青年流落街头。他还说，她和拉克鲁瓦先生使他相信：巴黎还有好人，世界还有好人。

雪中送炭要比锦上添花更让人感激和感动，在你帮别人的同时也是在给自己创造更多的机会。所以，当别人有难的时候，请不要犹豫地伸出你的手。

第八篇

方法圆融，沟通无碍

把握好说话的时机

俗话说，话不投机半句多。能否把握说话的时机，直接关系到一个人的说话效果。所谓时机，就是指双方能谈得开、说得拢的时候，对方愿意接受的时候。

当领导正为应付上级检查而忙得焦头烂额的时候，你却去找他谈待遇的不公，那你肯定要吃“闭门羹”，甚至遭到训斥。掌握好说话的时机，才能提高办事的成功率。那么，什么时候与对方交谈和沟通才算抓住了时机呢？

在对方情绪高涨时。人的情绪有高潮期，也有低潮期。当人的情绪处于低潮时，人的思维就显现出封闭状态，心理具有逆反性。这时，即使是最要好的朋友赞颂他，他也可能不予理睬，更何况是求他办事。而当人的情绪高涨时，其思维和心理状态与处于低潮期正相反，此时，他比以往任何时候都心情愉快，说话和颜悦色，内心宽宏大量，能接受别人对他的求助，能原谅一般人的过错，也不过于计较对方的言辞，同时，待人也比较温和、谦虚，能不同程度地听进一些对方的意见。因此，在对方情绪高涨时，正是我们与其谈话的好机会，切莫错

失良机。

在对方喜事临门时。所谓喜事临门时，是指令人高兴、愉快、振奋的事情降临于对方时。例如，对方在职位上晋升时；在科研上攻克难关，取得重大成果时；工作中成绩突出，受到奖励时；经济上得到收益时；找到称心伴侣、婚嫁或远方亲人来探望时；等等。常言道，“人逢喜事精神爽”“精神愉快好办事”。在喜事降临对方时，我们上门找其交谈，对方会不计前嫌，而且会认为是对他成绩的肯定、喜事的祝贺、人格的敬重，从而也就乐意接受或欢迎你的到来，所求之事，多半会给你一个完满的答复。

在为对方帮忙之后。中国文化历来讲究“礼尚往来”“滴水之恩当以涌泉相报”。在你帮了他一个忙后，他就欠了你一份人情，这样，在你有事求他帮忙的时候，他必然要知恩图报。在不损伤对方利益的前提下，只要他能做到的事情，一般情况下会竭尽全力去帮助你。正所谓“将欲取之，必先予之”。托人办事的时机，我们是可以进行预先创造的。

若解决冲突应在对方有和解愿望时。伦理学原理告诉我们，绝大多数人都具有“羞恶之心”，这种“羞恶之心”体现在与他人发生无原则的纠纷之后，会自觉地反省自己的行为。通过反省察觉到自己的过错之时，一种求和的愿望就会油然而生，并会主动向对方发出一系列试探性的和解信号。这时只要我们能不失时机友好地找对方谈谈，僵局就会被打破，双方的关系也会重新“热”起来。因此，我们要善于捕捉对方发出的求和信息。例如，对方主动和我们接近、打招呼，与我们见面时由过去满脸阴云到“转晴”，或者暗中帮助我们排忧解难，等等。这时，我们就应该及时投桃报李，以更高的姿态、更炽热的感情找其交谈。我们切不可视而不见，见而不说，说而不诚。否则，对方一旦认为求和试探失败，和解的愿望就会顿消，误解将会转化为敌意，将会出现严重对抗的局面。

说话方圆之道要把握好时机，时机对才能办好事，时机不对不用急于开口，耐心等待一次机会，但切记好机会不可让它溜走。

言语简洁，**一语中的**

每一种谈话，无论怎样琐碎，总要保持中心点，这也是所谓谈话的目的，那目的就能够促进你和对方的关系。你必须使他觉察你是一个有理智有观点的人，绝非是个糊涂虫。单单无聊的空谈，是绝不能使对方对你有一点良好印象的。

世界著名的谈话艺术专家却司脱·费尔特先生，曾经教人谈话时说道：“你应该时常说话，但不必说得太长。少叙述故事，除了真正贴切而简短之外，总以绝对不讲为妙。”说话方圆之道一定要记住言语简洁。

说话如果不说到点子上就无法拨动对方内心深处最关心、最敏感的那根心弦，就无法使其动心、动容，改变主意，幡然醒悟。

商品经济时代，人们开口言商，闭口言商，“利”成为经商的核心。

所有的商场竞争，无非都是围绕一个“利”字。只要你在推销时，恰到好处地在这个“利”字上把握分寸，突出重点，相信话不需多，也会卓有成效。

比如，“张厂长，如果你们厂的每条生产线都安装上我公司高精密度自动控制系统，那你厂产品的一等品率将由现在的85%上升到98%以上，每天可增加经济效益1.3万元，所以你晚一天购买，就意味着你每天都要白白地扔掉1.3万元钱。张厂长，早买早受益呀！”

如此以“利”动人，自然是无往而不利。可见，春色不需多，但见一杏出墙，便知天下皆春了。话语虽短，但一个“利”字，却这么了得！

要抓住问题的核心，须少说次要话和废话，也就是人们常说的，画蛇不要添足。

话要说得适可而止，进退有度。千万不要长篇宏论，越描越黑，那可是商家大忌！古语说得好：“山不在高，有仙则名，水不在深，有龙则灵。”在我们日常生活中，话不在多，

点到就行。在生活节奏日益加快的当今社会，没有人会有闲心去听你的滔滔宏论。这就要求你随时提醒自己，随时做到——把话说到点子上，有道理，有人情味，有逻辑性，这样才算掌握了说话的分寸。

常言所说的“唇枪舌剑”“天花乱坠”，前者指谈话非常精彩；后者是指谈话美妙动听但不着边际。其实，谈话并不完全在于多么精彩，也不在于口若悬河，专门讲些俏皮话和空洞的笑话。相反，尽管谈话的时候直截了当地对答，朴实地理解，也仍旧可以得到圆满的谈话结果。反之，空话连篇，言之无物，必然误人时光。语言还要力求通俗、易懂，如果不顾听者的接受能力，用文绉绉、艰涩难懂的语言，往往既不亲切，又使对方难以接受，结果事与愿违。

有的人为人腼腆，总怕和生疏的人会面时无言相对，实际上这是不必要的担心。因为在社交场合，大多数影响谈话气氛的不是那些讲话太少的人，而是那些讲话太多的人。即使自己不能谈笑风生，只要做到有问必答，回答问题合情合理就可以了。当然，交谈中注重语言的精炼准确，并不是说总是拼命想自己下一句要说什么，过多的咬文嚼字，不但不能听清对方在说什么，也会失去自己控制谈话的能力，显得紧张和语塞，反而无法取得好的谈话效果。

“言不在多，达意则灵。”讲话要精练，字字珠玑，简洁有力，使人不减兴味。冗词赘语，不得要领，必令人生厌。

融洽从学会倾听开始

聆听是表示关怀的行为，是一种无私的举动，它可以让我们远离孤独，建立亲密的人际关系。

加州大学精神病学家谢佩利医生说，向你所关心的人表示你可能不赞成他们的行为，但欣赏他们的为人，这一点很重要。仔细聆听能帮助你做到这一点，认真听，并且要听全面的而不是支离破碎的话语，否则你会妄加评说，影响沟通。

谈话的目的在于增进双方的了解，喜欢听别人说话，就是深入细致地了解对方的重要手段。所以，我们在听人说话的时候，必须仔细地把握对方说话的内容和从他的声调神态中流露出来的心情。

如果对方希望表现自己，你就尽量保持沉默倾听；等你发表你的意见时，他就会欣然地聆听了。通常打岔会令对方生气，以致阻碍了意见的交流。

好的聆听是一种积极参与的过程。好的聆听不是假装出来的。聆听不只注意到说话者的内容，还包括了他的声调、语气及肢体语言，即你听到了说出来的部分，也听到了没有说出来的部分。你听到了内容，也听到了表达者的情感。

聆听是你表现个人魅力的大好时机，你以你的聆听表示你对别人的尊重。

卡耐基建议："只要成为好的聆听者，你在两周内交到的朋友，会比你花两年工夫去赢得别人注意所交到的朋友还要多。"卡耐基在人际沟通的理解上有极大的天分。他认为，人如果常常专注在自己身上，以及老是谈论自己和自己关心的事情，就很难与其他人建立牢固的友谊。大卫·舒瓦兹在《大思想的神奇》（中文版本译为《想大才能做大》）一书中提到：“大人物独揽聆听，小人物垄断讲话。”

所以，在别人说话的时候，静静地听着，不时加以回应，如点头或者微笑，在对方没有讲完以前不去打断他，这是一件非常受欢迎的事。

值得注意的是，你不能一边听，一边却胡乱地去想别的心事，以至于把别人的话都漏掉了。你要真真正正地去听，把注意力放在对方的身上，抓住他的每一句、每一字甚至把握到他讲话时的态度神情。你最好能够在事后准确地复述出对方所讲过的话，连对方用什么语调，说话时做了些什么手势，你都能记得清清楚楚。

大多数的交谈模式是由一个人说话，另外的人则在等待轮到自己说话的时机。所以，有许多等待说话的人完全没有用心听对方说话，因为他不是在暗暗地想着自己的心事，就是在等着要发言。

“听”和“闻”，在意志力的行使方面，有着微妙的差异。“听”名副其实是透过一个人的听觉察觉出声音，而“闻”是为了解声音的含义，有全神贯注倾听的意义。

若只是“听”，就不必过于努力。但若是“闻”，就必须使之发生作用。每个人多少都患有倾听却精神涣散的毛病，如果不注意倾听说话的内容，往往只是茫然地附和着对方音调的高低起伏。

事实上，听者的神态，尽在说者的眼里。如果你是认真地倾听，自然能给予说话的人肯定的反馈（鼓励）。对方会认为你是一个理想的倾听者。做个忠实的听众，就是拥有了掌握人心的强劲武器。

美国知名主持人林克莱特有一次访问一名小男孩，问他说:“你长大后想要当什么呀？”小男孩天真地回答：“我要当飞行员！”林克莱特接着问：“如果有一天，你的飞机飞到太平洋上空时所有引擎都熄火了，你会怎么办？”

小男孩想了想：“我会先告诉坐在飞机上的人绑好安全带，然后我挂上我的降落伞跳出去。”当在现场的观众笑得东倒西歪时，林克莱特继续注视这孩子，想看他是不是自作聪明的家伙。没想到，接着孩子的两行热泪夺眶而出，这才使得林克莱特发觉这孩子的悲悯之情远非笔墨所能形容。于是林克莱特问他说：“为什么要这么做？”小男孩的答案透露出一个孩子真挚的想法：“我要去拿燃料，我还要回来！”

林克莱特如果在没有问完之前就按自己设想的那样来判断，那么，他可能会认为这个孩子是个自以为是、没有责任感的家伙。

有一天猫妈妈对它的小猫说：“宝贝，你要开始独立生活了，你要学会捕食，这样才能生存下去。”可是小猫不知道该去捕什么东西吃，于是它就问妈妈，请妈妈来告诉它。猫妈妈说：“我先不告诉你，你接连几晚上待在人家的屋檐下或是房梁上，你仔细地听就会明白的。”于是小猫就听妈妈的话乖乖地待在那里，果然晚上听见一个人对另一个人说：“哎，你把厨房的门关上了没有，猫的鼻子可灵了，小心它把鱼叼走了。”于是小猫就知道鱼是它们最爱的食物，第二天晚上小猫又听见一个女人对一个男人说：“哎，你把香肠挂起来了没有，小心被猫叼走。”于是小猫知道了香肠也是它们的食物，这样一连几天，小猫知道了很多它们爱吃的东西，它很高兴，对妈妈说：“哦，原来听一听别人的话就能知道很多的知识呢，我以后一定要多听别人说话。”

由此可见倾听的重要。同时，认真地倾听比向别人喋喋不休地倾诉容易交到朋友。只有你闭上你的嘴巴，多听别人讲话，你才是真正尊重和重视对方，那你也一定会得到对方情感上的回报。认真地倾听别人的诉说，能使对方很容易地喜欢上你，并成为你的朋友。做一个好的听者，会使你事业成功，也会使你交到朋友。跟你谈话的人对他自己需求的问题比你需求的问题感兴趣千百倍，当你下次与人交谈时千万别忘了这一点。当你在认真地聆听别人讲话时，你实际上是在推销你自己。你的认真，你的全心全意，你的鼓励和赞美都会使对方感到你在尊重他、帮助他，当然你也会得到好回报。

有的人能认真倾听别人的谈话，经常用这样一些话来附和“噢，是那样啊”或“那可是个有趣的话题”，并适时提问一些相关的问题，这是交谈所必备的。

和这样的人交谈自然会热情高涨，交谈结束之后会有一种舒爽的心情，因为他能认真地听你说你想要说的话题。

交谈时，说者和听者双方互相配合，才能使话题顺利地进行下去。

交谈方法和语言表达是紧密联系在一起的，注意听别人的谈话是建立良好人际关系的秘诀。

到什么山头唱什么歌

中国有句谚语：“到什么山唱什么歌，见什么人说什么话。”说话不看对象，常常让别人无法理解自己的本意，从而在无形之中与别人拉开了距离。反之，了解了对方的情况，并依据其情况，寻找与之相适应的话题和谈话内容，双方就会觉得谈话比较投机，彼此在距离上也显得比较亲近。对方会觉得你是一个极具亲和力的人，从而愿意与你相处。因此，方圆说话在这里要抓住以下几点：

1.看对方的身份地位说话

与上司说话，或是探讨工作，我们应该尽量向上司多请教工作方法，多讨教办事经验，他会觉得你尊重他，看得起他。所以，在工作中，在办事过程中，即使你全都懂，也要装出有不明白的地方，然后主动去问上司：“关于这事，我不太了解，应该如何办？”或“这件事依我看来这样做比较好，不知局长有何高见？”

上司一定会很高兴地说：“嗯，就照这样做！”或“这个地方你要稍微注意一下！”或“大体这样就好了！”如此一来，我们不但会减少错误，上司也会感到自身的价值，而有了他的帮助和支持，后面的事情就好办得多了。

2.针对对方的特点说话

和人交谈要看对方的身份、地位，还要看对方的性格特点，针对他的不同特点，采取不同的说话方式，这样才有利于解决问题。

春秋时期的纵横家鬼谷子先生指出："与智者言依于博，与博者言依于辩，与辩者言依于要，与贵者言依于势，与富者言依于豪，与贫者言依于利，与卑者言依与谦，与勇者言依于敢，与愚者言依于锐。"意思是说：和聪明的人说话，须凭见闻广博；与见闻广博的人说话，须运用口才；和口才好的人说话，要用事实征服；与地位高的人说话，态度要轩昂；与有钱的人说话，言辞要豪爽；与穷人说话，要动之以利；与地位低的人说话，要谦逊有礼；与勇敢的人说话，不要怯懦；与愚笨的人说话，可以锋芒毕露。

3.摸准别人的心理说话

通过对手无意中显示出来的态度，了解他的心理，有时能捕捉到比语言表露更真实、更微妙的思想。

东晋时代，有这样一个小故事：

当时，贵族们喜欢品评人物，有人问大将军桓温："你觉得某某人怎样？"

桓温刚要评论，又停下来看了看这个人，然后对他说："你这个人喜欢传闲话，还是不告诉你为好。"

中国民间有一句话："言多必失。"是说如果一个人总是滔滔不绝地讲话，说的多了，话里就自然而然地会暴露出许多问题。而且，你的话多了，其中自然会涉及其他人。

由于所处的环境不同，人的心理感受不同，而同一句话由于地点不同、语气不同，所表达的情感也不尽相同，别人在传话的过程中也难免会加入他个人的主观理解，等到你谈的内容被谈话对象听到时，可能已经大相径庭，势必造成误解、隔阂，进而形成仇恨。另外，人处在不同的状态下，讲时的心情不同，话的内容也会不同，心情愉快的时候，看事看人也许比较符合自己的心思，故而赞誉之言可能会多；有时心情不愉快，讲起话来不免会愤世嫉俗，讲出许多过头的话，招来很多麻烦。

孔子曰："不得其人而言，谓之失言。"对方倘不是深相知的人，你就畅所欲言，以快一时，但对方的反应是如何呢？你说的话，是属于你自己的事，对方愿意听吗？彼此关系浅薄，你与之深谈，显出你的没有修养；你说的话，若是关于对方的，你不是他的诤友，不配与他深谈，忠言逆耳，显出你的冒昧；你说的话，是属于国家的，对方的立场如何，你没有明白，对方的主张如何，你也没有明白；你只知高谈阔论，殊不知轻言更易招忧呢！

话非其人不必说；非其时，虽得其人，也不必说；得其人，得其时，而非其地，仍是不必说。

争论永远没有赢家

世上只有一种方法能从争论中得到最大的利益，那就是停止争论。你永远不能从争论中取得胜利。如果你争论失败，那你当然失败了；如果你得胜了，你还是失败的。这是因为，就算你将他驳得体无完肤、一无是处那又怎样？你觉得很好，但他会怎么认为？你使他觉得脆弱无援，你伤了他的自尊，他不会心悦诚服地承认你的胜利。所以，说话方圆之道要领悟这个真理。

波音人寿保险公司为他们的推销员定下一个规则：不要争论！完美、有效的推销，不是争论，也不要类似争论。因为争论并不能让人改变想法。

多年前有一位叫杰克的爱尔兰人，他因为喜欢和他人争论，经常和顾客发生冲突，所以很难推销他的载重汽车。但后来他成功地成为纽约怀特汽车公司的一位推销明星。其中发生了什么故事呢？

下面由他自己向您叙述他非凡转变的经过：“假如现在我去向客户推销汽车，如果他说：什么？你们的汽车？你白送给我，我都不要，我要买某牌的车。我便告诉他，某牌是一种好车，如果你买那种牌子的，你也不会错的。那个牌子为一家可靠公司所制造，推销员也很优秀。

“于是他没有话说了。如果他说某牌最好，我同意他的说法，他不能整个下午继续说某牌最好了。然后我们离开某牌的题目，我开始讲自己的车的优点。”

充满智慧的富兰克林常说：“如果你辩论争强，你或许有时获得胜利；但这种胜利是得不偿失的，因为你永远无法得到对方的好感。”

因此，你自己好好考虑一下，你想要什么，只图一时口才表演式的胜利，还是一个人的长期好感？

在你进行争论的时候，你也许是绝对正确的。但从改变对方的思想上来说，你大概一无所获，一如你错了一样。

美国总统威尔逊执政时的财政部长威廉·麦肯锡，他将多年政治生涯获得的经验归结为一句话：“靠辩论不可能使无知的人服气。”

拿破仑的管家康斯坦常与拿破仑的妻子约瑟芬打台球。在他所著的《拿破仑私生活回忆录》中说：“我虽然球技比她好，但我总是让她赢我，这样她会非常高兴。”我们要从康斯坦那里学到一个教训，那就是我们要使我们的客户、情人、丈夫、妻子在偶然发生的不影响大局的讨论上胜过我们。

释迦牟尼说：“恨不能止恨，爱却能止恨。”误会永远不能用争论结束，它需用手段、宽容与和解来使对方产生同情的欲望。

十次中有九次的争吵结果是，每个人都更加相信自己是正确的。

在争论中你的意见可能是正确的。但要改变一个人的看

法，你的努力大概会是徒劳的。

任何一个人，无论其修养程度如何，都不可能通过争论说服别人。

下面是避免无谓争论的几条建议：

1. 欢迎不同的意见；

2. 先听为上；

3. 寻找双方的共同点；

4. 答应仔细考虑反对者的意见；

5. 为反对者关心你的事情而真诚地感谢他们；

6. 控制你的情绪；

7. 不要盲目相信直觉。

男高音歌唱家真·皮尔斯结婚将近50年了。他说："我太太和我在很久以前就订下了约定，不论我们对对方如何的愤怒与不满，也要一直遵守这项约定，这项约定就是：当一个人大吼的时候，另一个人就应该静听。很显然，当两个人都大吼的时候，就没有沟通可言了，有的只是刺耳的噪音，那太可怕了。"

要使你的思想深入人心，切记：从争论中获胜的唯一秘诀就是避免争论。

无声胜有声

沉默像乐曲中的休止符，它不仅是声音的空白，更是内容的延伸与升华。它是一种无声的特殊语言，是一种不用动口才的口才。

法国有句谚语，雄辩如银，沉默是金。在我们的生活工作中，有些时候确实是沉默胜于雄辩。与得体的语言一样，恰到好处的沉默也是一种语言艺术，运用好了常会收到“此时无声胜有声”的效果。

卡耐基认为，如果你很想说话，就先问自己：你为什么想说话，是为了自己，为了自己的利益，还是为了别人的利益。如果是为了自己，那就努力保持沉默。

对失去理智的人最好的回答就是沉默。回答他的每一个词都会反过来落到你头上。以怨报怨，就等于火上浇油。

在特定的环境中，缄默常常比论理更有说服力。我们说服人时，最头痛的是对方什么也不说。反过来，如果劝者什么也不说，对方的错误意见就找不到市场了。

我们在许多情况下都会沉默，比如在双方交谈时，一方“不同意”对方的意见，却又不想直接表达出来，最好的方式就是沉默以对。尤其是在等级不同的人之间，地位低下者，比如子女或者下属往往会“以不语应万语”，表达自己对某些事物的困惑茫然和内心的愤怒。

“无言以对”的沉默包括两种情况，一种是“话不投机半句多”，这种沉默意味着双方都已不想交谈下去，都在努力设法尽快结束谈话；一种则是“此处无声胜有声”，谈话内容触动了双方的心灵，产生了共鸣，这种沉默可以持续较长的时间，双方尽情地体会（享受）这无言的心与心的交流。

沉默是金，有些人以为就是少说话。其实，这并不是说要你成天板着脸，冷冰冰地让人难以琢磨，而是适时适度地运用沉默的力量。

不同的缄默方式有不同的作用，运用时必须恰到好处。

平平淡淡的缄默能发人深省。有些人态度很积极，但发表意见时不免有些偏颇，直截了当地驳回，又易挫伤其积极性，循循诱导又费时，精力也不允许，最好的办法便是平平淡淡地缄默。他说什么，你尽管听，“嗯”“啊”……什么也不说，等他说够了，告辞了，再用适当的不带任何观点的中性词和他告别：“好吧！”或“你再想想。”别的什么也不说。如此，他回去后定然要竭思尽虑：“今天谈得对不对？对方为什么不表态？错在哪里？”也许他会向别人请教，或自己悟出道理。

心照不宣即心里明白但不说出，这也是保持沉默的一种方法。

在一座寺庙里，有一位德高望重的长老，还有一个非常不听话的小和尚。这个小和尚总是深更半夜越墙而出，早上天未亮再越墙而入。长老一直想批评这个小和尚，但苦于没有罪证。

这一天深夜，长老在寺庙里巡夜，在寺院的高墙边发现一把椅子。他知道必定是那个小和尚借此越墙到寺外。于是，长老悄悄地搬走了椅子，自己就在原地守候。午夜，外出的小和尚回来了。他爬上墙，再跳到“椅子”上。突然，他感觉“椅子”不似先前硬，软软的甚至有点弹性。落地后的小和尚才知道，椅子已换成了长老，小和尚吓得仓皇离去。

在以后的日子里，小和尚觉得度日如年，他天天都诚惶诚恐地等候着长老对他的惩罚，但长老依旧和从前一样，对这件事只字未提。

小和尚觉得再也无法忍受了，他不想每天都在煎熬中度过。于是，他鼓起勇气找到长老，诚恳地认了错，哪知长老宽

容地笑了笑，说：

“不用担心，这件事只有天知地知你知我知，你还怕什么？”

小和尚从此备受鼓舞，他收住心，再也没有翻过墙。通过刻苦的修炼，小和尚成了寺院里的佼佼者。若干年后，老和尚圆寂，小和尚成了长老。

转移话题的缄默能使人乐而忘求：对要回答的问题保持缄默，而选准时机谈大家感兴趣的热门话题并引人入胜，使对方无法插入自己的话题，且从谈话中悟出道理，检讨自己。

义无反顾的缄默能使人就范。某领导有一次交代属下办一件较困难的任务，当然，他能胜任。交代之后，对方讲起了“价钱”，困难如何大，条件如何差，时间如何紧……于是该领导义无反顾地保持缄默。说着说着他就不说了。最后说了一句：“好，我一定完成。”

有时沉默不语能够出奇制胜，如果滔滔不绝，反而有理说不清。

林肯是一位勤勉好学的人，他通过自学，取得了律师营业执照。他在法庭诉讼中的能言善辩、机智灵活，赢得了人们普遍的赞誉。有一次，他竟一言不发而击败了原告律师，在诉讼中获胜。

在法庭上，原告律师滔滔不绝，把一两个简单的论据反反复复地讲了两个小时，法官和听众都显得十分不耐烦，出现一片议论声。有的人竟打起瞌睡来。最后，原告律师终于说完了，林肯作为被告律师登上讲台，但他却一言不发。台下一片肃静，人们都感到很奇怪。

过了一会儿，林肯把外衣脱下，放在桌上，然后拿起水杯喝口水，再把水放下，重新穿上外衣，然后又脱外衣又喝水。如此循环了五六次，法官和听众被林肯的哑剧逗得哈哈大笑，而林肯却始终未发一言，在笑声中走下讲台，他的对手最终被“笑”输了。

人们要学习怎样说话，而最主要的学问是怎样在合适的时候保持沉默。阿拉伯有句俗语说，你要说话时，你的话必须要比沉默更有益。这就是无声的方圆之道。

开诚布公打动人心

情感是人们沟通、交流的桥梁。饱含真情的语言则是唤起情感的一种最具感召力的武器。运用真情流露的言语策略，可以顺利地使双方产生情感共鸣，使关系融洽，形成良好的交际氛围，可以有力地推动人们将某种行为动机付诸实施，并做出积极的反应。

人贵以真，更贵以诚。如果把真诚的思想和感情直接表达和抒发出来，受话的一方一般也会动以真心，施以诚意。开诚布公法就是利用人间宝贵的“真诚”二字来发挥作用的。这就是说话的方中带圆，圆中有方。

1949年底，商务印书馆董事长张元济先生找到陈毅市长，要借款20万元，以解燃眉之急。这位董事长德高望重，年已八十，陈毅在小时候就知道他的大名。

当时祖国刚解放，百废待举，拿出20万元，是很困难的，怎么办？陈毅市长直言不讳地说：“如果我说人民银行没有20万元，那是骗你。我不能骗您老前辈。只要打一个电话给人民银行就可以解决问题。您老这么大年纪，为了文化事业亲自赶来，理应借给您。但我想，还是不借给您为好。20万元一下子就花掉了，还是从改善经营想办法，不要只提教科书，可以搞一些大众化的年画，搞些适合工农需要的东西。学中华书局的样子，否则不要说20万，200万也没有用。要您老先生这么大年纪，到处筹措，我很感动，不过，我不能借这笔钱，借了反而害了你们。”

陈毅市长一席开诚布公、关心爱护、情真意切的话，将张元济老先生说通了，他高兴地说：“我完全接受您的意见，我不借钱了，你的话是对我们的爱护，使我很感动。”

只有实实在在、诚心诚意对待他人，才能获取他人真心实意的帮助与支持，才能达成预期的目标。

真实、笃诚和真情是说实话时必须注意的三要素，以真实、笃诚为铺垫、为基础，以真情动人，以真情感人，才能达到说服对方的目的。

表露真诚除配合真诚的语言以外，还需要其他的技巧。

1.真诚的眼睛

坦荡如水，平静地注视，不要躲躲闪闪或目光下垂不敢直视。从容、平静，如一池风平浪静的湖水，热情而自信，无丝毫的掩饰和不安。

2.真诚的举止

自然，大方，从容不迫，举手投足之间一副安然之态。

手足无措，有自觉不自觉地摸鼻子、玩弄手指、绕头发、揉眼睛、抓耳朵等小动作，声音也会不大自然，说话的频率和声调都有些异样，肯定在掩饰某种不安。

3.真诚的微笑

真诚的微笑，如一缕温馨阳光，充满暖意；如一朵初春的花朵，在唇边绽放，发自内心，暖人肺腑。皮笑肉不笑，故意挤出的笑，都缺少真诚。

4.真诚的称赞

如果一个人称赞别人是发自内心的赞扬，是心灵之语，而不是带有某种企图，那么这人是真诚的。如果称赞一个人只是为了从中得到某种利益，那么他是虚伪的，称赞就属于奉承的范畴了。

5.真诚的握手

握手是否显得真诚在于握手力度的轻重。握得太重，可能是想表示热忱或有所求；握得太轻，会显得有些轻视对方，或者是自己有严重的自卑。恰到好处的握手，是大方地把手伸出去，手掌和手指全面地去接触对方的手。

“真诚二字能值千金”一句道出了真诚交流的价值。但是真诚之语要留给值得你去真诚相待的人，否则肺腑之言反害其事。

人人都愿意听到别人的赞美，并追求赞美。因此，你不要吝啬你的赞美，不要以为只有大的成就才值得称赞，而应对人的每个小小的方面都给予赞扬。这样，你也会因此得到更多的尊敬和爱戴。赞美是不会被人们拒绝的。真诚的，发自内心的赞美可以搞好你的人际关系，使你在事业的道路上畅通无阻。赞美从一定意义上讲，是一种有效的感情投资。当然，有付出就会有回报。对领导赞美，能使领导心情愉悦，对你越发重视；对同事赞美，能够联络感情，增强团队精神。

现实生活中，一个人如果受到别人称赞，他会感到愉快和喜悦。美国著名作家马克·吐温曾经夸张地承认：一句美好的赞扬，能使他不吃不喝活上两个月。俄国文豪托尔斯泰说："就是在最好的、最友善的、最单纯的人际关系中，称赞和赞扬也是必要的，正如润滑剂对轮子是必要的，可以使轮子转得更快。"

一位精明的善于赞美的售货员，往往会这样对一位中年女顾客说："太太真是好眼光，这是我们这里最新潮的款式，穿在太太身上，太太一定会更加漂亮。"几句话，这位太太肯定眉开眼笑，马上开包拿钱。美国的商界奇才鲍罗齐就曾说过："赞美你的顾客比赞美你的商品更重要，因为让你的顾客高兴你就成功了一半。"

恰当地赞美别人需要技巧，掌握了恰到好处地赞美别人的技巧是一个人交际能力趋于成熟的标志。那么，该怎样恰到好处地赞美别人呢？

1.赞美对方自豪的地方

人性中有一个共同的特点，那就是喜欢别人赞美自己最得意、最看重的方面。

只有赞美别人最看重的地方才能收到最好的效果。俗话说："萝卜青菜，各有所爱。"人与人不同，看重的东西自然也是大相径庭，这就要求我们在赞美别人之前，首先做到"知彼”，摸清对方的兴趣、爱好、性格、职业、经历等背景状况，对症下药，抓住其最重视、最引以为豪的方面，将其放到突出的位置加以赞美，这样才能够最大限度地满足对方的心理需要，从而达到自己的目的。

2.抓住细节赞美

真情需要赞美，而细微之中更容易显现真情。所以，有经验的人常常抓住某人在某方面的行为细节，巧施赞美和感谢。这样很容易博得对方的好感。这样做是很有道理的。其实对方之所以在细节上投入那么多的心思与精力，一方面说明对方对此有特别的重视或偏爱，另一方面也说明对方渴望这一部分努力能够得到别人的关注与赏识，能够得到应有的肯定。因此，我们在交际中应善于发现细微处的用意，不失时机地以赞美和感谢来回报对方的良苦用心，这不但会带给对方巨大的心理满足，而且会加深彼此情感沟通和心灵默契。

真诚坦白地直接赞美别人固然不错，但假若用词不当就有可能变成了“拍马屁”，引起对方的不快，或给众人留下太露骨、太肉麻的感觉。如果我们对热情洋溢的直接赞美还缺乏足够的自信，那么采用间接赞美的方式，着重表达自己对某一类人或物的赞美，也会收到不同凡响的好效果。这样无论是怎样使用溢美之词都不显得露骨和肉麻，而对方又能够同样领会到我方的赞赏之情。

人都有“好为人师”的自大心理，所以在许多时候，以低姿态有针对性地去请教他人，以自己的普通甚至低劣凸显对方在该方面的高明或优势，可以起到赞美他人的作用。恰到好处地使用此种方式，既成功地赞美了别人，又能给人留下为人虚心好学、求上进的好印象。

赞美对于你的家人、朋友同样重要。俗话说：“家和万事兴。”家庭和睦，则万事兴旺，作为父母，适当地赞美自己的孩子，可以使孩子更具有自尊心和自信心，可以沟通家长与孩子的感情。另外，朋友之间适当的赞美是必不可少的，朋友对于我们每一个人都是非常重要的，有人说：“没有朋友的生活等于死亡。”而朋友之间相互赞美是友谊产生的前提之一。

另外要注意：赞美要自然、顺势，不必刻意为之。赞美要看对象。用词不要太肉麻，能适当地表达你的意思就可以。

多赞美“小人物”。当他们有一点小表现，赞美他们两句，肯定会收了他们的心，因为他们平常欠缺的就是赞美！

赞美他人可以反过来激励自己。被人赞美的，肯定是一个人的长处。在发现他人的优点和长处的同时，我们也会发现自己的差距，并促使自己努力赶上去。所以，赞美他人，在鼓励他人进步的同时自己也会得到进步。这也许就是所说的赞美他人，我们自己也可以获得多方面的回报。

人际关系的顺畅是事业成功的最关键的因素，而赞美别人是处世交际最关键的课程。懂得如何去赞美别人，再加上你聪明的脑袋，还有脚踏实地的精神，就等于事业成功了一半。从很大意义上讲，学会赞美他人是事业成功的阶梯。赞美他人你才能领悟到说话方圆之道的妙处。

投其所好，**沟通顺畅**

著名学者A．H．马斯洛曾经说过：“人类有五种不同的需求，当他满足了最低层的需求之后，就会一级一级向上升高，追求最高层的需求，否则绝对不肯罢休。”

每一个人都希望被他人尊敬和看重，明白这种心理，你就可以巧妙地打动对方的心。

在交际的过程中，投其所好可以事半功倍。

迪巴诺公司是纽约著名的面包公司，但纽约的一家饭店却一直未向它订购面包。4年来，迪巴诺每星期必去拜访大饭店经理一次，也参加他所举行的会议，甚至以客人的身份住进大饭店。不论他采取正面攻势，还是旁敲侧击，这家大饭店仍是丝毫不为所动。迪巴诺回忆说：“我下定决心，不达目的决不罢休。我想我应该改变一下以前使用的策略，就开始调查他所感兴趣的事情。

“不久，我发现他是美国饭店协会的会员，而且由于热心协会的事，还担任了国家饭店协会的会长。凡协会召开的会议，不管在何地举行，他都一定乘飞机赶去。

“第二天，我去拜访他时，就以协会为话题，果然引起了他的兴趣，他眼里发着光，和我谈了35分钟关于协会的事情，还口口声声说这个协会给他带来无穷的乐趣。他还准备扩大内部组织，又极力邀请我参加。

“我和他谈话时，丝毫不提及面包。几天后饭店的采购部门来了一个电话，让我立刻把面包样品和价格表送去。我有些喜出望外，准备好了东西，就赶到饭店。采购组长在谈正事之前，笑着对我说：‘我真猜不透你使出什么绝招,使我的老板那么赏识你。’我真是哭笑不得，想想我迪巴诺面包公司并非无名，我向他推销了如此多年的面包，可连一粒面包渣都没有售出。如今仅是对他所关心的事表示关注而已，形势竟完全改变。如果我依然没有发现他所关心的事，恐怕现在仍是跟在他身后穷追不舍呢。”

心理学表明，情感引导行动。积极的情感，比如喜欢、愉悦、兴奋，往往产生理解、接纳、合作的行为效果；而消极的情感，如讨厌、憎恶、气愤等，则带来排斥和拒绝。那么，正如管理心理学所证明的：如果你想要人们相信你是对的，并按照你的意见行事，那就首先需要人们喜欢你，否则，你的尝试就会失败。这表明，要使别人对你的态度从排斥、拒绝、漠然处之到对你产生兴趣并予以关注，就需要最大限度地引导、激发对方的积极情感。“投其所好”实际上就是一种引导和激发的过程。

只是谈话，有的时候你还不能摸透对方的心意。必须要一边聊，一边观察对方的态度，如此才能从中寻得蛛丝马迹，进而了解对方的心理。至于如何观察，可以参考以下内容：

卡耐基认为，当你遇到有钱有势的人时，你应该设法让他说往事。过去的工作是否比现在的更有趣？他爬到现在这个地位的关键是什么？谁是早年助他成功的人？当年的老板是否使他紧张？他的百万财富是不是他自己创造的？以及他怎样赚到他的第一笔钱的？如果这些问题问得他不大自在，你就应准备跳到其他问题上去。不要盯着问，那会很不愉快的。

倘若对方眼神突然充满紧张，或故意将眼睛移视他处，双唇紧闭、用牙咬唇，脸部肌肉绷紧、呈现激动的表情，那就表示对方心里极不平静。出现以上情况时，你就应该细心了解其原因，然后帮助他缓解。

当对方做出不断用手指敲桌子、抓头发、态度傲慢、坐立不安等异常举动时，你就要马上想到它和心理变化有所关联。然后，以此观察对方的态度，这样，你就可以从对方的举止中，猜出对方当时在想些什么了。

人是“感情的动物”，只要你能够设法满足对方的欲望，他的心就难免会动摇，此时，你再与他交谈时，说服力就大大提高。也就是说，你的“投其所好”，已经巧妙地打动对方的心了。而你们的沟通也将不会再有阻碍。

说话莫忘看场合，因为心理学告诉我们，在不同的场合，人们对他人的话语有不同的感受、理解，并表现出不同的心理承受力。正因为受特殊场合心理的制约，有些话在某些特定环境中说比较好，但有些话说出来就未必佳。同样的一句话，在此说与在彼说的效果就不一样。因此，说什么，怎么说，一定要顾及说话的环境，如果环境不相宜，时机未到，最好的办法是不要急于表达。

日本公司同美国公司正进行一场贸易谈判。

谈判一开始，美方代表滔滔不绝地向日商介绍情况，而日方代表则一言不发，埋头记录。

美方代表讲完后，征求日方代表的意见。日方代表恍若大梦初醒一般，说道："我们完全不明白，请允许我们回去研究一下。"

于是，第一轮会谈结束。

几星期后，日本公司换了另一个代表团，谈判桌上日本新

的代表团申明自己不了解情况。

美方代表没有办法，只好再次给他们介绍了一遍。

谁知，讲完后日本代表的态度仍然不明朗，仍是要求道："我们完全不明白，请允许我们回去研究一下。"

于是，第二轮会谈又告休会。

过了几个星期后，日方再派代表团，在谈判桌上故技重演。唯一不同的是，这次，他们告诉美方代表一旦有讨论结果立即通知美方。

一晃半年过去，美方没有接到通知，认为日方缺乏诚意。就在此事几乎不了了之之际，日方突然派了一个由董事长亲率的代表团飞抵美国开始谈判，抛出最后方案，以迅雷不及掩耳之势逼迫美方商谈全部细节，使人措手不及。

最后，谈判成果明显有利于日方的协议。这场谈判能成功的关键在于一句俗话，"会说的不如会听的"，听出门道再开口，而开口便伤对方"元气"，不很高明吗？

在生活中，我们有时故作"迟钝"未必不是聪明人，"迟钝"的背后隐藏着过人的精明。有人推崇一种"大智若愚"型的谈判技巧，即在商业活动中多听、少说甚至不说，显示出一种"迟钝"。其实这样做是为了获得最大的利益。少开口不做无谓的争论，对方就无法了解你的真实想法；反之，你可以探测对方动机，逐步掌握主动权。在对情形有了充分的了解和把握之后，要抓住时机，快速行动，把慢言和快动结合起来。

孔子说："君子欲讷于言而敏于行。"即君子为人，总是行动在人之前，说话在人之后。

古代印度有一位国王要考考他的一位大臣是否聪明，他给这位大臣高矮、大小、胖瘦、色泽相同的三个小金人，叫他辨明三“人”的各自特点。这位大臣苦思冥想，心无旁骛，也不知所以。叫下边人看，个个搔首语塞。一个年轻人听说了，自告奋勇来辨认。他凝思片刻，要了三根草棍。他用第一根草棍从小人左耳通入，从口中出来；用第二根通入小人右耳，从另一耳出来；用第三根通入小人之耳，草棍伸入肚中。然后他说：第一个“人”的嘴浅，听到什么便说出去，不受人欢迎；第二个“人”心不在焉，听了什么这耳进那耳出，他始终生活平庸；第三个“人”深沉、谨慎，听进什么藏在心中，不轻易表现自己，所以他容易成功。年轻人话音未落，满座为之叫绝。

会做人的人在说话方面也如同在任何其他方面一样，总是注意自我克制。那些聪明和懂得自我克制的人总是避免心直口快、直言无忌，绝不以伤人感情为代价而逞一时口舌之快。比如，有的人在工作中看到别人干活干不好时，他不会在旁边指手画脚，说三道四，更不会把别人撵走，显示他的能干，而是很客气地说：“我试试看怎么样？”这样说了，即使在接下来的工作中干不好也不会丢面子；如果干得好，即使别人嘴里不说，心里也会佩服他。尤其是他没伤别人的面子，又替别人干好了活儿，别人于是从心底里认为这个人“够意思”，为人稳重、扎实，又有真本事。方圆做人，就要做一个踏实而慎于言语的人。

第九篇

交友方圆有度

三教九流皆可交

好的朋友不仅可以使我们生存在一定的精神高度，同时也可以使我们感到温馨和自由自在。朋友对事业的发展有举足轻重的作用，有时甚至会超乎我们的想象。

人生得一知己足矣。人们既要广泛交友，又要审慎选择。如何做到这一点呢？正如鲁迅先生曾经说的："我还有不少几十年的老朋友，要点就在彼此略小节而取其大。"略小节，取其大，就是不斤斤计较小节，而要从大处着眼。看人首先看大节，不是盯住对方的缺点错误不放，而是用发展的、变化的观点看人。如果不能略其小，取其大，就不能与人为善，也就不能全面地、客观地评价一个人。就可能一叶障目，不识泰山，就可能把朋友推开，就可能得不到真正的友谊。

毛泽东胸怀博大，善于结交各种各样的朋友。青少年时期，他和蔡和森、陈潭秋等人组织了新民学会，结交了一大批有志之友。投身革命后，有朱德、周恩来等一批亲密战友在他身边。

同时，毛泽东还与李淑一、周士钊、柳亚子等许多平民百姓、民主党派人士交朋友，结下了深厚的情谊。通过朋友，他掌握了社会各阶层各党派的情况，为发展统一战线，制定党的方针政策，做出了巨大的贡献。

可见"兼听则明，偏信则暗"，结交各式各样的朋友，对于取长补短，开阔视野，活跃思维，都是有益的。

干大事者周围多有谋臣策士，使之诸事顺畅，一旦陷入僵局的时候，自有这些谋士帮忙使之化险为夷。善于使用智者，实在是一种高超的能力。

人才是专才，不可能是全才，用人所长，那么这个人就是人才；如果用人不用其所长，那么这个人就不可能是人才了。比如，我们常常把那些没有什么正经工作、游手好闲的人称作“鸡鸣狗盗之徒”。在一般人看来，进入这个范围的人，可能这辈子就没有什么出息了。但是不然，这真应了李白那句“天生我才必有用”的著名诗句。

春秋时期，齐国派孟尝君出使秦国，秦昭王想让孟尝君做相国。有人劝秦昭王说：“孟尝君很有本事，又和齐王是本家，如果在秦国做了相国，他一定先替齐国打算而后才为秦国谋利，那么秦国就危险了。”

于是秦昭王就不让孟尝君当相国了，而且把他关了起来，想把他杀掉。孟尝君派人求秦昭王的一个宠姬帮着解脱。这个宠姬说：“我想要孟尝君的白狐狸皮裘。”

孟尝君有这样一件皮裘，价值千金，天下无双，然而他在到秦国以后，就献给了秦昭王，现在再没有这样的皮裘了。孟尝君很发愁，问遍门客，谁也想不出对策。这时，常坐在最后边的座位上的一个食客说：“我能弄来白狐裘。”他在夜里进入秦王宫中储藏东西的地方，偷出孟尝君献给秦昭王的那件皮裘。孟尝君又把这件皮裘献给了那个宠姬。宠姬替孟尝君向秦昭王讲了情，秦昭王就把孟尝君放了。

孟尝君行动自由了以后，改了姓名，混出了咸阳，半夜时分，到了函谷关。秦昭王放了孟尝君以后，又后悔了，让人去寻，而孟尝君已经逃走了，于是他就派人驾车追赶。

孟尝君逃到了函谷关下，很怕追兵赶到。秦国有一条规定：鸡鸣以后才准放人通行。这时，另一个常坐在后边座位上的食客说他能学鸡鸣。于是他学起了鸡鸣，随后附近的公鸡也被引得齐声鸣叫起来。守关的人听到鸡叫，就开关放人通行，孟尝君才得以出关。

过了不久，秦昭王派的追兵来了，却扑了一个空。

当初，孟尝君把这两个做狗盗、学鸡鸣的人当宾客招待，别的宾客觉得是辱没了自己，脸上无光。但当知道孟尝君在秦国遭难而靠这两个人才得救之后，别的宾客都很佩服这两个人。

要干成一件事，往往会遇到许多意外的问题，因此也就需要各种不同类型的人才来解决。广交各界朋友，方能在你有困难的时候，他人及时伸出援手，这才是方圆交友之道。

人心迷离，**择友须慎**

“朋友”之中，固然有“道义相砥，过失相规”的“畏友”，“缓急可共，生死可抵”的“密友”，但也有“甘言如饴，游戏征逐”的“昵友”，甚至有“利则相攘，患则相倾”的“贼友”；有欧阳修赞扬的“同道”的朋友，也有他深恶的“同利”的朋友。再者，如鲁迅说的，骗子有屏风，屠夫有帮手，在他们之间，也可以叫作“朋友”的。俗话说“雪里送炭

真君子，锦上添花是小人”。这“添花”的，不用说也是“朋友”，至于看别人有权有势恨不得叫声爹，失势时立即落井下石，以及“人前握手，人后踢脚”，而又面不改色心不跳的人物，也都会被人视作“朋友”的。天下之大，无奇不有，“朋友”的花样，也是各种各样。

所以，慎重选择真朋友，警惕交上假朋友，就成了处世之道的重要一条。

要选准真朋友也并不那么简单，所以古人常有“相识满天下，知音能几人”的慨叹，对于“世味年来薄似纱”“知人知面不知心”的炎凉世态痛心疾首。

那么，择友的标准又是什么呢？《后汉书·刘陶传》中说刘陶：“所与交友，必也同志。”《国语》中说：“同德则同心，同心则同志。”孟轲告诫人们：“人之相识，贵在相知；人之相知，贵在知心。”《韩诗外传》说：“同明相见，同音相闻，同志相从。”晋人傅玄在《何当行》中讲：“同声自相应，同心自相知。外台不由中，虽固中必离。管鲍不出世，结合安可为。”他们都强调了“同心”“同志”。古希腊哲学家德谟克利特指出：“只有那些有共同利害关系的才是朋友。”

友有“益友”“损友”之不同。孔子说“益者三友”：“友直、友谅、友多闻，益矣”；“损者三友”：“友便辟、友善柔、友便佞，损矣。”就是说，要与正直的、诚恳的、见闻广博的人交朋友，这才有益；同谄媚奉承、当面恭维背后诽谤、喜欢夸夸其谈的人交朋友，那是有害的。交益友，在品德上可以互相砥砺，在工作上能够互相促进，生活上可以互相照顾，有了困难互相帮助，有了缺点能够互相规劝、批评，在学识上能够互相取长补短，这对一个人的成长无疑大有好处；反之，交了“损友”，当面说好话，净给你灌迷魂汤，背后却耍手腕、使绊子，甚至攻讦戕害，那自然是有害无益、有损无补了。

有的人犯错误、栽跟头，除了主观上的原因，从客观上说，与交上了“损友”有很大关系。

西班牙作家塞万提斯说：“重要的不在于是谁生的，而在于你跟谁交朋友。”也是在强调择友的重要。而毛泽东所说的“朋友有真假，但通过实践可以看清谁是真朋友，谁是假朋友”，这可以看作是教给我们的择友方法，即从实践中听其言、观其行，其所言所行合乎“同道”的“畏友”“密友”“益友”者，一般来说，可以称之为真朋友；其所言所行堕入“同利”的“昵友”“贼友”“损友”者，自然便是假朋友。是真朋友，自然可交、当交；是假朋友，则应毫不犹豫地与之“息交以绝游”。否则，近墨者黑，染于苍则苍，便悔之晚矣！有《结交行》诗曰：

种树莫种垂杨枝，结交莫交轻薄儿。

杨枝不耐秋风吹，轻薄易交还易离。

此正是：“友也者，友其德也。”戒之慎莫忘！这就要求我们交友要有规矩，即方，这样才能广交友，交好友。

关键时刻**拉人一把**

人的一生不可能一帆风顺，难免会碰到失利受挫或面临困境，这时候最需要的就是别人的帮助，这种雪中送炭般的帮助会让他人记忆一生。方圆交友就要在关键时刻拉人一把。

“患难之交才是真朋友”，这话大家都不陌生。

友谊，不仅仅是在那欢歌笑语中和睦相处，更是要在那困难挫折中互相提携，相濡以沫。有的人在无忧无虑的日常生活中，还能够和朋友嘻嘻哈哈的相处，可是一旦朋友遇到了困难，遭到了不幸，他们就冷落疏远了朋友，“友谊”也就烟消云散了。这种只能共欢乐不能同患难的友谊，不是真友谊。莎士比亚曾说过：“朋友必须是患难相济，那才能说得上是真正的友谊。”列宁也说过：“患难识朋友。”他们都十分珍重在患难中得到的友谊，把此誉为“真友谊”“真朋友”。这是因为，友谊本身就意味着在困难时的忠诚相依。否则，友谊就毫无意义。

当朋友遇到困难的时候，应该伸出友谊的双手。当朋友生

活上艰窘困顿时，要尽自己的能力，解囊相助。对身处困难之中的朋友来说，实际的帮助比甜言蜜语强一百倍，只有设身处地地急朋友所急，帮朋友所需，才体现出友谊的可贵。

当朋友遭到了不幸的时候，应该伸出友谊的双手。例如，在朋友不幸病残、失去亲人、失恋的时候，就要用关怀去温暖朋友那冰冷的心，用同情去安抚朋友身上的创伤，用劝慰去平息朋友胸中冲动的岩浆，用理智去拨散朋友眼前绝望的雾障。反之，若是对朋友的不幸置之不理、幸灾乐祸，那两人之间就没有什么友谊可谈了。

当朋友遭到打击、孤立的时候，应该伸出友谊的双手。如果在朋友遭到歪风邪气打击的时候，为了讨好多数，保持沉默，或者反戈一击，那就成了友谊的可耻叛徒。正如巴尔扎克的《赛查·皮罗多盛衰记》中所说的：“一个人倒霉至少有这么一点好处，可以认清楚谁是真正的朋友。”一个好朋友常常是在逆境中得到的。假如你在遭到打击、孤立的时候，有人与你本不熟悉，但却理解你、支持你，坚决同你站在一起，那你一定会把他视为挚友，会为找到一个真正的朋友感到高兴。

当朋友犯了错误的时候，应该伸出友谊之手。朋友犯了错误，自己感到羞愧，脸上无光，这是正常的，也是一种好现象。但是，担心继续与犯了错误的朋友相交会连累自己，因此而离开朋友，这是自私的。友谊的价值之一，也就是在于帮助犯了错误的朋友一道前进。

友情的赢得往往也在关键的时刻，即当别人处于困顿的时候，只要你在这关键时刻伸出你的手拉他一把，你就获得了他的好感。所以，友情的赢得也要抓时机。在困难的时候赢得的友情通常能长久保持下去，而不是一时之交。

交友**有礼**

生活中，经常会有这样的事发生，一些关系很亲密的朋友，最终还是散了，有的缘尽了，有的则不欢而散。

虽然朋友失去了还可以再交，但新的朋友未必比老朋友好，失去友情更是人生的一种损失。为了避免失去朋友，让多年的友情随风而散，方圆交友的原则值得考虑——好朋友也要保持距离！

人与人之间的差异是必然存在的，交往的次数愈是频繁，这种差异就愈是明显，经常形影不离会使这种差异在友谊上起到不应有的作用。因此，交友不要过于亲密，一则影响双方的工作、学习和家庭，再则会影响感情的持久。交友应重在以心相交，来往有节。

友谊不是爱情，你如果希望你的朋友像妻子一样对你忠贞不二是不可能的，爱越专一就越甜蜜，友谊则不一样，我们生活在人千世界里，不是仅有一条狭窄的胡同。友谊本来就是很多人的事，朋友多了苦恼会少，朋友少了苦恼会多。你应该看到这一点。你是这样，你的朋友也是这样。

密友之间交往的艺术与夫妻之间相处的艺术有些共同之处，正如一对处于“蜜月期”的新婚男女一样，当两人的蜜月期一过，便不可避免地触碰彼此的差异和缺点，并且这种差异表现得越来越多。结婚之前，他们一直在求同，眼里闪烁的总是对方的优点，而经过一个阶段后，求同的动力变小，差异就显露出来。于是从尊重对方开始变成容忍对方，直至最后要求对方！当要求不能如愿，便开始背后挑剔、批评，然后人离情散。

过分的依赖会损害你和朋友之间的关系，朋友并非父母，他们没有指导和保护你的义务，他们能给你支持，但不可能包办代替，你必须清楚，他只不过是朋友而已。

你自己缺乏主见，不能做决定，就会受到朋友正确或错误的意见的影响。为此，你应该立刻决定，摆脱对朋友的依赖。

有的朋友正相反，他们不可抗拒，盛气凌人，在与朋友的交往中，总喜欢指手画脚，不管朋友的想法如何都要求朋友按照自己的意愿去做。这种做法无疑为友谊的发展埋下了不祥之笔。

如果你想对朋友说“你应该”“你不应该”“你最

好”“你必须”，那么你无疑是想控制朋友的生活，这种做法，会使朋友感到很不愉快。

如果你是被控制的，不要认为有人为你操心一切是再好不过的了。控制你的朋友不是知心的朋友。一旦你把自己从他的“统治”下解放出来，就会出现奇迹，你和朋友就会变得平等。

朋友之间不能毫无顾忌。正如在安全的地方，人的思想总是松弛一样，在与好友交往时，你可能只注意到了你们亲密的关系在不断增长，每天在一起无话不谈。对外人你可以骄傲地说：“我们之间没有秘密可言。”但这一切往往会对你造成伤害。

好友亲密要有度，切不可自恃关系密切而无所顾忌，亲密过度，就可能发生质变，好比站得越高跌得越重，过密的关系一旦破裂，裂缝就会越来越大，好友势必会成冤家仇敌。

莫打听隐私。朋友要保守秘密并不是对你的不信任，而是对自己负责。你同样也需要保守自己的秘密，这一切并不证明你和好友间的疏远；相反，明智的人会认为，正是如此双方的友谊才更加可靠。

在你朋友觉得难为情或不愿公开某些私人秘密时，你也不应强行追问，更不能私自以你们的关系好而去偷看或悄悄地打听朋友的秘密，因为保守秘密是他的权利。一般情况下，凡属朋友的一些敏感性、刺激性大的事情，其公开权应留给朋友自己。擅自偷听或公开朋友的秘密，是交友之大忌。

给朋友面子。维护朋友形象是你和朋友都应该做到的，这种方式犹如给你们的亲密关系罩上一层保护膜，让友情在那里滋润成长。

而现实生活中，牢记这一点的人并不多，以密友相称的人为了证明一切，把当众指责、揭露看作一种证明的手段，往往导致友人的不满。

“朋友的形象是你们共同的旗帜，不论关系多么亲密，请你不要砍伐它。”

亲密的友谊，不应该是粗鲁的、庸俗的。在理解和赞扬声中，友谊会不断成长。

所以，如果你有了自己的“好朋友”，与其因为太接近而彼此伤害，不如适度保持距离，“保持距离”能使双方产生一种“礼”，有了这种“礼”，就会相互尊重，避免碰撞而产生矛盾。但运用这一技巧时，一定要注意一个“度”，如果距离过大，就会使双方疏远，尤其是现代商业社会，大家都在为自己的事业奔波，实在挤不出时间相见，这样很容易忘了对方，因此一对好朋友也要经常打个电话，了解对方的近况，偶尔碰面吃吃饭，聊一聊，否则就会从好朋友变成一般的朋友，两人的友情等级会逐渐递减！

玩笑话**慎重说**

相熟的朋友聚在一起时，大家不免开开玩笑，互相取乐。说话不受拘束，原是人生一快事，不过凡事有利也有弊，玩笑过头乐极生悲，因开玩笑而使大家不欢而散的事情也常常发生。有些人就因此认为谈话时开玩笑一事应该避免，这未免也太过了，但玩笑话还是应该慎重说，原则是只搔到痒处，不可触及痛处。开玩笑之前，一定要注意你所选择的对象是否能承受你的玩笑。普通人大概可分为三类：第一种，狡黠聪明；第二种，敦厚诚实；第三种，则介乎上列两种之间。对第一种人，即狡黠聪明的人开玩笑，他不会使你占便宜的，结果是旗鼓相当、不分高下。第二种人，敦厚诚实者，则无还攻之计，亦无抵抗之力，这种人所见于外表的，不是道貌岸然，凛然不可侵犯，就是无可无不可的，喜欢和大家一起笑，任你如何取笑他，他脾气绝好，不致动怒。对前面两种人，你可以先看看对方情形，判断出能否开玩笑，唯有介乎两者之间那种人，应付时要小心。这种人大概也爱和别人笑在一起，但一经别人取笑时，既无立刻还击的聪明争智，又无接纳别人玩笑的度量，如果是男的则变为恼怒，反目不悦；如果是女的就独自痛哭一场，说是受人欺侮。所以，开玩笑之前，要先了解对方，最为妥当。

其次，要适可而止。普通开玩笑，说一两句就算了，不要老是专门戏弄一个人，也不要连续取笑下去。若专对一人不停地进攻，则十之八九都不能忍受。

开玩笑本来无所谓顾虑到对方的尊严，但使对方难过、伤心之事，亦非开玩笑之话题，这就是不要触及的痛处。你笑你的同学考试不及格，你笑你的朋友怕老婆，你笑你的亲戚做生意上当而吃亏，你笑你的同伴在走路时跌了跤……这些都是需要同情的事件，你却拿来取笑，不仅会使对方难以下台，且表现出你的冷酷。同样地，不可拿别人生理上的缺陷来作为你开玩笑的资料，如斜眼、麻面、跛足、驼背等，别人的不幸，你应该给予同情才是。如果在谈话中的人，有一位是生理上有缺陷的，那么，最好避免易使人联想到缺陷方面的玩笑。

有一天，三四个朋友聊天，其中有个女孩子提起她昨天配了一副眼镜，于是拿出来给大家看看她戴眼镜好看不好看。大家不愿扫她的兴都说很不错。这件事使小吴想起一个笑话，他就立刻说出来：有一个老小姐走进皮鞋店，试穿了好几双鞋子，当鞋店老板蹲下来替她量脚的尺寸时，这位老小姐是近视眼，看到店老板光秃的头，以为是她自己的膝盖露出来，连忙用裙子将它盖住，立刻她听到一声闷叫声，“糟糕！”店老板叫道，“保险又断了！”

接着是一片笑声，孰料事后竟未见到这个女孩戴过眼镜，而且碰到小吴再也不和他打一声招呼。

其中的原因不难明白。说者无心，听者有意，在小吴看来，他只联想起一则近视眼的笑话。然而，对方则可能这样

想："你取笑我戴眼镜不打紧，还影射我是个老小姐。我老吗？上个月我才刚满24岁！"

所以，朋友之间即使相熟，有时为了调节气氛说些笑话，拿其他人开开玩笑也无伤大雅，但是一定要拿捏好分寸。方圆之道，开适度的玩笑。玩笑虽好，但要慎重。

善于"储存"朋友

俗话说："一个篱笆三个桩，一个好汉三个帮。"方圆交友的人要善于储存朋友。人与人之所以会成为朋友是因为在友谊中彼此能收获一份美好的情感或其他想收获的东西。所以，要收获友情，我们首先要知道自己能给予别人什么。

卡耐基有这样一位朋友，既没有学历，也没有金钱，更没有人事背景，但是他却成为一个成功的企业家。他到底是如何成功的呢？他是一个很会体贴他人的人，他对周围人的体贴，甚至超过了别人的需求。只要你说要上他那里玩，他都会表示万分的欢迎，希望你能在他那儿住几天。背地里，无论是多么拮据，内心多么苦恼，他都好像随时在等着你的来临，热情地接待你。甚至在你回去的时候，还要为你准备些小礼物、土特产。

无论是多么忙碌，他都不会表现出你的来访对他会是一种麻烦困扰，就连平时最害怕打扰朋友的人，也会常去他那坐坐。他说："像我这样既无学历，又没财力，更没有人事背景的人，能有今天的成就，实在有不足为外人道出的辛苦。像我这样一无所有的人，如果要与别人来往，就不能不令对方感到和我来往，会得到某些愉快与益处。”

事实上，以前的他，是孤独的，别人都不想理他、不想与他往来。他一直忍耐着寂寞，努力奋斗，度过那段日子，而他也就在其中学会了与人交往之道，比如给别人某些方面的益处，别人是不会无动于衷的。所谓某些方面的利益，有时是精神方面的，有时是物质方面的，总之，别人得不到益处，是不会来接触他的。

朋友交往之道，首先想到的应该是给予而不是索取，只想索取是无法交到朋友的。有一个出身名门的富家子弟，他想有一番作为。但是，当他与别人来往的时候，首先就会考虑这个人对自己有什么利用的价值。也许与这个人交往，以后向银行贷款时，会比较容易；也许与这个人做朋友，他会教给致富之道；也许这个人会将土地廉价出售给自己，也许会将办公室借给自己。他就是如此这般地，对周围的人怀着期待之心、算计之意，认为与自己接触的人，都会带给自己某些利益。这样的人太过急功近利，不要说能交成多少朋友，即便是交到了一些朋友，到头来也会渐失人心，成为孤

家寡人。

其次，交朋友不能太过挑剔，这样才能广交朋友。固然，我们都推崇交“知己”“好友”，但是朋友有很多类型，多交各种类型的朋友才能编织更大的人际关系网。我们不但要有生死与共、患难不移的朋友，也要善于和有这样那样的缺点错误甚至是反对自己的人交朋友。他山之石，可以攻玉。广泛地结交那些不同职业、不同爱好、不同身份的朋友，有时也能相得益彰。“兼听则明，偏信则暗。”结交各式各样的朋友，对于取长补短，开阔视野，活跃思维，都是有益的。

还要注意的是，网罗朋友的过程要循序渐进，不能操之过急，否则就会“吓跑”朋友。

布朗先生参加一个社交聚会，交换了一大堆名片，握了无数次手，也搞不清楚谁是谁。

几天后，他接到一个电话，原来是几天前见过面，也交换过名片的“朋友”，因为那位“朋友”的名片设计特殊，让他印象深刻，所以记住了他。

这位“朋友”也没什么特别目的，只是和他东聊西聊，好

像两人已经很熟了那样。

布朗先生很不高兴，因为他和那个人没有业务关系，而且也只见了一次面，他就这样打电话来聊天，让他有被侵犯的感觉，而且，也不知和他聊什么好！

在现代社会，这种情形常会出现，以这位“朋友”来看，他有可能对布朗先生的印象颇佳，有心和他交朋友，所以主动出击，当然也有可能是为了业务利益而先行铺路。但不管基于什么样的动机，他采取的方式犯了人际交往中的忌讳——操之过急。

我们要遵循的法则是：“一回生，二回半生不熟，三回才全熟。”而不是“一回生，二回熟”！“一回生二回熟”还太快了些，“一回生，二回半生不熟，三回才全熟”则是渐进的，而且是长期的、对方不知不觉的。这样才能如你所愿地交上朋友。

最后不要妄下判断谁对你重要、谁会成为你的好朋友。第一印象往往是最不可靠的，所以在未与人交往一段时间之前，不要立即对一个人妄加判断。同时，也不要随便听信别人的闲言闲语，让自己保持一个开阔的胸襟，以眼见的事实客观地去评断每一个人。这样你才会有一个交友的广泛空间，才能有足够的空间，让你去交你想交的朋友。

卡耐基认为，人要想立足社会、出人头地，千万不能“友”到用时方恨少。不论眼下如何，随时随地广结人缘，先多“储存”些朋友再说。这一种人是最聪明的人。

朋友不可透支

俗话说：“天有不测风云，人有旦夕祸福。”谁没有“马高凳短”的时候，生活中难免会遭遇困难，这个时候我们少不了别人的帮忙。我们都知道朋友之义正如“为了朋友可以两肋插刀”所透露出的，朋友之间需要相扶相助。但是要明白一个道理，需要别人帮忙是难免的，但没有人会帮你一辈子，没有人能一辈子靠别人帮忙活下去。依靠朋友要方圆有度，否则友谊就可能变仇怨。

打个比方，朋友就像是消防队员，在你遇到紧急情况时才求助他们，自己能办到的还是要靠自己。朋友不是你的影子，随时随地跟着你；朋友不是你的老师，发现你的错误就能及时指出，有问必答；朋友不是你的父母，可以无私地包容你的一切。朋友能做的，是在你有困难，而他们能帮得上忙时，伸手拉你一把。

请记住，朋友是一种资源，应该在最需要的时候用。朋友是消防队员，救急不救穷。这有两重意思，一是指如何利用朋友资源，指的是何时应该请求朋友的帮助；二是指应如何帮助朋友，有求必应说的是天神，而非朋友。

朋友是一笔资源，可以使用却不宜透支。朋友之间交往最现实最常见的就是金钱问题。这里有一则故事：

李文和张强从小学到大学一直是同学，是好朋友。毕业后，张强成了一个私营印刷厂的老板，李文在一个县城中学当教师。但过了三年后，两人的情况却相差很大，张强越来越有

钱。当然这并未妨碍张、李二人继续是朋友。

因为张与李是好朋友，张强富有，而李文相对而言家境不好，李文的妻子是下岗职工，儿子力力正上小学，靠李文一个人不多的工资来照顾这个家庭，生活过得很艰难，李文因此经常会向张强借一些小钱，以补家用。张强也不太在意这些小钱，几乎是有求必应，这样久了以后他们之间的朋友关系就不再平衡了。

俗话说“吃人家的嘴软，拿人家的手短”，李文难以用平等的心态对待张强，难免会产生不服、嫉妒、自卑的心理，想当年你我差不多，甚至你还不如我，凭什么你现在就可以大把大把地捞钱，我却只能靠跟你借钱来维持生活。本来应该有的感激之情也荡然无存，反而心怀恶意。

零星借来的钱被李文一家用掉了。本来没有这笔钱也可以过得去，少吃几次肉几次鱼也就罢了。张强的钱对他们的生活没有多大影响。但一旦借了些钱，李文近期又难以偿还，这对李文是一个心理上的负担，主要是对李文的自尊心有影响，这种情况长期持续下去，李文在张强面前慢慢就会失掉自尊，开始自卑，一个没有自尊的人是什么事都会干得出来的，张强借钱是好心帮助他，却不一定有好的结果。

一段美好的友谊就在这样的“透支”过程中消失了。只能说他们两个人都没有领悟这其中的道理。试想如果张强和李文一个不随意向好友请求帮助，一个不随意答应本就可以不必帮的忙，那么结局就不会是这样。

自己的生活要靠自己来打理，向朋友请求帮助一定要合情理，否则就会陷入失去友情的危机。

捕获可供利用的“贵人”

在你生命当中的某一阶段、某个时刻、某一件事上，人人都可以成为你的贵人。在你最需要援助之手的任何时候，能够给你你所需要的东西，哪怕只是一句话，一个眼神，一个微笑，他都可以因为改变你的人生而成为你的贵人。

我们为了成功而寻找的贵人就是发掘自身潜力，给我们提供展现个人能力空间的人，贵人是我们事业起步和发展的关键，是我们迈向成功的加速器。贵人不是有义务照顾我们的保姆，也不会坐在人生的某个十字路口等待我们，我们必须有主动的态度去寻求贵人，并且适时选择，变换贵人，而不是苦苦等待。贵人相助，可以使你迅速地脱颖而出，缩短成功的时间，还可以为你提供一定的庇护——就像一份保险。而贵人在哪里呢？就在你的朋友中。方圆交友要善于捕获可供利用的贵人。

威廉·比利·菲泽斯通是一位非常优秀的专业推销员，很善于做公关工作。20多年来，他一直与研究成功学的大师斯坦利博士是朋友。

一次，一家大型股份公司的资深副总裁和美国国内的销售经理斯坦利博士在一个星期六的早上为在达拉斯的100名高级专业人员开一次专业讨论会。由于讨论会包括角色演示与情景分析，斯坦利博士邀比利前去参加。当时，比利正在向总部在达拉斯的J. G. 彭妮商行推销女式运动服，包括蓝色牛仔裤。比利从斯坦利博士那里获取了那位国内销售经理的名字及联系方式，然后打电话给国内销售经理的秘书，知道了有关讨论会的具体地点和时间安排，并从秘书口中获悉那位销售经理赫尔曼先生的太太喜欢穿蓝色牛仔裤。在确定了赫尔曼太太的牛仔裤尺寸后，就指派老资格的女裁缝特别加工了一打牛仔裤，送给了赫尔曼太太。就是这个比利，激起了赫尔曼先生的巨大热情，整个讨论会获得了很大成功。赫尔曼先生再次要求斯坦利博士举办另一次讨论会，也许是因为比利的蓝色牛仔裤，因为比利从没告诉过赫尔曼先生，是他送来的牛仔裤，他只是在包装盒里放了一张字条，上面写着“汤姆·斯坦利赠”。结果，赫尔曼先生的公司购买了许多有关斯坦利博士讨论会的书籍、磁带和其他资料。朋友即是贵人，贵人就在朋友里。

让我们仔细回想一下自己的生活经历，重大的转折发生时，谁起了关键的决定性作用？这些人是你从家庭继承下来的世交呢，还是成年后自己逐渐结交的朋友呢？至少有一半是我们自己创造的朋友。社会在变化，世事在演化。我们和朋友都是由陌生到熟悉，再到深交。只有善于把陌生变成熟悉，我们的朋友才会越来越多。

俗话说："万事开头难。"与完全陌生的人开始一次交谈确实是很困难的。这里有一些技巧，但愿你能借此走近陌生人。

你不要试图谈一些有深远意义的或深奥的问题，只要谈一些简单甚至琐碎的问题，或评论在你身边发生的事。你可以谈谈天气，或市场上的菜价，而不是国际时局、经济走势。讲话要切中要点，不要琐碎而词不达意，这样会让人失去与你交谈的兴趣；避免一次发言过长，以免给他人留下说话唠叨、办事拖拉的印象；在谈话的过程中要少谈自己，多谈别人，这样才能调动对方的兴致。如果交谈双方观点有差异，可以有稍微的争论，但要避免产生不满的情绪或者选择避而不谈。

伦纳得·朱尼博士认为人们能否成为朋友，关键在于他们相互接触的第一个5分钟。日常生活中，的确有这样的体会，比如在旅途中，坐在你对面的人，如果你们一见面就开始交谈，那么这种交谈多半会继续下去，贯穿整个旅程。如果一开始就没有进一步接触的兴趣，往往就会一直沉默到分开之后。所以，如果你想接近一个人，那么不要放弃"第一个5分钟"，在这5分钟内，记住，要表现出友好和自信、同情和体谅。因为绝大多数人都喜欢那些喜欢他们的人。我们的人生，总是具有戏剧性的色彩，"有心栽花花不开，无心插柳柳成荫"用来形容人的机遇真的很合适，在与某人偶遇时，一句话、一堂课都可以改变我们的生活。

有很多这样的人，“偶然”邂逅，认识某人，然后是新的成功的路途。当然不能靠投机的心理，需要一颗有准备的心。有些人会关照“偶然”邂逅，有些人则不然。不相信这种相逢机会的人，对它不会在意。懂得掌握机会的人，平常就会做好接纳偶然相逢的心理准备。机会出现时，他就会千方百计抓住这样的机遇，抓住生命中的“贵人”，改变自己的命运。

一次，哈维·麦凯在一项募捐活动中见到总统的女儿。在接待队伍中见到这位年轻女孩大约5秒钟，他不能确定她是谁的女儿。因为杜鲁门、罗斯福、肯尼迪、约翰逊、里根、布什及克林顿，都至少有一个女儿。如果唐突地问：“你是哪位总统的女儿？”简直就是世界第一号大傻瓜了，那会多尴尬。麦凯的事业需要总统女儿的帮助，所以他又不能错失这个机会。他只是简单地说，在她父亲选举时，自己曾帮助过他，最后一票投给了她的父亲。人们认得总统，却不一定记着他们的诸多子女。能够被认出来，并且是自己父亲的投票人，心理上先接近了不少。麦凯的事情成功了。这位总统的女儿帮了他。

天下如果有飞不起来的气球，那是因为它没有被打气；天下如果有一辈子都不走运的人，那是因为他没有足够的人缘基金！生命中如果没有一个贵人出现，就会是艰辛且没有收获的。请好好把握生命中的贵人。

做足人情

中国是一个人情社会，人与人之间关系的维持离不开人情二字。朋友之间也是如此。朋友有莫逆之交，这种朋友之间的情谊可以说已经上升到了人情的极致。但这种朋友毕竟很少，大多数朋友是需要我们用人情来维持的普通朋友。如何用人情来维持友情，并让它更具有“杀伤力”呢？这就要求把人情做足了。

把人情做足，好人做到底，你就会想朋友之所想，急朋友之所急，在他最困难、最需要帮助的时候，给朋友一个人情，此杀伤力更大。朋友之间人情要做，但事前要权衡利弊，对自己有害的尽可能不做，有弊的少做。

朋友的人情，不但要做，而且一定要做足。做足，包含两个含义：一是人情要做完，二是人情要做得充分。

如果朋友求你办什么事，你满口答应：“没问题。”但隔了几天，你给他一个半零不落的结果，对方虽然口头上不说什么，但心里肯定会说：“这哥们儿，真不够意思，做就做完，做一半还不如不做，帮倒忙。”

做人情只做一半，叫帮倒忙，越帮越忙，非但如此，还会影响信任度，说话不算数的朋友谁都不愿意结交。人情做一半，叫出力不讨好。

人情做充分，就是不仅要做完，还要做好，做得漂亮。如果你答应帮朋友办某件事，就要尽心去做，不能做得勉勉强强。如果做得太勉强了，即使事情成了，你勉强的态度也会让他在感情上受到伤害。

比方说你买了一本好书，朋友来借，你先说："我刚买的，还没看完呢，你想看就先拿去吧。"

其实前面的废话又何必说呢？最后的结果是借给人家了，你不说也是借，说了还是借，与其说些废话还不如痛痛快快借给他。书总是你的嘛，还回来你尽可以看一辈子，何不把人情做圆满呢？

人情做足才有"杀伤力"。人情做足了自然会赢得朋友的万分感激，让对方记挂你一辈子。

有一个名叫皮西厄斯的年轻人，他因干了一些触犯暴君奥尼修斯的事被投进了监狱，不久后将被处死。皮西厄斯请求暴君放他回家乡去一趟，向他亲人们告别，然后再回来伏法。暴君认为皮西厄斯想借机逃走，不肯放行。这时，一个自称叫达芒的年轻人自告奋勇代替皮西厄斯伏法。并说，如果皮西厄斯不回来他愿意代他而死。暴君十分惊讶，最后他还是同意让皮西厄斯回家，并把达芒关进监牢。

行刑的日子到了，皮西厄斯还没有来。虽然达芒做好了临死的准备，但他对朋友的信赖依然坚定不移。他说，为自己深信的人去受苦，他不悲伤。行刑的刽子手前来带达芒去刑场。就在这时，皮西厄斯出现在门口。暴风雨和船只遇难使他在路上耽误许久。他一直担心自己来得太晚。他十分感激地向达芒致意，然后向刽子手走去。暴君还算有点人性，还能看到为人的美德。他认为，像达芒和皮西厄斯这样互相热爱、互相信赖的人不应该受到不公正的惩罚。于是，就把他俩释放了。"我愿意用我的全部财产，换取这样一位朋友。”暴君感动地说。

达芒与皮西厄斯的友谊换来了皮西厄斯的新生，他们之间的情谊足以让他们用自己的生命捍卫友情。可见人情足到极致的“杀伤力”有多强。

人情要做足，要举重若轻，而不能拈轻怕重。

朋友之间常有这样的应答：“哎呀，可太谢谢你了。”“咱哥们儿，谁跟谁啊，没事。”

这其实就是举重若轻，朋友找你办的事，若他自己能办，也不会来找你了，所以，你办成了，你就要学乖点，不能以此自夸。别老把对朋友的帮助放在心上，这会让朋友更加器重和感激你。

一个朋友去找你，让你给他的一个“关系户”找份工作，你答应了，利用职权或人情之便，给对方找到了工作，并且你平时还要给对方以小小的关心、照顾。朋友面前，你是不应说什么的，你要淡然处之。你用不着担心他会不知道，自有人告诉他。

举重若轻，你还要自己送“货”上门，把人情送给正需要你的朋友，没准，你会让他万分感动，涕泪滂沱。

举重若轻，你就要想友之所想，急友之所急，在他最困难、最需要帮助的时候，你的出现对他来说，就仿佛暗夜里的一道光芒，让他难以忘却。

举重若轻，还有一层意思，就是你欠了朋友的人情，还的时候，要还足，甚至更多。你的人情大于他的，他就得记着新的人情。朋友之间的账，永远也算不清，从某种意义上讲，在中国，人人都怕“人情债”，而你做足了人情，让这人情还不清，人情常来常往，无疑当你需要别人帮忙的时候，他们是不会轻易拒绝的。

所以，在帮助朋友时，为了让朋友记住你、感激你，就要给他人最深切的帮助，最实质性的帮助，那些鸡毛蒜皮的小事，人家完全能够应付得来的事情，你就不必费心了。

但是，如果你对他人有恩，也不要不可一世，使朋友伤心，这样做的结局，只能是鸡飞蛋打，竹篮打水一场空。即使说为人家做了好事，人家也不一定领你的情，更有甚者反目成仇，不相来往。如果日后你有什么事找他，他愿意帮你吗？这等于是给自己断了后路。所以，在施恩于人后一定要蒙上一层“不图回报”的面纱。

拒绝朋友的请求不头疼

日本一所“说话技巧大学”的一位教授说：“央求人固然是一件难事，而当别人央求你，你又不得不拒绝的时候，亦是叫人头痛的。”因为每一个人都有自尊心，希望得到别人的重视，同时我们也不希望别人不愉快，因而，也就难以说出拒绝之话了。

朋友之间本该互相帮助，朋友请求你帮忙，我们自当尽力帮忙。但是这也并不是一味反对帮助朋友，只是说不要对人家的一切要求都毫无条件地答应。首先，自己必须得考虑对方提出的要求是否合理，是否影响到自己的利益，即使对方提出的要求合情合理，但如果影响到自己的利益，也不能答应。如果对方的要求既不合理，又影响到自己的利益，那无论是多么亲密的朋友也不能答应，因为你的答应是以损害自己的利益为前提的。

不过，话说回来，朋友之间这样的要求是极少的。那么，对方提出的合理合法的要求你是否一定都得答应呢？并不见得。因为许多事并不是你想做就能做到的。有时受各种条件、能力的限制，一些事是很可能完不成的。因此，当朋友提出托你办事的要求时，你首先得考虑，这件事你是否有能力办成，如果办不成，你就得老老实实地说：我不行。这时，如果脸皮厚不下来，随便夸下海口或碍于情面不好意思拒绝都是非常有害的。我们知道，言而有信是做朋友的信条，也是友谊的基础。明明办不成的事却承诺下来，到时候不仅令人失望，还可能耽误朋友的事情。如果你办不成，他可能找别人办或另想其他的法子，但你答应了却没有办成，这样做，就会伤了情义。这就是脸皮薄的苦果。

拒绝朋友的请求时方圆有道，可以让你既保对方自尊，又不伤感情，这样你也不必去做违心的事了。

1.留有余地

对把握性不大的事可采取弹性的说法。如果你对情况把握不很大，就应把话说得灵活一点，使之有伸缩的余地。例如，使用“尽力而为”“尽最大努力”“尽可能”等灵活性较大的字眼。这种方式能给自己留下一定的回旋余地，但一般会给对方留下疑虑，取得对方信任的效果要差一些。

2.从时间上推托

对时间跨度较大的事情，可采取延缓性的策略。有些事情，当时的情况认准了，可是由于时间长了，情况就会发生变化。

魏晋时，天下多事，以致名士们也少有保全自己而不受损害的。阮籍是竹林七贤之一，他常常酗酒托志，拒不参加世事。

司马昭为收买名士，要阮籍把女儿嫁给自己的儿子。别人也许很想尝尝当国丈的滋味。但阮籍不想为了一时尊荣，留下千秋骂名。因为司马家族的篡逆丑行人神共怒。

不过，要明确拒绝司马昭，立即就有杀身之祸。按通常思维，阮籍要么选择当下富贵和后世垢名，像钟会；要么选择身盖黄土和名垂青史，像嵇康。

这两种人阮籍都不想当。他不在这两者中做选择，而是采取了拖延策略：天天在家饮酒不朝，连续醉了60多天。60多天后，连司马昭都忘了娶女之事了。这真是："天下事左难右难，何妨一拖了之。"

3.提出必要的条件

对不是自己所能独立解决的问题，应采取隐含前提条件的办法。也就是说，如果你所作的承诺，不能自己单独完成，还要谋求别人的帮助，那么你在说话时可带一定的限制词语。

比如，朋友托你帮忙办理家属落户的问题，这涉及公安部门和国家有关政策，你不妨这样说更恰当一点："如果以后公安部门办理农转非户口，而且你的条件又符合有关政策，我一定帮忙。"这里就用"公安部门办理"和"符合有关政策"对你的话的内容作了必要的限制，既见自己的诚意，又话语灵活，具有分寸，还向对方暗示了自己的难处。可谓一石三鸟！

此外，如果对朋友拜托你的事确实无能为力，只要你和颜悦色地把实际情况告诉他，站在他的立场上帮他出出主意，想想可以找什么人，哪怕听听他吐苦水，好好安慰安慰他，他也不会责怪你，还是会珍惜你们之间的情谊的。

朋友有亲疏远近

生活中人来人往，每个人都会结交很多朋友，这些朋友里有挚友，也有点头之交，“朋友”二字网罗着形形色色的人，有的朋友对你很真诚，而有些和你相交也许只是看中了某种利益。也许你是个很重朋友感情的人，要让你对你的朋友做出远近亲疏的区分觉得很为难。但是，对待不同的朋友我们要采取不同的方式和策略，错误的友情会给你带来错误的行动，最后吃亏的可能就会是你，为什么不对朋友作一个分级，好好地保护自己呢？这说的也是交友方圆有度。

朋友可简单地分为“可深交级”和“不可深交级”。

可深交的，你可以和他分享你的一切；不可深交的，维持基本的礼貌就可以了。这就好比客人来到你家，真正的客人请进客厅，推销员之类的在门口应付就可以了。

如果要稍微细致一点分级，理顺朋友关系，就可以建立一个朋友档案。

要建立一个有效的朋友档案，第一步就是筛选。把与自己的生活范围有直接关系和间接关系的人记在一个本子上，把没有什么关系的记在另一个本子上，这就像是打扑克中的“埋底牌”，把有用的留在手上，把无用的埋下去。

第二步就是排序。要对自己认识的人进行分析，列出哪些人是最重要的，哪些人是比较重要的，哪些人是次要的，根据自己的需要排队。这就像打扑克中要“理牌”一样，明白自己手里有几张主牌，几张副牌，哪些牌最有力量，可以用来夺分保底，哪些牌只可以用来应付场面。

由此，你自然就会明白，哪些关系需要重点维护和保护，哪些只需要保持一般联系和关照，从而决定自己的交际策略，合理安排自己的精力和时间。

第三步要对关系进行分类。生活中一时有难，需要求助于人，事情往往涉及很多方面，你需要很多方面的支援，不可能只从某一方面获得。

比如，有的关系可以帮助你办理有关手续，有的能够为你出谋划策，还有的则能为你提供某种信息。虽然作用不同，但对你都可能是至关重要的，所以一定要分门别类，对各种关系的功能和作用进行分析、鉴别，把它们编织到自己的关系网之中。

设计朋友档案也许不难，但是把它的内容落到实处就不那么容易了。有了一个好的朋友档案后，你要懂得如何保护和维护这个档案，使它一直有效。你应该不断和档案上的人保持联系，加深彼此的相互了解和合作，保持旧的关系，发展新的关系，使自己的重要人物越来越丰富。

当然，你的朋友分级档案也要根据你的交际变化做调整。

在实际生活中，需要调节人际结构的情况一般有三种：

一是奋斗目标的变化。也许你的奋斗目标已经实现，于是，新的奋斗目标就出现了，比如你想弃政从商，这需要你及时调节人际结构，看看哪些人对你的新目标更有用，以便为新的目标有效地服务。

二是由于生活环境的变动。在当今这样的信息社会，人口流动性空前加快，本来在甲地工作的你，忽然到乙地去工作。这种环境变动，势必引起人际结构的变化。

三是某些人际关系的断裂。天有不测风云，朝夕相处的亲人去世了，在悲哀的同时，不能不看到人际结构的变化。

为此，我们在建造人际结构时，就要努力为自己建造一种开放性的人际结构，及时进行新陈代谢。而一切使人际结构僵硬化、固定化的态度和方法，都不是方圆交友的人所应持有的。

不以喜厌交朋友

俗话说，凡敌可恨，不可全敌。如果你很任性，那么你的家人、朋友和同事中就有很多你看不顺眼的人。“以恶为仇，以厌为敌”是不行的，久而久之，你会无路可走，自身也会成为众矢之的。

交友方圆有度必须要了解：

1.世界上的人是千差万别的，完全相同的人是不存在的

性格、爱好、观点、行为不一致的人在同一范围内生活相处，是很自然的。如果纯粹以个人的爱恶喜厌来选择交往的对象，那就只能生活在一个越来越狭窄的小天地里。

2.要能容人之过

所谓“容过”，就是容许别人犯错误，也容许别人改正错误。不要因为某人有过失，便看不起他，或一棍子打死，或从此另眼看待对方，“一过定终身”。

3.和“小人”交往，并没有降低你的人格

或许你会觉得对于那些和你性格观点不一致的人，固然不应该以爱恶喜厌来处理同他的关系；但对于行为不太检点，令你看不惯和不喜欢的人来说，和他过不去又有何妨呢？和他们交往岂不是降低了自己的人格？

就感情而言，这种人的确很令你憎恶和讨厌，但这并不等于一定要和他过不去，不必置之于死地而后快，只要他不是讳疾忌医、不可救药的人，就更应当尽力和他沟通，满腔热情地接近他、团结他、感化他。这并不是降低人格，而恰恰显得你“人格高尚”。

4.对小矛盾不必太较真儿

人与人之间，一般没有不共戴天之仇，特别是在办公室里更是这样。毕竟是同事，也算是朋友，都在为同一家公司工作，只要矛盾没有发展到你死我活的境况，总是可以化解的。记住，敌意一点一点增加，也可以一点一点削减。中国有句老话：冤家宜解不宜结。相见就是缘分，既然同在一家公司谋生，整天抬头不见低头见，还是少结冤家。

当你感到不被尊重或者自己的利益被侵害时，勿轻易动气。此外，也切记不要气焰嚣张，盛气凌人。

当然，在工作中，谁也难免会与人发生一些不愉快的事情，产生一些摩擦和碰撞，引起冲突。这时候，如果处置不当，就会加深鸿沟，陷入困境，甚至导致双方关系的彻底破裂。特别是当与上司发生冲突时，问题就更复杂了。善于给自己留后路的人都懂得“冤家宜解不宜结”的道理。所以，对一些小矛盾，能过去的就让它过去算了，不必过于较真。

在生活中，志趣相同的人毕竟是少数，如果我们只与这些少数人来往，那么我们结交朋友的范围一定十分有限，只能控制在一个极小的圈子里，不能够向外拓展，这不是聪明人所持有的交际态度。其实，与各式各样的朋友交往，对我们自己非常有好处。就像我们吃东西一样，如果只吃我们爱吃的东西，有很多好东西我们都没有吸取，这就会导致营养不良。朋友也是一样，只同与自己个性相同的人往来，我们的交往范围就会受到局限，从而会束缚自己的发展。

每个人都有各自的性格特点，在人与人交往中，如果我们要结交更多的朋友，就要与不同性格的人交往。“横看成岭侧成峰，远近高低各不同”，对于一个性格不同的人，我们要从不同的角度去看，这样我们看待问题就比较客观，才不会以主观的意志去盲目地衡量人、判断人。因为与他们相处，不但可以拓展我们的社交圈，而且还可以在他们身上学到自己不具备的东西，通过与他们交往，我们了解的东西越来越多，知识越来越丰富，信息越来越广，看待问题也越来越深刻。总之，与不同性格的人交往，会使我们受益匪浅。

俗话说：“多个朋友多条路。”在生活中，谁都难免会遇到困难，如果没有朋友的帮忙，会使自己孤立无援，得不到帮助，无法渡过难关。一个人为防遇到不测，平时要多结交朋友，如果在遇到困难时才想让别人伸出援助之手，就会为时已晚。

但是，要赢得一份友谊也不是轻易的事，要想赢得友谊可以参考以下法则：

1.避免争论

你无法在争论中获胜，而只能树立论敌。卡耐基说，十之八九，争论的结果会使双方比以前更相信自己绝对正确。你赢不了争论。要是输了，当然你就输了；如果赢了，你照样还是输了。如果你的胜利使对方的论点被驳斥得体无完肤，证明他一无是处，你使他丢了面子，你伤了他的自尊，他会怨恨你的胜利，而且，一个人即使口服，也未必心服。既然这样，何必去争论呢？

2.承认错误

当我们对的时候，我们就要试着温和地、艺术地使对方同意我们的看法；而当我们错了就要迅速而热诚地承认。在任何情形下，这样做都要比强词夺理的争辩有益得多。

3.多说“是的”

与别人交谈的时候，不要以讨论不同的见解作为开端，而要强调双方都同意的事，以此作为开始。

自己多说“是的”，目的是引导对方也说“是的”。要使对方在开始的时候说：“是的，是的。”尽可能避免使他说出“不”字。这样双方意见就达成一致。

4.不要树敌

避免树敌的第一要领是，要承认自己也会弄错。承认自己错了，对方就会原谅你，从而避免树敌。

如果对方错了呢？那也不要正面反对对方的意见。而要尊重对方的意见，不要直截了当地指出对方错了。

5.让对方侃侃而谈

多数人要使别人同意他的观点，总是喋喋不休地说太多的话。尤其是推销员，常犯这种得不偿失的错误。

尽量让对方说话，你可以获得更多的信息，他对自己的事业和他的问题了解得比你多，所以，向他提出问题吧，让他告诉你几件事。

让对方多说话，也是为了避免你显得比对方优越。法国哲学家罗西法古说："如果你要得到仇人，就表现得比你的朋友优越吧；但如果你要得到朋友，就要让你的朋友表现得比你优越。"

6.让对方觉得良好的动机是他们自己的

没有人愿意接受命令。没有人喜欢觉得他是被强迫命令购买物品或遵照命令行事。我们宁愿觉得是出于自愿购买东西，或是按照我们自己的想法来做事。我们很高兴有人来探询我们的愿望、我们的需要，以及我们的想法。

所以，要让人接受某种想法，即使这种想法千真万确是属于你，你也要让别人觉得这个想法是他自己的。

7.从他人的角度看问题

有时候别人也许完全错了，但他并不认为如此。因此，不要责备他，只有傻子才会那么做。试着了解他，只有聪明伶俐、大度容忍、杰出的人才会这样做。

别人之所以有某种想法，一定是出于某种原因。你不妨试着从他的角度来看一下问题。

第十篇

职场应对，方圆有术

做上司“肚子里的蛔虫”

正确领会和实现上司的意图，做上司“肚里的蛔虫”，是好下属的重要标志。说话办事违背上司意图，可能“出力不讨好”，把事情弄糟。通常所说的上司意图，是指上司个人、领导班子或领导机关通过文字或口头下达的命令、批示、决定、交办意见等。这些都需要下属用心去理解、体会。

平时深入观察，仔细揣摩，熟谙上司的习性，这样才能正确地理解上司的意图。否则，在你具体执行过程中，就会发生很大偏差，甚至南辕北辙。与上司的想法完全背道而驰，你将会费力不讨好，陷入十分尴尬的境地。

工作中，上司是个无法回避的重要对象。能察言观色是获得成功至关重要的基本条件。

汉元帝刘奭上台后，将著名的学者贡禹请到朝廷，征求他对国家大事的意见，这时朝廷最大的问题是外戚与宦官专权，正直的大臣难以在朝廷立足，对此，贡禹不置一词，他可不愿得罪那些权势人物，只给皇帝提了一条，即请皇帝注意节俭，

将宫中众多宫女放掉一些，再少养一些马。其实，汉元帝这个人本来就很节俭，早在贡禹提意见之前已经将许多节俭的措施付诸实施了，其中就包括裁减宫中多余人员及减少御马，贡禹只不过将皇帝已经做过的事情再重复一遍，汉元帝自然乐于接受，于是，汉元帝既博得了纳谏的美名，而贡禹也达到了迎合皇帝的目的。

司马光对贡禹的这种做法很不以为然，他批评说：“忠臣服侍君上，应该要求他去解决国家所面临的最困难的问题，其他较容易的问题也就迎刃而解了；应该补救他的缺点，而他的优点不用说也会得到发挥。”当汉元帝即位之初，向贡禹征求意见时，他应当先急国家之所急，其他问题可以先放一放。就当时的形势而言，皇帝优柔寡断，谗佞之徒专权，是国家急等解决的大问题，对此贡禹一字不提。恭谨节俭，是汉元帝的一贯心愿，贡禹却说个没完没了。

司马光不懂聪明人办事的眼上功夫，他不明白，古代的帝王在即位之初或某些较为严重的政治关头，时常要下诏求谏，让臣下对朝政或他本人提意见，表现出一副弃旧图新、虚心纳

谏的样子，其实这大多是一些故作姿态的表面文章。有一些大臣却十分认真，不知轻重地提了一大堆意见，这时常招来忌恨，埋下祸根，早晚会招来帝王的打击报复。但贡禹却十分精明，专拣君上能够解决、愿意解决，甚至正在着手解决的问题去提，而回避重大的、急需的、棘手的问题，这样避重就轻、避难从易、避大取小，既迎合了上意，又不得罪人，表明他的做官之道十分圆熟老道。

唐朝的大臣封伦也是位会察言观色的高手。

封伦本来是隋朝的大臣，隋朝灭亡，他便归顺了唐朝。有一次，他随唐高祖李渊出游，途经秦始皇的墓地，极为宏伟，经过楚汉战争之后，地上建筑被破坏殆尽，只剩下了残砖碎瓦。李渊十分感慨，对封伦说："古代帝王耗尽百姓、国家的人力、财力大肆营建陵园，有什么益处！"

封伦一听，明白李渊是不赞同厚葬的，迎合地说："上行下效，影响了一代又一代的风气。自秦汉两朝帝王实行厚葬，朝中百官、黎民百姓竞相仿效。古代坟墓，凡是里面埋藏有众多珍宝的，都很快被人盗掘。若是人死而地知，厚葬全都是白白浪费；若是人死而人知，被人挖掘，难道不痛心吗？"

李渊称赞他说得好，对他说："从今以后，自上至下，全都实行薄葬！"

在公司内的人际关系中，与顶头上司合不来，是最危险的。因为你要接受上司的命令和指示，并要照着去做，而且上司还要检查你的工作结果，所以，如果与顶头上司之间的关系处理不当，会给自己的工作带来很大的障碍，自己的能力也很难得到充分发挥。

学会与上司沟通

许多人认为现在学会做人比干好工作更重要；会“做人”的人吃香，而一门心思干工作，不过是“傻干”，得不到一点好处。有人结合自己的亲身经历得出了“光靠实干要吃亏”的结论。

有些人受社会上流传的“干得好不如关系硬”“辛苦干一年，不如领导家里转一转”等歪理的影响，片面相信关系是万能的，导致价值取向和思想道德标准发生偏移。我们不否认身边确有极少数人靠拉关系得到“回报”和“好处”，但绝大多数是靠实干获得进步的，这也是事实。靠实干赢得进步，才有做人的尊严，才能受到他人的敬佩。

在认真完成工作、很好地进行工作方面的交流的基础上，与领导进行个人方面的交流，是有必要的，它如同润滑油，是建立良好人际关系的关键。

上司和你一样，也渴望与人交流。这里所谓的交流，不仅仅是指工作方面，也包括个人方面的交流。在工作方面，进行报告、磋商等方面的交流就不用说了。除此之外，上司也想了解一下有关你个人方面的问题。比方说：对一些事情的看法、工作以外的生活情况等。因此，自己要尽量把握住机会，让上司多了解一些你个人方面的情况。这对你与上司建立良好的人际关系来说是很重要的。

要想和上司顺利地进行交流，应该充分利用好午休时间或举行宴会的时机。比如，利用出席宴会等时机试着和上司谈一些工作以外的话题，说不定会发现自己认为难以接近的上司有令人意想不到的一面，从而改变对上司的看法。

争取与上司接触的机会必须恰如其分。全然没有接触机会固然不行，但也必须考虑上司的时间是否允许。如果只是为了满足自己的虚荣，则应加以避免，以免浪费上司的时间与精力。相对的，只要对工作及双方均有正面的作用，则不应该一味地认定上司位高权重而裹足不前。

要求增加接触机会之前，必须让上司觉得每一次的接触都会有价值。

我们必须了解自己在沟通技巧上的缺点，例如，表达意见时过于冗长或艰涩，可能导致上司对我们产生排斥，应设法加以控制。

选择重要的主题并做充分的准备，这是增加与上司接触机会的基本条件，不过这并不能保证能够如愿以偿。

非正式但具有建设性、启发性的交谈，将带给上司在正式会议中所无法得到的收获。若能做到这点，上司自然会主动和

我们接触。

坦率直言的态度能增加上司和我们接触的意愿，因为他们身边通常逢迎拍马屁的人居多。

我们必须知道上司最喜欢的沟通方式为何（例如，交谈、书写、电脑图案或举证等），如此才能善用每一次的接触机会。

向上司传达工作的情况是非常重要的。喜欢说一些私人话题的上司，在工作上也较易于进行交流、报告、磋商。相反的，不爱说私人话题的上司，与他之间的工作交流也比较不容易进行。

工作上的沟通、信息上的沟通是很重要的，一定的感情沟通是很有必要的，但千万不要过分地去窥探上司的家庭生活秘密、个人生活隐私。当然，对上司在工作中的性格、作风、习惯的了解是可以的，也是必需的。

在平时生活中，要注意一些小细节，不要直呼上司的名字，当然更不能称兄道弟，在称呼时，最好是把他的职称加上。

上司一般不愿与下属有过于亲密的关系，主要原因有四点：一是过于亲密，会引起别的下属的嫉妒、紧张等情绪，招致别人议论，这不仅不利于工作，还会对上司的形象产生不良影响；二是太亲密，他怕你对他的一些隐私、思想及行动过分了解，从而抓住把柄，对他不利；三是过于亲密，会降低他在你及其他下属面前的威信；四是过于亲密，会导致他的管理方法失败，毕竟你把他的一切都了解清楚了，你“知彼”了，当然就会“百胜”。

在认真完成工作、妥善地进行工作方面的交流的基础上，可以说，进行个人方面的交流是一种润滑油，是改善你与上司关系的关键。

如何成为上司的**得力助手**

上司一般会把下属当成自己的人，希望下属忠诚地跟着他，拥戴他，听他指挥。下属不与自己一条心，背叛自己，另攀高枝，“身在曹营心在汉”，存有二心等，是上司最反感的事。忠诚，讲义气，重感情，经常用行动表示你信赖他，便可得到上司的喜爱。

当上司讲话的时候，要排除一切杂念，专心聆听。眼睛注视着他，不要埋着头，必要时做一点记录。他讲完以后，既可以稍思片刻，也可问一两个问题，真正弄懂其意图。最后简单概括一下上司的谈话内容，表示你已明白了他的意见。一定要记住，上司不喜欢那种思维迟钝，需要重复好几遍才能明白他的意图的人。

有时候，下属由于过度服从权威，因此上司随口的一句话，被当成如山的军令。其实，如果上司无心的一句话被解读为“既定政策”、特定情况下的“变通办法”被诠释为标准程序的调整，或是“生气时的反应”被渲染成毫无转圜余地的最终立场，则反而会让上司感到骑虎难下。

传递上司的讯息时不应该避重就轻，身为下属有责任了解上司说话时的背景与动机为何。

有时候除了保留核心讯息之外，我们也有必须调整表达方式，借以让受话者能够了解原意。

我们有责任帮助他人了解上司的用意，并且防止误解的产生，以免影响受话者的接受程度与执行能力。

将上司的指令当作圣旨，或是不经判断地草率执行，对上司而言是有害无益的做法。

日本作家铃木健二说过这么一句话："在日本，对公司的职员来说，当今所需要的是独立思考的判断力，推测未来的洞察力和不畏失败的耐久力。"意志力一方面表现为对于面临的困境和来自外界的挫折具有较强的抵抗力，这是人成功必备的条件，是具有坚韧勇敢性格的一种表现；另一方面，意志力也是一种影响力，是人在人际交往中由于自身坚强的意志品性给外界留下的印象以及对于外界的影响，这是一种人格的魅力。

对于上司来说，大都喜欢工作有热情的人，接受任务时不打折扣，勇于积极主动地克服困难，很少垂头丧气，或者唉声叹气。始终保持一种高昂的工作热情，留给上司的总是"积极而又能干"的形象。

例如，提前上班所表现的工作热情，是一天开始你献给事业型领导的最好礼物。上班早意味着你有工作渴望，能按时下

班，则表明你能完成任务。工作热情是处理好与上司关系的一座桥梁。

在工作当中，每个人都可能会碰到这样的情况：刚刚开完一个会，上司便交代给你一项任务。这时，你会很自然地想到两个问题：第一，这是一件非常艰巨的任务，需要花费很大的精力和时间，我能不能办？或者应该怎样去办？第二，向你布置任务的上司正在等待你的表态，等待你给他一个明确的答复，你是尽自己最大努力去做呢，还是对上司说“不”？

如果是有意识要考察你的话，那么应该说，他对你的能力和水平是了解的，对你能否完成任务，也是心中有数的。因此，你可以直接避开第一个问题，然后尽量用最短的时间来考虑第二个问题，用明朗的态度回答：“好的，我一定完成任务！”或“我会尽最大努力去做！”，等等。

任何上司都绝不仅仅满足于只听到满意的答复，他们更注重你完成任务的情况是否也同样令他们满意，动听的话谁都会说，漂亮的事却不是谁都会干，只有完成任务，才能真正让领导心满意足。所以，当你给了上司一个满意的答复之后，紧接着，你就应该脚踏实地、竭尽全力地去履行你对领导许下的诺言。

擅长领会上司的**真实意图**

楚国郢地有个人给燕国的相国写信，写的时候天黑了。他便喊：“举蜡烛来。”一边喊一边不经意地在信上也顺手写上“举烛”二字。信送到燕相国手中，他想了许久，说道：“举烛是崇尚光明的意思，崇尚光明是任用贤人的意思。”于是他根据这个想法去劝谏燕王，燕王采用他的话，国家治理得安定富强。

在日常生活当中，我们要学会善解人意。所谓的善解人意，就是要善于察言观色，揣摩人心，“想对方之所想，急对方之所急”。在竞争激烈的职场之上，那些能得领导欢心的人，往往能够被更快地提拔，也能够得到更多的奖赏。而取悦领导最重要的一点，也是要善解领导之意，善于领会上司的意图。一个精于窥伺上司意图的下属，不只特别注意他的领导的言行，而且能够抢先一步，将领导想说而未说的话先说了，想办而未办的事情先办了，表现出极大的主动性。这样一来，领导自然会十分喜欢，从而自己也有更多被提拔和奖赏的机会。

领导们总是标榜自己好忠正、恶谄媚，近忠贤、远小人的，他们的一些言行可能掩藏着他们的真实想法。如果给你一个热脸，你就贴过去，可能会烫伤你自己。只有那些善于揣摩上司真实意图的人，才能有针对性地采取行动，退则保全自己，进则迎合领导的喜好，让自己在职场上获得成功。

说到揣摩上司的意图，乾隆时代的和珅可谓是个中翘楚。和珅“少贫无籍，为文生员”，直到乾隆四十年（1775年）才被擢为御前侍卫。自此之后，和珅便深得乾隆的宠信，步登青云，后来任军机大臣长达20年之久。和珅的官场履历，在清代官宦史上，可谓空前绝后。这很大程度上是因为和珅总是能够准确地揣摩出皇帝的许多真实想法。他曾对乾隆皇帝进行过细心的观察和研究，从而总是能够准确地掌握乾隆的心理变化和喜怒哀乐，甚至能够从其一言一行中猜出皇帝的真实意图。

和珅知道皇帝喜爱的是什么，于是也总是能让自己的各种行为得到皇帝的认同。乾隆皇帝喜欢吟诗作赋，和珅早年就下功夫收集乾隆的诗作，并对其用典、诗（词）风、喜用的词句了解得一清二楚，有时能够加以唱和，十分讨乾隆的喜欢。乾隆是个重情义之人。乾隆的母后去世时，乾隆痛彻心扉，每日垂泪。和珅并不像其他皇亲国戚、官宦臣下那样一味地劝皇上节哀，他只是默默地陪着乾隆跪泣落泪，不思寝食，几天下来，整个人面无血色，形容枯槁，好像比皇帝更为悲戚。如此能与皇帝同感共情的人，朝中除和珅之外，别无他人。乾隆是一个非常诙谐的人，平时喜欢与臣下开玩笑。因此，和珅经常给乾隆讲一些市井俚语、乡间笑话，令皇帝龙心大悦，这也不是一般军机大臣所能做到的。

和珅长于揣摩，有时似乎能够钻到乾隆的大脑里去，准确猜出乾隆的想法。史书载，一次乾隆出游，半途中忽命停轿，但是却不说缘由，臣下都很着急。和珅闻知后，立即让人找到一个瓦盆递进轿中，结果甚合上意，皇帝溺毕便继续起驾。按照惯例，每次京城附近的科举考试，都是由皇帝自“四书”中钦命考题。他先让内阁送来“四书”一部，出完题后归还内阁。乾隆三十年（1765年）考试时，皇帝命题后，仍旧令内监将“四书”送还内阁。和珅问起皇上出题的情况，内监不敢多言，只说皇上将《论语》第一本从头至尾翻了一遍，才微笑着欣然命笔。和珅沉思片刻，知道皇上一定是从“乙醯焉”一章中出题。因为“乙醯”两字中含有“乙酉”二字，与这一年的年号相合。于是，和珅便通知他的弟子，有针对性地准备，结果正如和珅所料，和珅的学生全部高中。此事足以看出和珅的揣摩功夫非同寻常。

乾隆做太上皇时，曾有一次共同召见嘉庆帝与和珅。两人入室之后，乾隆坐在龙座上闭着眼睛，只在口中念念有词，也不知道是哪种语言。一会儿，乾隆忽然问道：“这些人是什么姓名？”嘉庆不知怎么对答，和珅却高声应答：“高天德、苟文明（此二人都是白莲教的起义领袖）。”嘉庆听后莫名其妙，乾隆却满意地点点头。此后，嘉庆召和珅问起此事。和珅说：“太上皇所诵读的是西域秘密咒。被诵这种咒语的人虽在数千里外，也会无疾而死，或大祸临头。奴才听闻太上皇诵这种咒语，料想所诅咒者必是叛匪教首，所以就知道是那二人。”嘉庆听后，恍然大悟，并自叹不如。

皇帝大摆虚心纳谏的姿态，这在古代十分常见。对于这种情况，一些正直老实的官员就会立即响应皇帝的号召，上疏直言，毫无隐瞒地表达自己的意见，有时候甚至会历数皇帝的过失。殊不知天威难测，说不定什么时候皇帝就会追究直言犯上者的责任。而那些懂得观察时势的官员则会擦亮眼睛，当他看到君主只是在作一番演出的时候，就会陪他的领导一起三缄其口，就算是提意见也会考虑是否对自己有利。

和珅善替对方着想，甚至连对方想不到的地方也能想到，真可谓是善解人意的楷模。和珅对乾隆皇帝的脾气、爱好、生活习惯、思考方法了如指掌，可以充分做到想乾隆之所想，为乾隆之所想为。从这点来看，和珅本可以成为君臣中善解人意的楷模，无奈他利欲熏心，以至于坏事做绝、绝事做尽，最后不得善终。不过，如果能够立意良善的话，对身处下位者而言，这些都是非常有用的技巧。

忠诚比能力更重要

不少领导，往往喜欢能够循规蹈矩，彻底奉行领导的意志，而至于能力，倒是在其次。不违背自己的意志、完全忠于自己的人，才不会给自己造成威胁。对他们来说，忠心才是第一，能力不是问题。反过来说，在某种程度上，那些能力高而自由意志太强的下属，正是这些领导的大忌。这些领导正是处于这样的两难之中：太能干的下属不敢用，用了又不敢充分授权。经过对利害关系的仔细斟酌，他们一般都会把真正的权力下放给没有什么能力、但是却绝对忠于自己的下属。

卫青是西汉武帝时期的重要将领，他率军与匈奴作战，屡立战功。后来，他成为汉朝最高军事将领——大将军，并被封为长平侯。尽管如此，卫青从不结党干预政事，从不越权。汉武帝刻薄寡恩，杀大臣如杀鸡，卫青自是在他手下战战兢兢。然而，卫青却最终从容逃过大劫，无灾无难地以富贵终老。

一年，卫青率大军出击匈奴，右将军苏建率几千汉军和匈奴数万人对抗，汉军全军覆没，只有苏建一人逃回。卫青召开会议，商讨如何处置苏建。大多数将领建议杀苏建以立军威。但卫青却认为，作为人臣，自己没有权力擅自专权，在国境之外诛杀副将。于是，最后把问题交与汉武帝处理，也借此显示自己不敢专权恣纵。武帝把苏建废为庶人，对卫青也更加宠信，而苏建对卫青的不杀之恩也感恩戴德。

仅从卫青处理苏建的事件上，就可以看出卫青的高明智慧。卫青虽立有大功，但从不恃宠而骄，从来都是谦虚谨慎，一味顺从武帝旨意，从不越权，以防武帝猜疑。一般诸侯都往往招贤纳士，但卫青深知武帝不满意诸侯这么做，于是从不敢招贤荐士。正因为处处注意，时时小心，卫青才可以做到功盖天下而不震主，手握重兵而主不疑，最终能够富贵尊荣、寿终正寝。

南北朝时期，宋明帝刘彧因为从侄儿刘子业手上抢来江山，得位不正，难以服众，所以一上台就为应付各地造反搞得焦头烂额。处于这样的危急关头，自然需要大量的军事人才。吴喜就是在这样的情况下毛遂自荐，而且一出马就为宋明帝立下了大功。

吴喜本是文人，曾任河东太守。他性情宽厚，在任期间，秉公执法，广施仁政，因此很受百姓爱戴，人们都称其为“吴河东”。由于吴喜深受百姓拥护，所以早年的流民造反，都被他打败。在平定藩王率领的三千大军的叛乱时，吴喜只带了数十人，经过一番诚恳的劝说，就让叛军自动归附。从这一点来看，吴喜的才能丝毫不亚于古代那些著名的文臣武将。而这次吴喜向刘彧自荐平叛，刘彧也只给了他区区不足三百兵马。可没想到，吴喜一进入敌人的地盘，当地百姓一听吴河东来了，竟望风归顺。这样，吴喜不但轻易平定了叛乱，而且还生擒了76个士兵和叛将，除了当场斩首了17个首恶外，其余全部被吴喜给赦免了。

按道理说，刘彧刚即位，就得到这样一位智勇双全的大将，应该感到万幸才是，但是事实却并非如此。吴喜并没有因为立了大功而得到刘彧的宠爱，反而为自己埋下了祸根。问题出在吴喜出征时曾对刘彧说，抓到叛将，不论首从，他都将就地正法，以正纲纪。刘彧嘴上并没有说什么，但是心中却暗暗叫好，因为他也正希望吴喜这么做。不料最后，吴喜却违背了他的意志，未经他的同意就私自赦免战俘。刘彧认为，吴喜这么做，无非是想获取人情、笼络人心罢了，这种人，势必对自己造成很大的威胁，岂能容他？果然，没多久，刘彧就找了一个借口，将吴喜赐死了。

唐朝大将李劝，战功赫赫，是凌烟阁二十四功臣之一，在唐太宗武将之中的地位，仅次于李靖。不消说，这样的一位重臣，太宗自然格外器重。

然而，太宗在临死之前却给太子李治留下遗言说："现在能帮你安定天下的武将，除了李劝之外，别无二人。但是你对他没有恩，我恐怕他对你怀有二心。我现在把他外放，如果他立即启程，你登位后，就马上把他召回，这样你就算是有恩于他了，他也必定会感激于你，为你效命。如果他有半点犹豫的话，就表明他有二心，你必须赶紧杀了他，否则后患无穷。”幸亏李功聪明，他很快便明白了个中奥妙，因此一接到命令，连家也不回，就立刻回马上任，这才保住了一条老命。

很多人认为卫青的举止似乎过于谨慎，其实不然。汉武帝雄才大略、武功赫赫，但是也专断独行，桀骜自恃，对于那些犯了他忌讳的人，无论才能多高，他都可以毫不手软地予以诛杀。卫青对此十分了解，因此不论自己能力再高，权力再大，也要表现得很忠诚。正因为如此，卫青才能在这样的一位“领导”手下保全自己，无灾无难地以富贵终老一生。

吴喜则正好相反。他能够轻易对付战场上的敌人，但是却没有弄清楚刘彧最想要的是什么。在吴喜看来，他之所以释放叛将，完全是一片仁心，而且这么做，说不定还能为皇帝获取人心，多争取一些人才。但他万万没有想到，他的“领导”刘彧却是历史上少见的刻薄寡恩的老大之一，只要是违背了他的意志，即使是那些有功、有恩于他的人，不管功劳多大，他也会毫不留情地除掉，更别说委以重任了。

从李世民对待李功的例子中，也可以看出领导者心中想的究竟是什么。李功一生有无数的忠义之行，然而还是遭到李世民的猜忌，这正将手握权柄的领导者们对待属下的心态表露无遗：无论在什么时候，无论下属才能有多高、功劳有多大，他们都在防备着，一旦有不忠心的行为出现，就会毫不留情地把他除掉。

在领导面前不妨装装“嫩”

人的脸皮本来很薄，慢慢地磨炼，就渐渐地加厚了。

一般情况下，如果上司说错话或做错事的时候，聪明的下属是不会也不敢指出来的，否则，大多数领导一定会反过来教训一顿：“怎么！当我连这个都不知道吗？你是不是存心让我难堪？”即使他们没有这么说，心中一定会不悦，你给他的印象自然不会好到哪里去，说不定哪天他还会找你麻烦。

尽管人们口头上都说“人尽其才”，但是在很多情况下，任何上司都有获得威信、满足自己虚荣心的需要，他们不希望部属超过并取代自己。因此，身为下属，不妨把自己表现得比上司“外行”一些或水平更低一些。聪明的部属在和上司相处时，总是会千方百计地掩饰自己的实力，以假装的愚笨来反衬上司的高明，力图以此获取上司的青睐和赏识。当上司陈述某种观点的时候，他总是会装出恍然大悟的样子，拍手称好；当他对某项工作有了好的可行之方时，不是直接阐发意见，而是在私下或用暗示等办法及时告诉上司。同时，再抛出与之相左，甚至是很“愚蠢”的意见，让好主意从上司嘴里说出来。这样的下属，上司多半倍加欣赏，对其情有独钟。当然，装“嫩”充傻也是要注意场合和时机的。

商纣王时期的箕子可以算是装“嫩”充傻的鼻祖。箕子曾任太师，辅佐朝政，不料纣王昏庸无道，没日没夜地饮酒作乐，不理朝政。箕子劝谏了很多次，他都不听。纣王白天也关窗点灯，把白天当作夜晚，最后竟然忘了日期了，问一问身边的人，他们也都陪他喝酒喝得糊里糊涂不知道。于是，纣王派人向箕子去打听，箕子心想："身为天下之主都忘记了日期，国家就很危险了。他们所有的人都不知道，而只有我一个人知道，我就更危险了。"于是便推辞说自己也喝醉了酒，不知道日期。纣王如此昏庸，有人劝箕子离纣王而去，箕子不忍，而是披头散发装疯卖傻，常常又哭又笑。商纣以为箕子是真疯了，于是把他关了起来。而箕子也借此保全了自己。

韩擒虎是隋朝开国功臣，在平定陈国的战争中，他首先攻入陈国都城金陵，俘获陈后主。胜利后，他将自己在战争中的种种谋略、战术加以总结，写出一本书，书名题为《御授平陈七策》，意思是说这些战略、战术都是皇帝陛下教的，而平陈一战的辉煌胜利也是在皇帝的亲自指挥和部署下取得的，自己即便有功劳，也仅仅是有执行了皇帝的意旨的苦劳而已。韩擒虎把此书献给隋文帝，皇帝见到后，十分高兴，不但拒绝了韩擒虎的好意，要他留着写进自己的家史中，并且授以高官，赏以厚禄。

薛道衡是隋初大文豪，隋文帝时就备受皇帝信任，担任机要职务多年。当时的许多名臣如高颖、杨素等，都很敬重他，皇太子杨勇及诸王都以和他结交为荣。隋炀帝杨广虽然是个暴君，但是却也颇有文才，很喜欢作诗，即位后，延揽文人入朝，薛道衡也是其中之一。但杨广重视文人，一是因为他们跟他有同好，二是因为他想要用他们来表现自己比天下文人更有才华。隋炀帝极其自负，他曾对别人说："别人总以为我是承接先帝而得帝位，其实论文才，帝位也该属我。"一次，杨广做了一首押"泥"韵的诗文，命大臣们相和，别人写的都很一般，只有薛道衡所和的《昔昔盐》最为出色，其中"空梁落燕泥"一句，将人去室空的冷落景象描写得细致入微，堪称传神。隋炀帝闷闷不乐，十分忌恨，后来终于忍不住，找了个理由把薛道衡杀了，在杀他时，杨广还带着几分嘲弄的语气说："你还能再作出'空梁落燕泥'吗？"

和薛道衡一样，鲍照是南北朝的一位有才华的诗人，他的诗才曾被"诗仙"李白、"诗圣"杜甫所仰慕，可见文才之高。鲍照曾在南朝宋孝武帝刘骏朝中担任中书舍人。刘骏也喜欢舞文弄墨，而且自以为天下第一，别人谁也比不了他。鲍照明白他的心思，于是在写诗作文时，故意写得粗俗不堪，以满足刘骏的虚荣心，以至于当时有人怀疑鲍照江郎才尽。

箕子的做法非常明确地告诉人们，无论在什么问题上都不要表现自己比君上高明，在必要的时候要掩藏自己的智慧，遮蔽自己的能力，才能避免遭到猜忌。韩擒虎则用实际行动给下属们上了一堂课，那就是在必要的时候，一定要学会将自己贬抑下来，将上司无限抬高。尤其在有所功劳的时候，最好能够向上司表明对方"有其成功"，而属下只是"臣有其劳"，"有功归上"，做下属的只有跑腿的功劳而己。不和上司争功，甚至主动送功于上，这样的下属，自然会受到上司的赏识，也才有可能真正得到褒奖和提拔。鲍照故意装作“江郎才尽”，因为他知道只有这样做，才能避免被皇帝加害。被人怀疑事小，成功地保全了自己，才是真正的头等大事！否则，像薛道衡一样给自己的领导难堪，到头来吃亏的只能是自己。

不在其位，**不谋其职**

一般来说，下属在与上司的相处过程中，其行为与语言不应该超越自己的身份和职位，也就是不能越位。

处于不同层次上的人员的决策权限是不一样的，有些决策是下属可以做出的，有些高层决策必须由领导做出。如果下属按自己的意愿去做必须应由领导决策的工作，这就是决策越位。

有些场合，如宴会、应酬接待，上司和下属在一起，应该适当突出上司，不能喧宾夺主，如果下属张罗过欢，过多炫耀自己，是很不明智的。

有些既定的方针，在上司尚未授意发布消息之前，下属不能犯自由主义。

表态是人们对某件事情或问题的回答，它是与人的身份相关联的，如果超越自己的身份，胡乱表态，不仅表态无效，而且会喧宾夺主，使领导和下属都陷于被动。

有些场合，上司不希望下属在场，下属一定要了解上司有关这方面的暗示，否则就会造成场合越位。

在和上司相处过程中，下属如果不重视上司的社会角色，在对外交往过程中，说话过分随便，往往容易造成场合越位。

曹操赤壁兵败后，哀叹说："如果郭奉孝（郭嘉）还在，我不会落到今天这个地步。"这话语明里是在怀念郭嘉，暗里便是认为这群谋士皆是酒囊饭袋的意思。

谋臣当中自是有人心里不服气。早在用兵前贾诩就曾建议曹操好好经营荆州，不必急着伐吴，他日水到渠成，孙权自然会来归附。曹操如果采纳他的建议，也就没有后来的赤壁惨败了。

曹操把战船用锁链连在一起时，程昱说："船皆连锁，固是平衡，彼若用火攻，难以回避，不可不防。"曹操说冬天刮西北风，他们怎么用火攻？

后来起了东南风，程昱告诫曹操小心，曹操说："冬至一阳生，来复之时，安得无东南风，何足为怪！"

同样的建议，如果是郭嘉提出，曹操自然会言听计从，为什么？因为郭嘉其人，曹操最为信赖，而其余谋士的建议，在曹操心中就要大打折扣了。

切勿与上司争功

良好的形象是上司经营管理的核心和灵魂。你应常向他提供新的信息，使他掌握自己工作领域的最新动态和现状。不过，这一切应在开会之前向他汇报，让他在会上讲出来，而不是由你在开会时大声炫耀。当上司对他的领域了如指掌，就能在下属心目中树立良好的形象，而当上司形象好的时候，你的形象在上司的眼里也就好了。

上司固然想知道自己在个别下属心目中的形象，但他更关注的是自己在大家或公众心目中的声誉。一个人的赞扬只能代表称赞者本身对上司的看法，一般的上司都明白一个道理，一个人说好不算好。

俗话说“人活一张脸，树活一张皮”，中国人爱好面子，视尊严为珍宝，尤其是做上司的更是爱面子。若不慎做了错误的决定或说错了什么话，如果下属直接批评或揭露他的错误，无疑是向他挑战，会让他很没面子，损害刺伤他的自尊心，相信一个最宽宏大量的上司也无法忍受。所以，如果上司错了，也要维护他的尊严，搭个台阶给上司下，选择合适的时候或场合，采取合适的方式再指出来，以免自讨没趣。

身为下属，既不能事先加以肯定或指责（顶多把利害、得失分析给他听，但决定还要由他自己），也不能事后加以抱怨或轻视他的决定。因为他在做决定时，认为百分之百是正确的，所以才会这样做。身为下属，只能在执行时，尽可能地使此项错误造成的损失减少到最低限度，这才是下属应有的态度。

如果错误不明显无关大局，其他人也没发觉，不妨“装聋作哑”，等事后再予以弥补。

此外，每个人的价值观不是与生俱来的，而是在一定的生长环境、教育环境、工作环境中逐渐形成的。年龄相差十岁的两个人，价值观必然不同。有很多上司感叹：“现在的年轻人，真不知道他们想的是什么……”这是由上司和年轻人的价值观不同造成的。

比如，有的上司有这样一种自负心理，认为：“这个公司是由我们老一辈一手创造和发展起来的。”这种自负心理的积累形成了自己的价值观，自尊心也就这样形成了。可是，年轻的职员们不具有这样的观点和心理，两代人之间就产生了差距，价值观也就因此而不同。

如果随便否定上司的观念，对上司说：“主任，你的观点太落后了，早已跟不上当今的时代。”这样会惹怒上司的。如果你被别人批评了引以为荣的地方，也一定会觉得自尊心受到了伤害，也一定会对那个人产生反感吧！的确，有些上司的观念跟不上时代的步伐。但上司有自己的自尊心，所以绝不能做出有损上司自尊心的言行举止。自己要善于从上司平时的言行中把握上司的观念和心理，避免发生有伤上司自尊心的行为。

中国官场上有一句话：得罪人的事自己揽下，出头露脸的事让给上司。这是很有道理的。上司的名声好了，他对你的功劳当然不会忘记，同时，你自己做什么也方便多了。

西汉田叔以忠爱主上闻名。汉武帝对他非常赏识，于是便派他到藩国去出任相国。鲁王是景帝的儿子，自恃王子的特殊身份，骄纵枉法，掠取老百姓的财物不计其数。田叔一到任，来告鲁王的多达百人，田叔不问青红皂白，将带头告状的老百姓怒骂道："鲁王难道不是你们的主子吗？你们怎么敢告自己的主子？"

鲁王听了，很是惭愧，便将王府的钱财拿出来一些交付给田叔，让他去偿还给被掠夺的老百姓。田叔却不肯接受，说道："大王夺取的东西而让我去还，还不是使大王受恶名而我受美名吗？还是大王自己去偿还吧！"

田叔的做法是非常明智的，假如他不去维护鲁王的名声而自己夺名，那么到头来受害的还是自己。相反，他借此事让鲁王获得美名，一方面鲁王会很高兴，另一方面自己可避"名高震主"，何乐而不为呢？

维护上司威信，注意不要随意揭上司的短。作为下属，很可能你对上司的很多方面会有了解，如果你不知轻重，不知好歹，轻易揭上司的短，这不仅会让上司觉得自己很没面子，还有可能导致他在外面丧失威信。

陈胜本来是河南的散工，在一些地方做泥水活。在一次被调往北方修筑长城的路上与同伴造反起义，并取得了胜利。在陈州，他登基为王，享尽荣华富贵。

昔日的穷苦哥们、难兄难弟们听说他做了王，于是就推派了一位跟陈胜关系最好的农夫去看望他。

这位农夫经过很大一番周折才见到陈胜，他见到陈胜之后，看到文武百官对他毕恭毕敬，宫中又陈设华丽，不禁羡慕万分。他不管三七二十一，就叫着陈胜的小名："涉，你好大的福气啊！你做大王玩真是惊人！以前我们俩在一起做泥水匠时，你是天天给人骂，顿顿吃不好啊！有一次，你没有晚饭吃，就到外面去偷了人家的玉米，晚上还弄得拉肚子……"

陈胜见他没完没了，心里很是愤怒，觉得自己那张脸没有地方可放，但是考虑到两人的交情，而且在文武百官面前不好发作，就暂时放过他了。

谁料这位农夫却仍然不知好歹，成天在皇宫里大摇大摆地逛来逛去，并且不时说起他和陈胜的往事。朝中大臣见了，都皱起了眉头，想："这样不是有损大王的威严吗？"陈胜也觉得这样下去，自己的短处就会完全被他揭出来，于是就派人把他杀了。

懂得把自己的"功"让给上司的下属，是支持上司的最有效途径。好的东西，每个人都喜欢，越是好东西，越舍不得给人，这是人之常情。假使有某项工作顺利完成，你要把功劳让给上司。

你的上司是个差劲的写作者，假如你是个优秀的写作者，应自愿为他捉刀；你的上司讨厌公开演说吗？主动站出来，替他在公共场合说话。你越多找出补足你上司的方式，上司就越看重你。事实上，聪明的上司所要找的正是那些能以其长处弥补自己弱点的下属。

在公司里，一项工作顺利无误地完成，并不仅仅靠一个人的力量；上司的帮助，或其适当的指示，更为重要。为了这种重要性，你应把你不想让的功劳让给上司，倘若因此而使上司成为你的朋友，则将来你所立的功劳会更大，届时你得到上司的祝福与奖励会更多。

与同事相处有道

在公司里，同事可以说是和自己最知心的人。无论有什么怨言或有什么烦恼，同事都是最好的倾诉对象。

不管你工作的环境怎样的恶劣，遭遇怎样的困难，但你仍然可以在你的举止之间，显示出你的亲切、和蔼、愉快的精神，使同事于不知不觉之间来亲近你。

人格优秀、品格高尚的人，不仅受同事欢迎，而且处处能得到同事的帮助。你可以将你自己化作一块磁石来吸引你所愿意吸引的任何人物到你的身旁——只要你能在日常工作中处处表示出乐于助人、愿意帮忙的态度。而一个只肯为自己打算盘的人，会到处受人摒弃。

吸引同事的最好方法就是显示你对他们是很关心、很感兴趣的。但你不能做作，你必须真正关心别人、对别人感兴趣，否则，别人会认为你很虚伪。

与同事相处有道的方法如下：

为得到对方的共鸣，必须对对方的话有所回应。

夸奖的言辞要能满足对方的自我意识。当对方对自己的赞美有良好反应时，不要就此结束，而必须改变表达方式一再地赞美。

对具有绝对信心的人加以贬抑，反而能使关系变得更加亲密。

有意忽视在事前听到的有关对方的传闻，而从另一方面赞赏他。

与有自卑心理和戒备心理的人第一次会谈是很困难的，要拆除对方心理上所筑的防卫墙，应表现得平易近人。

听对方的笑语而发笑，比自己说笑话更容易使关系融洽。

同时，办公室也是一个是非场所，每天都在发生着各种各样的是非。这些是非有的是关系到你的，有的是你的同事之间的，有些是非是一些小事，有一些是关系到上司的……面对这些是是非非，该怎么办呢？最好的办法是：远离是非。

作为一个“公司人”，社交活动不免与公司有关。下班之后，与同事一起喝杯酒，聊聊天，不但有助日常工作，还可能知道与公司有关的消息。因此，公司所办的各种聚会，自然要参加，与同事及上司打一两场“社交麻将”也有必要，但有一点要记着：不可随便交心。

同事之间，只有在大家放弃了相互竞争，或明知竞争也无用的情况下，才会有友谊的存在。如果交了真心，动了真感情，只会自寻烦恼。

同事关系是所有人际关系中较为微妙的一种。同事在一起共事，低头不见抬头见。在很多事情上都要互相帮助，互相关心。然而，同事之间也存在着利益关系，竞争关系，这些关系往往对同事成为挚友是一种制约。因为在利益面前，很多所谓关系好的同事会背叛你。

前辈和上司比较起来，前辈与自己并不存在职位的差距。前辈与自己的差别是进入公司时间长短和工作经验多少的不同。

在自己的前辈中，大多是比自己年龄大的，也许会有比自己年纪小的前辈，但你都要给予同样的尊重。

公司中前辈与晚辈之间没有像大学一样被划分为大一、大二、大三、大四那样具体而严格的级别之差。虽然如此，身为晚辈，一定要经常记着自己是晚辈。

例如，在上司交给前辈一件工作时，作为晚辈的你如果想帮忙的话，就要试着问：“有什么需要我帮忙的吗？”

或者在上司说“谁都可以，把这个处理一下”时，自己要抢着说：“我来做吧！”这样的主动姿态非常重要。相反的，“他虽然是前辈，可是年龄与自己根本没有什么差别嘛！”“我也正在忙着呀！”“什么事都要由晚辈做不是太可笑了吗？”如果你这样想、这样做的话，你和前辈的关系是不会融洽的。

在工作上经常给予自己提醒和警告的多数是前辈。前辈提醒和警告自己时的说话方式和态度，自己当时可能难以接受，

可是，前辈能直接提醒自己就已经很难得了。

日常工作中同事之间容易发生争执，有时搞得不欢而散甚至使双方结下芥蒂。人是有记忆的，发生了冲突或争吵之后，无论怎样妥善地处理，总会在心理、感情上蒙上一层阴影，为日后的相处带来障碍。最好的办法还是尽量避免它。

中国人常用这么一句话来排解争吵者之间的过激情绪：有话好说。这是很有道理的。据心理学家分析，争吵者往往犯三个错误：第一，没有明确清楚地说明自己的想法，含糊，不坦白；第二，措辞激烈、专断，没有商量余地；第三，不愿以尊重的态度聆听对方的意见。另一项调查表明，在承认自己容易与人争吵的人中，绝大多数人不承认自己个性太强，也就是不善于克制自己。

相互之间有了不同的看法，最好以商量的口气提出自己的意见和建议，评议得体是十分重要的。应该尽量避免用“你从来也不怎么样……”“你总是弄不好……”“你根本不懂”这类绝对否定别人的消极措辞。每个人都有自尊心，伤害了他人的自尊心，必然会引起对方的反感。即使是对错误的意见或事情提出看法，也切忌嘲笑。幽默的语言能使人在笑声中思考，而嘲笑使人感到含有恶意，这是很伤人的，真诚、坦白地说明自己的想法和要求，让人觉得你是希望得到合作而不是在挑别人的毛病。同时，要学会聆听，耐心、留神听对方的意见，从中发现合理的成分并及时给予赞扬或同意。这不仅能使对方产生积极的心态，也给自己带来思考的机会。如果双方个性修养、思想水平及文化修养都比较高的话，做到这些并非难事。

良禽也要择树而栖

俗话说："人挪活，树挪死。"所以该"跳槽"时就"跳槽"。当然"跳槽"前要做好充分的准备。弄清楚自己的目的以后，再来比较一下"旧"单位与"新"单位哪个更能满足你的目的，然后再决定是否要主动辞职。

找出"正当理由"说服上司放你走。

跳槽之前应当首先清楚自己有没有把握获得更高的薪金，还要了解你的适应能力有多强，患得患失做各种比较，确定到底如何做才是最划算的。当你跳槽时，就义无反顾地向前冲。

可能当你刚刚跳槽之后你所从事的行业会突然整体滑坡，此时要随行就市，不要与原来再进行比较，因为那样做已经没有任何意义。在市场中体现出来的自己的价值，也是最客观的。

随着跳槽，薪金也会不断地增加，自身的价值也就愈来愈清晰地体现出来，而市场就是你的价值杠杆，你接受的是随行就市的薪金标准。

是否所有的跳槽都会满足你提薪的要求呢？答案是否定的。因为当你辞职时，许多不确定的因素摆在了你的面前，比如暂时没有了经济来源，你原来确定的公司忽然不想再要人等诸如此类的问题会接踵而来。

在跳槽之后几个月的时间内你一直在不停地忙碌着，这也是随行就市的一种特点，一旦你不再适应这种生活，你的价值也将下降。

工作水平一般是判断你工作能力高低、再决定升幅之多少。升幅比别人低，不只是工资金额多少的问题，对日后的升迁影响极大。工资升幅高，很容易爬上高位。

碰到工资涨幅低的危机时，要振作精神，拼命努力。等到下一轮涨工资，说不定就把上次短少的找回来。经过这种磨炼，以后考虑问题会更深谋远虑，这是难得的人生经验。

公司追求的是利润，为了确保追求成功，它会给有高度贡献的员工高额工资。如果你的工资涨得不快，这无异于一个警告："你的工作能力不行。"增加工资是期待你日后能发挥实力，成功冲向下一个目标。

职场也如人生舞台一样，一幕幕戏剧不断上演，正所谓你方唱罢我登场。透视酸甜苦辣的职场人生，对症下药，这才能在万变的生存空间中游刃有余。

工作两三年，可谓职业生涯的第一个平台期。失望、焦虑，进而茫然，这些心理感受是该时期最明显的心理特征。谁都希望改变现状，这时，如何选择就显得尤为重要，是跳槽还是不跳？是转行还是坚守？是争当老板还是甘为职员……很多人由此陷入了迷茫。

跳槽这个话题也不是什么敏感的话题，跳槽其实每个人都不同程度地遇到过，就看你是什么样的人才罢了。假若你是职业经理类的人才，你完全可以在边工作的同时，委

托一下猎头公司，把你的相关资料传给猎头公司，由其代劳你找工作的过程。因为猎头公司不是帮找不到工作的人找工作，而是帮助有工作而且工作薪酬比较优厚的人找工作，因为这样，猎头公司也可以从中得到一部分佣金的。假若你只是想换一个工作环境，摆脱现有的、没有激情的工作场所，换一个空间，且你只是一般的人才，没有很强的特殊技能的话，则可以请一个长假，利用假期的空当，顺便找一下工作。按经济学的角度来说，干每一件事情，你都得计算一下成本，如果以休假的空当找工作，你就可以避免辞职之后带来的忧虑。假若你只是普通得不能再普通的员工，劝你还是不要辞职为妙，因为有些公司不但要考查你的技术与本领，还要看你的工龄。

如果你觉得大势已去，想在目前的环境下再翻起身来已不是很现实或不值了，比如，如果你在一个岗位上干了三年，仍然没有职位上的提升，那么就准备跳槽吧。跳槽之前好好地盘点一下自身职业的含金量，同样的，要勇于开高薪。值得注意的是，你所开的薪水要与你的经验挂钩。若以你那么多的经验很多人都是20万元年薪，而你只要10万元，那用人单位也会怀疑你的能力了。薪金的高低，关键是看你的职业竞争力有多强。如果目前你的“价”高于“值”，或“价”等于“值”，那么，如何保值就是当务之急，职场中的高薪人士面临的即是这个问题；如果你在现在的公司里

“价”低于“值”，那么，若不顺利地回到“市”上，在新的单位找到自己恰当的“值”也遥遥无期。高薪不是绝对的，但竞争力决定你是否高薪，市场是否认可决定你是否高薪。如果你是经理，要留意自己的优秀员工，应该首先让员工感到公司对他的关注。这种关注既是对于员工个人事业发展、福利待遇等方面的关心，也包括经理要根据日常的接触，有效判断出员工是否有跳槽倾向。比如一个员工跟你说某家同行业公司同样职位的员工有什么样的薪水、什么样的福利待遇的时候，你就要小心了，他已经在比较了，这就可能暗含着他对自己的待遇水平有一些不满意。要留住员工，提高员工的满意度很重要。如果他做得开心，对他的工作积极性和创新方面能力的发挥都会有巨大的推动作用。比如，在绩效方面，要完全实现按绩付酬；在员工升迁方面，注意更多利用提升体制，让他们觉得在公司工作有奔头；在个人职业发展方面，注意通过培训让他们的专业能力得到提升。

当然，跳槽也不是一条永远通往成功的路。在个人的职业生涯中注定会碰到种种逆境，如业绩压力、人事关系的困境、上级的工作方法不得当、对薪水和职位的失望等。成熟的员工会尽力去化解矛盾、适应压力，找可以着力的地方做改善，不仅能在工作中尽快提高自己的业务水准，更能尽快适应打工的游戏规则——学会建议胜过意见，学会用恰当的方式说服上级采纳自己的建议，学会合作精神，学会和众多的人友好相处，使自己的工作阻力更少，学会忍耐今天的种种艰辛和拮据，为明天的发展奠定基础。

藏起你的**锋芒**

一个人若无锋芒，那就是庸人，所以有锋芒是好事，是事业成功的基础，在适当的场合显露一下既有必要，也是应当的。但锋芒可以刺伤别人，也会刺伤自己，运用起来应该小心翼翼，平时应插在刀鞘里。所谓物极必反，过分外露既不容易达到事业成功的目的，又不容易推动晋升机会。

“花要半开酒要半醉”这句话的喻义是一个人活在这个世上，不要锋芒太露，才能防范别人，保存自己。这是很有道理的。凡是鲜花盛开娇艳的时候，不是被人立即采摘而去，就是衰败的开始。

人都是有嫉妒心的，而小人，嫉妒心更强，他们更多地表现在妒能嫉贤上。因而，如果你才高八斗，又不善于隐藏，锋芒外露，就很容易把别人的锋芒压下去而得罪人，并为人所妒忌，最终可能难保其身。

在职场中存在着这样一种自视颇高的人，他们锐气旺盛，锋芒毕露，处事不留余地，待人咄咄逼人，有十分的才能与智慧，就十二分地表现出来。他们往往有着充沛的精力、很高的热情，也有一定的才能，但这种人却往往在人生旅途上屡遭波折。

大多数上司不会太喜欢那些锋芒超过自己的下属。他们喜欢下属跟着自己走，但却不喜欢下属跑得快过自己。如果你的智力、精力、能力等超过他们，可能会让他们感到不安，感到威胁，所以常有“枪打出头鸟”的做法。

作为下属，和上司相处一定要有分寸。也许上司某些方面不如你，但你仍得注意：当面说话不要咄咄逼人，不要冷嘲热讽；私下说话也不要品头论足，旁敲侧击；更不要让上司当众出丑，不能收场。

通常在下属中的某些出类拔萃或者功高盖主者，他们有恃无恐；还有一些娇生惯养、目无尊长的人，他们心浮气躁，也容易犯这类毛病。但是，如果你恃才傲物或者顶撞上司，当你的行为直接有损上司的形象时，那你就成了一个蔑视上司的人，一旦上司对你心生厌恶，那么你的处境就不妙了。此类的教训，古往今来有很多。

在实行中庸之道的过程中有两种难以克服的倾向，一是聪明与贤德的人实行和理解的过头，一是愚笨与不肖的人实行和理解的达不到。所以孔子担心地说："中庸之道怕是不能实行！"

《昭明文选·运命论》讲："故木秀于林，风必摧之；堆出于岸，流必湍之；行高于人，众必非之。"

这段话就是对过头后果的昭示。

韬晦，在旧社会，有"圣人韬光"一语。《旧唐书》里记载唐宪宗第十三子李忱在年轻未登位时，梦见乘龙上天，他母亲教他装痴作呆，"以事韬晦"，以防他人加害。可见"韬光晦迹"，并非一般掩藏，无所作为，而是指掩藏自己的野心与真实目的。"韬""圣人"之"光"，"晦""真命天子"之"迹"。

在韬晦之术中，《周易》提出"潜龙勿用"思想。孔子对此做过精辟的解释。他在《周易·系辞》中讲："尺蠖之屈，以求伸也。龙蛇之蛰，以存身也。"他以尺蠖爬行与龙蛇冬眠作比喻研究“以屈求伸”的策略。此后，儒家不仅互相传学孔子屈伸之术，而且在诗文中将其概括为“韬光”或者“韬晦”，竭力加以宣传和美化。

当然，韬光养晦并不意味着什么事也不做，而是尽量把上司交给你的事情做好。同时，还要在上司面前表现出服服帖帖的样子，时不时说上一句：“这一切都是在您指导之下做出来的。”尽量少去炫耀你做了什么事，也不要到处去吹嘘你的能力。

知己知彼，**求升职加薪**

晋升的机会来了，各种小道消息在单位蔓延。那么，在面临这样的机会时，蠢蠢欲动的你要不要主动找上司反映自己的愿望，提出自己的要求呢？这常常是人们为之而苦恼的事情。因为，如果自己不去要求，很可能就会失去机会；如果要求，又担心上司会认为自己过于自私，争名夺利，究竟该怎么办呢？

当人们谈论工作是为什么的时候，可能有很多不同的回答。但是，谁都不能否认我们是为利益而工作，例如金钱、福利、职务、荣誉等，否则就显得太虚伪了。在当今社会中，我们说为利益而工作是正大光明的。

我们强调在与老板相处的过程中要学会争利这个问题，就是由于有太多的人因为不会争利而频频“吃亏”。

作为下级，向上司提出请求时应讲究方式，不能简单化。宜明则明，宜暗则暗，宜迂则迂，这要根据上司的性格、你与上司以及同事之间的关系、别人对你的评价等因素来定。

人世间到处充满竞争。就社会来讲，有经济、教育、科技的竞争，有就业、入学，甚至养老的竞争。就升职来说也不例外，在通向金字塔顶端的道路上每一步都有竞争的足迹。

对于同一职位的觊觎者有很多，当你知道某一职位或更高职位出现空缺而自己完全有能力胜任这一职位时，保持沉默绝非良策，而是要学会争取，主动出击，把自己的意见或请求告诉老板，常常能使你如愿以偿。特别是老板有了指定的候选人，而这位候选人在各方面条件都不如你时，本着对自己负责的态度，也要积极主动争取，过分的谦让只会堵死你的升职之路。

虽然管理的职位愈来愈少，但你想担任管理职位的心情如果越迫切，就越会引起反效果。若同事比自己较早升任主管，你就妒恨的话，那么，主管的职位就会离你更远了。

人一焦躁或妒恨时，心理就会失去平衡，并产生异常的心理。心态异常的人，是很容易失去机会的。

当同事比你抢先出头时，你不要着急，也不要妒忌，还是应该尽全力工作，周围的人不会是瞎子的。这就是一种以退为进的办法。

工薪阶层职员的沉浮，完全是由上司的看法和周围的环境决定的，你必须懂得以退为进的办法。如果同事升迁你就表示不满，朋友薪水比你高就眼红的话，你便不能出人头地了。以曲线式的想法来说，你若不了解“以退为进”“后来居上”的战术，必定无法获得胜利。

假如机会到来，轮到你可以晋升，你为了要让这种可能性变成事实，首先必须让你的同事承认你有资格成为他们的新上司。再说，如果要让你的同事臣服于你，为你效劳，也必须使他们对你的为人处世心服口服。很可能，人事部门在晋升你之前，会先征询你的同事们的意见："你们肯替他工作吗？"同事们所表现出的反应，虽不会直接左右人事部门的决定，但还是会被列为人事考核的参考资料。假如人事部门所得到的答案是："要我替他做事，门儿都没有！"那么，即使你顺利地晋升，将来也无法如愿地管理好你的属下。

在外企中一般要通过你的薪金来体现你的价值。知道自己到底值多少钱，对于准备跳槽和已经跳槽的人来讲都是一件比较重要的事情。

即使对于国企来讲，知道自己的价值也会知道自己的付出与获得之比，在选择工作时就知道哪些是需要注意的。

上司总要栽培和提拔他的下属，这样既有利于公司事业的发展，又能更好地满足上司的成就感。如果你对公司的业绩有贡献，就意味着你时刻都有得到上司青睐的机会。以下几种人更容易获得上司的青睐：

1. 忠诚可靠的人。也许你在公司表现得不那么出众，但却得到了上司的提拔，那是因为他看中了你的忠诚可靠。

2. 乐观自信的人。乐观自信的人能让上司信任，因为他们充满朝气，干工作劲头十足。

3. 善于沟通的人。良好的沟通能力是工作中不可缺少的，上司不欣赏有怪癖的下属。上司欣赏员工的沟通能力是：能设身处地为别人着想，充分理解对方，不以针锋相对的形式对待他人。

4. 能够独当一面，也是上司最需要的。在一个企业，上司不但要分享成功的喜悦，而且还要对其公司承担更重要的责任。如果你能替上司分担一些责任，能够单独主持一个部门的工作，并且做得很好，上司就一定会给你升职或加薪的机会。

5. 具有开拓精神的人。现代社会形势不断发生变化，我们的工作方式也随之不断变化。如果对于这些变化你没有感到不安或无动于衷，那就很危险了。如果你的不安能促使自我鞭策，对事物进行慎重的考虑，想必一定会产生不同的效果。

如果希望成为一名优秀的职员，并获得较多的升职和加薪，就应当读一些与自己的工作有密切关系的理论书、指导书和对为人处世有益的书。

公司是一个竞争的小社会，只有在公司里发挥出最大能力的人，才可以使自己干得出色，能够获得更多晋升和加薪的机会。有许多人虽然工作踏实肯干、尽心卖力，却不能取得理想的效果，缺乏学识就是原因之一。因此，读书学习就成为必要和紧迫的事情。

通过读书可以使我们懂得许多道理，认识未知的世界，开阔视野，丰富知识。从书中收获到的东西是一般的方法所不能比拟的，也是没有办法可以衡量的。读的书越多，所取得的收获就越多。

当你如愿地加薪或升职后，你要更加敬业，一刻也不要疏忽。别忘了，很多人都在冷眼旁观，给你打分，如果你做得很好，他们也无话可说了。当得不到重用时，也不要自暴自弃，正好可以利用这一时机广泛收集各种信息、吸收各种知识，以此增强自己的实力。一旦时运到来，你便可跃得更高，显得更加耀眼！

第十一篇

守业为方，创业为圆

方正守业，严明的纪律是团队不可或缺的

俗话说：上有政策，下有对策。上面制定了很好的制度和规则，可是到了基层实施的时候，就变了样。因为每个人都会有自己的应对办法，借以逃脱责任，使得原来的制度没有很好地实施。所以，应对个人的圆滑世故，团队就一定要以方正的态度来进行规范，以方制圆。

这种方正的态度，多表现为团队的纪律。纪律就是规矩，就是规范。纪律，是世界上最重要的东西，没有纪律，就没有品质；没有品质，就没有进步。

一个富有战斗力和进取心的团队必定是严格遵守纪律的团队，如果其中一个人无视纪律，不但会毁掉整个团队的战斗力，而且也会毁掉他自己的前途。

数年前，伊藤洋货行的董事长伊藤雅俊突然解雇了战功赫赫的岸信一雄，这一事件在日本商界引起了不小的震动，就连舆论界也以轻蔑尖刻的口气批评伊藤。人们都为岸信一雄打抱不平，指责伊藤过河拆桥，将自己“三顾茅庐”请来的一雄解雇，是因为一雄已没有了利用价值。

在舆论的猛烈攻击下，伊藤雅俊理直气壮地反驳道：“秩序和纪律是我的企业的生命，不守纪律的人一定要处以重罚，即使会因此降低战斗力也在所不惜。”

事件的具体经过是这样的：岸信一雄是由东食公司跳槽到伊藤洋货行的。伊藤洋货行以从事衣料买卖起家，食品部门比较弱，因此从东食公司挖来一雄。东食公司是三井企业的食品

公司，对食品业的经营有比较丰富的经验，于是有能力、有干劲的一雄来到伊藤洋货行，宛如是为伊藤洋货行注入了一剂催化剂。

事实上，一雄的表现也相当好，贡献很大，10年间将业绩提高数十倍，使得伊藤洋货行的食品部门呈现一片蓬勃发展的景象。但是从一开始，伊藤和一雄在工作态度和对经营销售方面的观念即呈现极大的不同，随着时间的流逝，裂痕越来越深。一雄属于新潮型，非常重视对外开拓，善于交际，对部下也放任自流，这和伊藤的管理方式迥然不同。

伊藤是走传统保守的路线，一切以顾客为先，不太爱与批发商、零售商们交际、应酬，对员工的要求十分严格，他让他们彻底发挥自己的能力，以严密的组织作为经营的基础。伊藤当然无法接受一雄的豪迈粗犷的做法，为企业整体发展着想，伊藤因此再三要求一雄改变工作态度，按照伊藤洋货行的经营方式去做。但是一雄根本不加以理会，依然按照自己的方式去做，而且业绩依然达到目标水准以上，甚至有飞跃性的成长。这样一来，充满自信的一雄就更不肯改变自己的做法了。他说："公司情况一切都这么好，说明我的经营路线没错，为什么要改？"

为此，双方意见的分歧越来越严重，终于到了不可收拾的地步，伊藤只好下定决心将一雄解雇。

这件事情不单是人情的问题，也不尽如舆论所说的，伊藤因为与一雄不合而开除了他，而是关系到整个企业的存亡问题。对于重视纪律、秩序的伊藤而言，食品部门的业绩固然持

续上升，但是他无法容许“治外权”如此持续下去，因为，这样会毁掉过去辛苦建立的企业体制和经营基础。

任何一个人都应该清楚地认识到，在团队里，严明的纪律是不容忽视的。

英特尔公司从创立开始就非常强调纪律，处处都有明确的规定，每天早上的上班制度，就是最好的例证。在英特尔公司，每天上班时间从早上8点整开始，8点零5分以后才报到的同事，就要签名，认为是迟到。即使你前一天晚上加班到半夜，隔天上班时间仍是上午8点。这和20世纪70年代个人享乐主义凌驾一切的美国人的观念有些背道而驰，可是英特尔公司的这些制度却延续至今，始终如一。

世界上杰出的企业都是将纪律放在重要位置上的。这些严格的纪律一步步见证了英特尔公司的强大。

有些人把纪律视为洪水猛兽，其实它并不那么恐怖。世界上没有什么事情是绝对的，自由也是。没有纪律的约束，自由就会泛滥成为堕落。英国克莱尔公司在新员工培训中，总是先介绍本公司的纪律。首席培训师总是这样说：“纪律就是高压线，它高高地悬在那里，只要你稍微注意一下，或者不是故意去碰它的话，你就是一个遵守纪律的人。看，遵守纪律就这么简单。”

古语曰：“工欲善其事，必先利其器。”要想构建一个团结有力的、无坚不摧的团队，就必须有纪律的保证。团队要想有更好的发展，就必须磨砺团队中每个成员无比坚强的信念，就必须要求每个成员用严明的纪律来约束自己。

圆融创业，在博弈中求优势地位

创业的过程是艰难的，商家要在市场经济中保证自己不被淘汰，并且能够从中获利，必须懂得圆融处世，懂得博弈，并且在此基础上还要有方正的指引，坚持自己的方针策略。所以，在适当的情况下，商家可以运用博弈思维，使自己在竞争中处于优势地位。这就必须采取合理的策略，无论是占优策略，还是被占优策略，都是一种思维方法。商家善于理解和运用博弈思维，将产生巨大的实战效果。

立邦在中国的发展历程，能充分说明企业家运用博弈策略和思维的重要性。

1992年立邦进入中国，它一直不遗余力地推广建筑涂料，培育了建筑涂料市场，并使立邦成为水性建筑涂料的代名词，销量占据10%以上的市场份额。

但是，立邦的高速发展历程，也反映出其策略上的失当。当立邦斥巨资培育出中国建筑涂料市场时，它才发现市场被8000多个涂料厂家分享，小企业的跟进，使市场竞争非常残酷，以至于立邦的市场份额远没有达到30%的垄断地位。为此，立邦开始调整它的推广战略，2003年针对木器漆市场，推出1687木器漆系列。从产能提升、销售网点、服务体系等方面开始布局，期望能弥补其在木器漆方面的不足。但由于竞争异常激烈，推广4年多来效果并不明显。

作为一个建筑涂料的超级企业，立邦为什么放弃在水性建筑涂料上的优势，而向油性木器漆领域进军呢？显然，立邦试图规避竞争中的风险，担心自己推广水性建筑涂料太早，被小企业抢占先机，重蹈覆辙，所以它在等待机会。一旦时机成熟后，就发挥其水性漆的整体优势，后来居上，坐收渔人之利。

由此，我们看到大企业的疑虑和担心。在市场博弈过程中，如果小企业们不踩踏板，那么大企业难道一直等待吗？所以，立邦显然有前车之鉴，之所以不运用自己的优势，正是对市场控制缺少把握的表现。其实，立邦的这种策略选择也是有风险的，这种规避风险的方式，是被动的，看起来很有智慧，但恐怕很难奏效。

与之相反，TCL这个家电行业的大企业，则逆向运用博弈策略，取得了巨大成功。

2004年5月18日，TCL举行“开启中国大屏幕液晶电视新时代发布会”，TCL宣布将全面下调大屏幕液晶电视价格，降幅为30%。

这一消息立即引发国内二三线液晶电视企业的担心，他们开始大规模地上液晶生产线，试图抢占市场。然而，此时液晶电视市场总容量却偏低、成本结构不稳定，存在迅速降价风险，更糟糕的是消费者对液晶电视认知度不高，需要厂商投入大量资源进行市场普及。

在TCL开启“液晶彩电新时代”之后的一年里，市场上活跃的全是二三线品牌的身影。TCL的高层一定在偷着乐呢，因为，TCL把液晶电视这把火烧起来后，却并没有任何新的市场动作，而是加紧技术研发。

当小企业们过早介入液晶电视市场后，无疑落入TCL设好的迷局中。到2005年初，在液晶电视和等离子电视等产品持续近一年的“论战”中，消费者对液晶电视已经有了充分的认识，国内液晶电视市场逐步走向成熟。

2005年4月，TCL在国内液晶电视市场开始发力，TCL王牌银弧A71液晶电视系列产品正式上市；9月，TCL王牌以“液晶‘七剑’PK国际巨头”的独特视角对薄典B03液晶电视展开了一系列整合营销传播活动。

经过5～6个月的市场争夺，二三线品牌市场份额迅速缩水，并渐渐退出市场。而实力雄厚的大企业们则争取到更好的上游资源，并具有规模化的优势，TCL等大品牌主导液晶电视市场速成定局。

在这场液晶电视市场的博弈中，TCL等大企业们逆向运用博弈策略，以退为进，鼓动小企业们先踩踏板，使小企业们忽视了自己在竞争博弈中的地位和作用，诱使他们投入大量费用，催熟市场，而自己不费吹灰之力，坐收渔利。

这一案例启发商家，竞争充满了变数，市场机遇的把握最终要靠实力。商家在进行决策时，必须对决策后果进行全方位的评估和分析，盲目地抓住所谓的市场先机，可能会带来巨大的市场风险，所谓“鹬蚌相争，渔翁得利”。商家必须具备深远的战略眼光和敏锐的思维，才能准确地把握市场，赢得市场。

当然，商家的这种赢得市场的智慧，在生活中也同样适用。很多时候，我们要想在竞争中脱颖而出，就必须做好全面的调研，知己知彼，占据优势地位，才能在竞争中取胜。

利用感官“**情报网**”发现商机

现代社会是个信息高度发达的时代，到处潜藏着无限的信息，而有信息，就有商机。

靠信息发财，是做买卖必不可少的条件。没有信息，经营者就像双目失明的盲人，面对四通八达的交叉路口不知东南西北，脚下也不知如何起步。

俗话说：信息灵，百业兴。瞬息万变的市场要求经营者必须具备极强的应变能力，随时做出正确的决策，而决策的基础在于是否获取了大量及时、准确的信息。商品市场上常常出现这种情况：一方面消费者持币观望，抱怨买不到满意的商品；另一方面是个体摊位、商店、生产厂家的产品因卖不出去而大量积压。其根本原因就是产品供求信息不准确，造成产品生产与市场需求脱节。

信息就是财富，但不能坐等信息从天上掉下来，而要时时

留意、处处留心，一个准确的情报，很有可能让你一夜暴富。

中山圣雅伦公司董事长梁伯强被媒体称为“鬼才”“每根头发都是竖起的天线”的“指甲钳大王”。

1998年的一天，报纸上一篇题为《话说指甲钳》的文章引起了梁伯强的兴趣。

梁伯强想，这里肯定有市场空白。如果自己能做出质量过硬的指甲钳，填补市场空白，不就获得了一个发展的机遇吗？后经过调查，梁伯强了解到，中国台湾销售的指甲钳并非产自台湾，而是来自韩国和日本。其中，韩国的指甲钳占据了世界指甲钳销量的头名。这一下，梁伯强心里有了底，他要到世界上指甲钳质量最好的厂家去学习技术。

1998年10月，梁伯强踏上了前往韩国的征程，去偷师学艺。他以做韩国著名的777牌指甲钳公司的代理产品为名，一口气买了30万元的货，然后以质量问题为理由，使对方老板亲自带自己参观了生产的全过程。这学艺的过程，他前前后后花了一年多的时间。

1999年，梁伯强倾其所有，在宁波开发区投资了指甲钳生产线，并注册成立了圣雅伦有限公司。经过几年的发展壮大，圣雅伦指甲钳销售额达到两亿多元，产品在全国四百多个商场销售，并成为中国指甲钳行业的第一品牌，位列世界指甲钳行业的第三名。

信息就好像空气一样，无处不在，报纸、杂志、广播、电视、互联网里的新闻包含着大量的信息，甚至街头巷尾都有信息。所以，如何处理好铺天盖地的信息，是关系到能不能赚钱的重要因素。解决了这个问题，赚钱就不成问题。

很多经营者缺乏信息意识，不做市场调查，凭着主观愿望盲目生产，或者子承父业，生产传统商品，或者仿制、仿造他人的商品，结果在激烈的竞争中一败涂地。有些经营者虽然重视信息，但是对于得到的信息反应迟钝而错失良机，或者由于信息错误而导致错误的决策。

信息满天下，专寻有心人，收集信息要有针对性。无论你做什么生意，找信息不外乎这几点：相关投资项目的整体市场情况，自己想要投资的项目的情况，报纸、网站及电视上对该投资项目的最新消息，成功人士的经验及建议，别人投资失败的教训及自己如何防范，时刻关注自己投资的时机。

总之，你要开发自己的各种感官，利用明亮的眼睛去看，用敏锐的耳朵去听。聚集各种有用的信息，然后再将其提炼总结，为自己所用。只有这样，你才能不仅仅成为信息的收集器，更成为一个财富的转化器。

一番寒彻骨，才得扑鼻香

众所周知，几乎每一个成功者都经历过艰辛，他们大多经历了“一番寒彻骨”，才博得了“梅花扑鼻香”。在这一点上，福特汽车公司的创始人亨利·福特可以说是人们的典范。

亨利·福特是农家子弟，但他从小对农事毫不感兴趣，他认为，跟在慢吞吞的马后面犁田，实在太浪费时间，所以，他想制造出便捷有效的机械来代替人力、畜力。有一次，福特乘马车去底特律，途中，他生平第一次见到了一辆不用马拖、自己能行走的由蒸汽推动的车子。趁这辆蒸汽车停下来时，福特向驾驶员问了一大堆有关性能、操作方法的问题。回家后，他整天琢磨如何仿制这样的发动机。他做了个木质车身，又用一个5加仑的油桶当作锅炉，试图推动他的“机车”。带着这样强烈的创业愿望，17岁的亨利·福特就到底特律的汽车制造公司就业了。可是，只干了6天，他就辞职了，原因是：“该公司先进员工必须花费好几小时才能修复的机械，我只要半个小时就修好了，使那些先进员工对我感到嫉妒和不满。”

1891年，亨利·福特进了爱迪生电灯公司工作，仍致力于设计自己的“自动马车”，经过一段时间的艰苦奋战，他的愿望实现了。1899年，亨利·福特成功地制造了三辆汽车。1903年6月，亨利创立了福特汽车公司，他设计制造的“A型车”销路奇佳，一年多时间里售出了一千多辆，后来，亨利又设计了

N型车、R型车、S型车，都十分畅销。1908年，具有划时代意义的“T型车”诞生了，此车先后共销出150万辆，为普及小汽车做出了贡献。到1925年10月30日，福特公司的工厂里一天能造出9000余辆T型车，平均10分钟出一辆，从而创造了世界汽车生产史上的奇迹。

和福特的创业经历相仿，松下幸之助的创业历程也充满了风雨的砥砺。

1917年，23岁的松下幸之助从当时效益极好的王氏自行车店辞职，开始了艰难的创业历程。

“我要辞职。”他找到营业部经理说。

经理吓了一跳。

“你不要胡说！难得给你升上检查员，大家都为你高兴，不可以有这样的想法！”

经理严词反对，但松下幸之助同样的坚决。公司一再挽留，终于没能阻止他的决心。

松下幸之助为什么要自己创业呢？主要有三个原因：第一，他对于配线工的工作，无法产生满足感，加上他自幼身体羸弱，不可能坚持天天上班，从长远考虑，必须独立工作。第二，他的父亲一直希望他能够成为杰出的商人。当他还在做学徒的时候，他父亲就反对他到大阪储金局当工友，理由是“经商如果获得成功，你就能够雇用有学问的人，这样可以弥补你自己学识不足，到大阪储金局当工友，就会变得一生受雇于人”。第三，他发明了插座用灯头。可是在大阪电灯公司的同事，都认为那种东西“卖不出去”，没有人赞成生产并销售这种灯头，而松下幸之助则对此坚信不疑，因此决定自立创业。

创业谈何容易，困难不断袭来：资金怎么办？厂房怎么办？人员怎么办？没有资金，松下幸之助拿出自己所有家当——包括离职金33日元2角，公积金42日元，全家省吃俭用的积蓄20日元，全部资金共计95日元2角；没有厂房，就把自己住的房屋当作工作场所，松下家有两间小屋，一间7平方米，一间4平方米，在两间小屋中间的空地上搭盖了“厂房”；没有人员，就把自己的妻子井植梅之及内弟井植岁男作为合作者。之后又来了两位合作者，他们都是大阪电灯公司的同事，即森田延次郎和林伊三郎。在林伊三郎的斡旋下，又借来了100日元。

1917年6月工厂终于开业了，专门从事新改进的电灯插头的制造。但是，开业不久，他们便尝到了失败的滋味。抱着自信制作出来的新产品，尽管森田延次郎和林伊三郎找遍了大阪市的批发商，十天内只卖出100多个，还不到10日元。如此困难的处境，松下幸之助很难把工厂维持下去，更不可能支付同事们工资。大家商量后，两位同事又各自谋生去了。

松下幸之助急得走投无路，将家里稍值点钱的衣物陆续送进典当铺，换来钱买食物。井植梅之无言地从箱底找出几件首饰，并拿下手腕上的手镯，一起交给松下幸之助去典当。55年以后，已经功成名就的松下幸之助一次清点库存的一包旧文书时，翻了一本账册。据记载，由1917年4月至1918年8月，计有十几次将妻子井植梅之的衣服、首饰等物送进典当铺抵押借贷。看着这账本，心中翻涌出无限感慨，同时也衷心感激夫人在最困难的年代给予他的支持。

松下幸之助的坚持不懈终于得到了回报。当时，电器的绝缘材料主要是使用陶瓷，但也开始使用新绝缘材料，松下幸之助已经研制出这种新绝缘材料，生产电风扇的川北电气器具制造厂，对他研制的新绝缘材料颇感兴趣，希望订购1000个用这种绝缘材料制造的电风扇上用的底盘。这第一份订单，对松下幸之助来说，真是命运的恩赐。他日夜奋战，在交货期到来之前，终于完成了任务，得到了160日元的收入，扣除成本，净赚80日元的利润。这是松下幸之助创业后的第一笔利润，他兴奋极了，他看到了未来的希望。

至此，松下幸之助一发不可收拾，在经历了无数坎坷挫折，战胜了无数千难万险之后，终于建立了庞大的“松下电器王国”。松下幸之助多姿多彩、充满传奇的一生，让人好奇、钦佩和追念。

其实，不只是松下，几乎所有人的创业都是艰难的，可是如果不能吃苦，不能坚守方正的目标，那么就会半途而废，根本就不会有机会体会到成功的喜悦。所以，如果想创业，就要有方正的目标的指引，并且有能够吃苦的精神，不管经历任何困难都不放弃。只有这样，我们才能获得成功，才能从中领略从付出到收获的苦涩与甘甜。

谋是基础，**断是关键**

“横看成岭侧成峰，远近高低各不同。”凡事难有统一定论，谁的意见都可以参考，但永远不可代替自己的主见。没有主见的人，就像墙头草，没有自己的原则和立场，不知道什么是对和错，不知道自己能干什么和会干什么，自然与成功无缘。

有主见，意味着思想上独立，即凡事都能独立思考。要成大事的人，只有养成了独立思考的习惯，才能在风风雨雨的事业之路上独闯天下。

20世纪80年代早期，如果能在物资部门工作，尤其是在粮食系统工作，那可是件让人梦寐以求的美差。1984年之前的林聪颖，就是那批拥有美差的人之一。不过，林聪颖并不看重已经端在手里的金饭碗，在当地粮食系统工作几年后，他辞去工作，下海经商。

1984年，他用自己的积蓄以及向亲朋好友借来的4万元钱，与两个朋友合伙做起了粮食生意。没想到，朋友把他坑了，到了年底一结算，林聪颖不但没有一分钱的利润，本钱赔得一分

不剩，还倒欠2万元的债。1985年大年初一的早晨，债主纷纷前来讨债。看见妻子落泪，林聪颖心如刀绞，也深深地自责，作为丈夫、作为父亲，不能让妻子和孩子生活幸福，实在是最大的失败。

春节还没过完，林聪颖带着仅有的200元钱，去江西九江销售拉链，然后转战大连、青岛，并最终在青岛找到了影响他一生的行业——服装销售。1989年4月，林聪颖回到老家晋江磁灶镇，决定开办一家服装厂，进行二次创业。

他的这一想法遭到了所有亲朋好友的反对，因为当地历史上从来没有一家服装企业，如果做服装生意，谁会买一个充满泥土和粉尘的地方生产的衣服？更何况，林聪颖不懂服装，凭什么去开服装厂？林聪颖却认为：服装属于生活必需品，而且随着生活水平的提高，人们对服装也会有更多要求，市场根本不是问题。自己不懂服装，但可以在实践中学习。

主意已定，林聪颖马上行动起来。他再次从亲朋好友那里借了72000元钱，没有厂房，就租；没有工人，就动员自己的亲戚、朋友；没有设备，就买二手设备；没有技术人员，就请当地的老裁缝。就这样，1989年，林聪颖的小服装厂在众人怀疑的目光中成立起来，这是福建省晋江市磁灶镇的第一家服装厂。

经过20年的发展，这家服装厂成为资产过亿元、员工人数近2000人的九牧王服饰发展有限公司。

假如林聪颖当初没有坚持己见，没有一心一意去创办服装厂，那么，今天就不会有“九牧王”，更不会有它的辉煌战绩。“相信自己的选择是对的”，不被别人的言谈干扰，大胆去做，成功就一定属于你。

不论你是一个高层管理人员，还是正在创业的有志青年，制定决策时，既要有外脑的参谋，更要有内脑的善断。外脑之责在于谋，内脑之责在于断。谋是基础，断是关键。外脑是决策的参谋，是第二位因素；内脑是决策的主体，是决定成败的第一位因素。所以，领导者首先要知道自己的职责，否则，很难做出科学的决策。

从另一角度来看，参谋也是现实社会中的人，也是良莠不齐的，未必都能秉公直言，即便是敢于直言的，他们的意见也不可能百分之百都正确。参谋团的作用是帮助领导决策，但不能代替领导决策。领导者是决策的主体，处于主导地位，方案有多种，主意还得自己拿。如果自己毫无主见，完全依赖参谋，甚至把拍板定案工作都推给参谋团，这就是失职。

作为公司的引领者，独立思考是必需的。因此，平日里做事时，不要被别人的意见左右，别人的意见只能作为参考。如果自己的思路里有不好的地方可以进行修正，没考虑到的地方，可以用别人的意见来完善一下，但是最终的目标不能左右摇摆不定。凡事可以多考虑一下，一旦做了决定，就不要轻易换目标。

天才和机遇结合在一起，必然会创造出惊人的奇迹。

在计算机科学方面，几乎没有人可以与比尔·盖茨匹敌。他给教授们留下的深刻印象不是他的聪明才智，而是他的巨大精力。一个教授说："在计算机学科中成功的几个人里，有一个人，从他在台阶上一露面的那天起，你就知道他特别棒，他一定会成功，这个人就是比尔·盖茨。"

比尔·盖茨常常于夜里在艾肯计算机中心工作，那是这些计算机被最大限度使用的时候。有时，筋疲力尽的比尔·盖茨会睡在计算机工作台上，他连回到自己宿舍的力气都没有了。有许多个早晨，比尔·盖茨在工作台上睡得死死的。很多人看了比尔·盖茨的样子，都认为他不会有什么出息，尽管他可能很聪明，因为他的样子太脏了，有很多头皮屑，而且在桌子上睡觉。这种印象让人觉得他不是一个科学家的苗子，而只是一个计算机迷。事实上，对于计算机的未来，他们谁也不及比尔·盖茨看得更清楚。

有一天，在波士顿附近的霍尼韦尔工作的保罗·艾伦来看比尔·盖茨，他看到报刊亭里有几份即将发行的1月版《大众电子学》。保罗·艾伦对这个刊物很熟悉，他从儿童时代就开始阅读这个刊物。当他看到这本杂志时，心立刻狂跳了起来，那封面上印着一幅牛郎星（阿尔塔）8800计算机图片。一个长方形的金属盒子，前面有触发开关和显示灯。有一句广告词是：突破！世界第一台微型电子计算机，敢与商用型媲美！

看着这样的广告词，保罗·艾伦立刻买了一份，然后赶紧跑到比尔·盖茨的宿舍去和他谈。

“计算机的普及化势必到来。”艾伦的观点，比尔·盖茨不是没有认识到，应对这样的局势，办法只有一个，那就是马上开公司。但盖茨始终担心，如果自己因开办公司而荒废了学业，会引起父母的不满，而他很不乐意让父母替他担忧，也不愿引起父母的不愉快。可是艾伦不停地说：“让我们开始创办计算机公司吧！让我们开始干吧！”盖茨回忆说，“保罗看见技术条件已经成熟，正等着人们去加以利用。他老是说，再不干就迟了，我们就会失去历史赋予我们的机遇，我们将遗憾终生，甚至被后人责备。”

于是，他们考虑制造自己的计算机。艾伦对计算机硬件感兴趣，而盖茨则对计算机软件情有独钟，他的软件才是计算机的“生命”。但很快，艾伦和盖茨放弃了自己动手试制新型计算机的念头。他们决定还是紧紧抓住他们最熟悉的东西——软件。生产计算机花费太昂贵了，他们还没有足够的资金去冒险。

“我们最终认为搞硬件容易亏损，不是我们可以去玩的艺术。”艾伦说，“我们俩人的综合实力不在这上面。我们注定要搞的是软件——计算机的灵魂。”

就这样，注定要震惊世界的微软公司成立了。机遇是一个人成功的基石，是其兴趣特长发挥的机会，比尔·盖茨抓住了机会，因而使自己的人生得以辉煌，特长得到发挥。由于把握了未来的趋势，更大的机遇在等待着他们。

当个人电脑正方兴未艾的20世纪70年代，个人电脑独占市场的趋势日见明了，而作为电脑巨人的IBM公司眼见苹果电脑公司在个人电脑上大抢其钱，也萌发了在个人电脑领域大显身手的欲望，于是，它看中了微软公司，并决定将软件业务承包给盖茨先生完成。

根据IBM公司与微软公司初期的合作协议，微软公司仅为其开发一套BASIC程序。

后来，IBM公司为了和苹果电脑公司抢夺市场，决定连操作系统也由其他公司开发，为了尽快推出产品，IBM公司要求微软公司设法找到或写出一套操作系统。比尔·盖茨再一次把握住了时机。在IBM公司的这次决定命运的会议上，计算机产业或者可以说整个商业领域的未来被改写了。这大大出乎人们的意料。蓝色巨人公司的主管与西雅图的一家小软件公司签约，为自己的首部个人电脑开发操作系统。他们以为这仅仅是向小合同商外购不重要的部件的举动。毕竟，他们做的是计算机硬件生意。硬件才是利润的竞争所在。但是他们错了，世界将要改变。在毫不知情的情况下，他们把他们的市场统领地位拱手让给比尔·盖茨的微软公司。

其实，在很大程度上IBM被比尔·盖茨利用了。但是与微软公司的这项签约决定不过是蓝色巨人所犯的一系列错误中的一个。这反映了IBM当时的骄傲自大。它也因此拱手让出了计算机的领导地位。一位曾在IBM公司就职的职员曾把IBM形容为：人们向上爬的方法是取悦他们的顶头上司而不是为用户的真正利益效力。所以机构臃肿、盲目自信的IBM遭遇到充满活力的微软，而觊觎已久的微软就像把肥硕而昏聩的水牛引到吞食活物的淡水鱼嘴边一样。

盖茨是幸运的，但是，如果同样的机会落到他硅谷的同行身上，结果也许就不会是这样了。IBM挑选了比尔·盖茨这个从不错失良机的人。只有这样历史才有可能被改写。在关系到一生的重大时机前，比尔·盖茨抓住了最重要的部分。IBM忽视的也正是盖茨清晰看到的。计算机世界正在巨变的边缘，这被管理理论家称为转型。某种程度上盖茨了解到软件而不是硬件是未来发展的必争之地，这是IBM墨守成规的人所无法了解到的。他也了解到IBM将要求它的灵魂人物——市场部经理来为软件运行建立一个统一的操作平台。这个操作平台将以盖茨从其他公司购买的名为Q-DOS的操作系统为蓝本，而软件早已把Q-DOS改名为MS-DOS。但是当时即便是盖茨也没想到这次交易给微软带来多么丰厚的利润。

由此可见，微软公司能有今天如此巨大的成就，相当程度上是靠了运气和盖茨先生过人的智慧。盖茨本身的学习和设计能力固然重要，但他懂得掌握老天赐予的良机，看准市场，终至取得了巨大的成功。

比尔·盖茨总会努力去把握良好的机遇，与IBM的合作，使盖茨为微软赢得了壮大的机会，也为开发软件产品的畅销创造了良机，正因如此，微软渐渐壮大，比尔·盖茨也逐步走向他的辉煌。

商业的发展和个人的发展，都需要把握机遇。有时候单单依靠自身的实力和能力是远远不够的，没有机遇，你再怎么有才华，都不会有发展的空间。所以，在日常生活中，我们除了锻炼自己的能力以外，还要学会发现机遇，掌握机遇。

守誉为方，积累资本

中国人十分重视信誉。信誉是评判一个人道德好坏的最基础标准。守誉为方，所以经商的人更加看重信誉，把信誉作为衡量一个商家是否值得信赖的前提。下文的故事，讲的就是这个道理。

有一个年轻人大学毕业之后，和几个同学开办了一家电脑耗材公司。经过两年多的打拼，他成为一个拥有80余万元资产的小老板。

可是天有不测风云，就在他事业蒸蒸日上的时候，一个皮包公司利用一份假合同骗走了很大一笔钱。由于资金周转困难，他们的公司在坚持了不到半年之后，便被迫宣布破产了。当他和那几个合伙人商量今后的出路时，他们纷纷表示要到外地发展，离开这个让他们伤心的地方。但是，他却选择留下来，为此他要承担公司30万元的债务。

尽管在这个艰难时刻，那些债权人并没有找上门来逼债，但是几天后，十几位债权人都惊讶地接到他打来的电话，他诚恳地表示：在半月之内，会把所有的债务偿清。

然后，他毅然将自己一处位于黄金地段，且极具升值潜力的房产低价卖了出去。果然，在不到半个月的时间里，他偿清了30万元的债务。

他讲究信用、一言九鼎的行动，深深打动了那些债权人，他们都把他视为真诚可交的朋友。在那一段布满阴霾的日子里，他几乎每天都能接到那些朋友给他打来的电话，有找他吃饭散心的，也有人给他介绍一些朋友，并为他以后的创业出谋划策。

第二年，国内一家有名的企业管理软件公司的一位主管人，听到他卖房还债的事情后，非常感动，找到他，要求他代理自己的产品，但前提是需要60万元的启动资金。而在当时，他全部财产加起来还不到8万元。

当他那些朋友得知此消息之后，在不到两天的时间里，竟凑齐70万元，全力支援他。很快，他的事业开始有了转机，并一步步获得了成功，他始终坚持诚信的原则，为公司带来了更大的收益。

为什么诚信有这么大的魅力呢？因为诚信能使商品和公司人格化，征服人心。一个公司或一个信得过的商品长久让消费者感到“质量放心”“斤两不缺”“童叟无欺”，就会慢慢使这个公司或商品树立起良好形象，甚至会使之人格化，被人们当成偶像。海尔形象、麦当劳大叔形象、万宝路牛仔形象等都是靠诚信和品牌树立起来的。产品质量是一种“死”物，而诚信是一种活的有灵魂、有文化的“神”物，公司效益也会因此呈裂变式增长。为此，精明的商人信奉“利润诚可贵，诚信价更高”这样的为商之道。

最著名的交易网站eBay在网络商务领域取得了惊人的成功。作为最大的网上交易社区，eBay从成立到销售额超过5亿美元只花了五年，接下来，eBay的销售额以每年增加5亿美元的速度增长，并在创业的第八个年头突破了20亿美元。

eBay的成功在很大程度上依赖于它的电子信誉制度。eBay要求每一个买家对卖家做一个信誉评分，每一个卖家也对买家做出信誉评分。eBay上的每一个卖家都特别重视自己的信誉，如果其他人对他的评价不好，若有2%以上的不满意，就会影响他未来的生意。如果不满意率达到5%以上，就不会有什么人愿意和他合作了。

eBay的卖家为了自己的信誉，在交易中总是提供特别好的服务，甚至比许多实体的商店还要好。

eBay的首席执行官梅格·惠特曼认为，网上购物公司的成功，最基本的原因是，交换和买卖商品的人必须坚持诚信的原则，他们往往在交易完成后仍然在网上交流心得体会，形成了一个强大的、相互监督的信誉网。eBay的所有战略都围绕这一点展开，无论业务扩展到多大，都始终强调对用户的诚信，强调用户的参与和交流，并通过制定规则和用户参与，建立起“虚拟社区的诚信体系”。

这样一来，连虚拟的空间里也要建立诚信的关系，可见诚信的重要性。

富兰克林在《对一个年轻商人的忠告》一信中说过两句至理名言：“时间就是金钱。”“信誉也是金钱。”如今熟知前一句的人不少，对后一句有人则不以为然。其实，在人与人之间的交往和共处过程中，规定和秩序往往是靠守信来坚守的。守信更是市场经济的必要条件和内在要求，市场经济从某种意义上说也是契约经济。在市场经济的运转链条中，无论是生产、交换，还是分配、消费，每一个环节都离不开信用。

质量取胜，才能称王

“为商，只有货真，才能取得顾客的信任；只有质精，才能满足顾客的需求。”这是胡雪岩常常跟手下的员工说的话，而他之所以有这样的感悟，是因为下面的这个故事：

相传，我国古代有一个叫韩康的人，他的生活全部要靠卖药来维持。当时，市场上常常出现卖假药的，碰上顾客讨价还价，他们自知理亏，底气不足，所以总是会让出一点价钱来，可是韩康卖的是上等真货，报的又是实价，所以他从来不让价，被人称作是“真不二价”。顾客吃了他的药，只需一两帖，病就立竿见影。所以，尽管韩康的药价比别家的贵，可是他的生意却越做越好。

这个故事后来传进了胡雪岩的耳朵，让他深有感触，所以他常常讲给自己的员工听，就是想让员工们明白，只有货真，才能站得住市场，只有质精，才能获得长远的利益。胡庆余堂的生意能够做得红火，也正是因为胡雪岩在货真和质精两方面做得十分到位。

胡庆余堂的药物的主要原料是天然动物、植物和矿物，品种多，分布广，属性复杂，生产出来的中药如果包含了质量不好的药材，就会直接影响药效。为了保证胡庆余堂的药效和质量，胡雪岩总是动用自己在官场上的靠山，以钱庄作为后盾，在全国各地广收质量好的药材。有时，药农会出现资金周转不灵，胡雪岩就直接贷款给他们，为的就是在收购药材的时候，能够获得优先权。

胡庆余堂独家生产的“胡氏避瘟丹”，具有治腹泻、解头晕和胸闷等功效，左宗棠西征大军在作战途中因为水土不服，疫情蔓延，胡氏避瘟丹再次大显身手。这种药共需74味药材，每一味都需要顶真的原料。其中有一种叫作“石龙子”的药引子，俗称“四脚蛇”，是一种到处可见的爬行动物，可是胡庆余堂的药方里明确写明了要在杭州一带出没的、金背白肚的“铜石龙子”。

铜石龙子生性警觉，爬行速度特别快，很不容易抓获。所以，每年，胡雪岩都会派专门的员工去捕捉这种动物，不允许有半点马虎。不仅如此，在《胡庆余堂雪记丸散全集》的序言中，也写上了类似的诫语：“大凡药之真伪难辨，至丸散膏丹更不易辨！要之，药之真，视心之真伪而已。……莫谓人不见，须知天理昭彰，近报己身，远报儿孙，可不敬乎！可不惧乎！”从这里，我们足可以看出胡雪岩在“真精”立业上的用心良苦。

商家做生意，靠的就是信誉，如果总是以次充好，以假乱真，那么可能骗得了顾客一时，但是并

非长久之计。在用过了产品之后，顾客就会了解其中的好坏，如果第一次吃亏了，他们自然不会再认可你的东西，甚至不会再去你的店里购买货物。所以，货物不真，质量不精，等于是自己砸自己的招牌。

所以，尽管商家是以追求利益为第一目的，可是一旦发现自己的产品质量存在问题，他们宁可放弃自己的利益，将产品毁掉，也不愿意以次充好，砸了自己的招牌。

有一个农村来的姑娘，在巷子口卖豆沙包。她的面粉都是从老家运来的，做馅的豆子也是在老家精挑细选的。因为服务热情周到，豆沙包做得也比别家好，所以姑娘的生意一直都很好。可是有一天，刚刚支起铺子的姑娘却准备收摊不做生意了，过来买东西的人都觉得很奇怪，就问她是怎么回事。姑娘说，刚刚她觉得饿，就吃了一个自己做的豆沙包，可是觉得今天的豆子似乎没有洗干净，吃起来总是觉得怪怪的，所以她准备收摊不做生意了，明天做好了再来卖。

众人听了，纷纷说:“那你今天的豆沙包怎么办呢？不能都扔了吧？大家既然来了，就卖给我们的，只这一次，没关系吧。”姑娘却坚持不卖，她说：“我宁可扔了，也不会卖没做好的豆沙包。不能因为眼前的小利，就砸了自己的生意。”说完，姑娘就收摊回家了。

通过这件事，人们更加信服姑娘的品德了，所以以后来买豆沙包的人比以前更多了。

我们说，做生意的人，就应该对自己的顾客负责，如果连自己的货物都不能做到“真”“精”，那么也就不能算是对顾客负责了。只有我们用心地为顾客着想，顾客才能支持我们的生意，让我们获得更多的利润。

居安思危，时刻保持危机感

有一只野猪每天在树干上磨牙，一只狐狸见到了，感到很奇怪：“老兄，现在又没有猎人和猎狗，大好的晴天怎么不坐下来享受一下阳光呢？”

野猪回答：“等猎人和猎狗出现的时候再磨牙齿，一切都来不及了。”

显然，这只野猪具备危机意识。我们的生活环境相当优越，并没有野猪那样的生存危机，但是，在解决了生存的问题之后，我们同样需要完善自己、充实自己，不然，等到想要应用的时候再着急，就晚了。

不管遇到什么困难，都要坚持下去，就是认识到了这一点，海尔集团的CEO张瑞敏先生才想尽了办法，只为唤醒员工的危机意识。

从20世纪80年代中期到90年代初，国内面临着短缺经济的考验，卖方市场左右供求矛盾，那时候电冰箱是凭票供应，次品都有人抢购。家电企业都认为赶上了赚钱的大好机会，拼命进口散件，组装起来上市变卖现钱。在这种风气下，国内很多家电企业的员工都普遍缺乏一种危机感和质量意识，当时海尔也是这样，公司上下到处弥漫着“差不多”“无所谓”的风气。当时中国已经从国外引进了全面质量管理，但并不成功。很多员工也没有“质量在自己手中，自己左右着企业的兴衰命脉”这样的观念，因此，时任海尔厂长的张瑞敏在苦苦寻觅一个契机，希望能够在员工中树立起危机意识。

1985年，一位用户来信反映，近期工厂生产的冰箱有质量问题。张瑞敏突击检查了仓库，发现库存中不合格的冰箱还有76台。在研究处理办法时干部提出两种意见，一是作为福利处理给本厂有贡献的员工；二是作为“公关武器”处理给经常来厂检查工作的工商局、电业局、自来水公司的人，让他们能够与海尔心往一处使。可张瑞敏却做出了一个出人意料的决定：76台冰箱全部砸掉。

张瑞敏召开全厂各部门人员参加的现场会，确认了每台冰箱的生产人员后，提出一把重磅大锤，由事故责任人当着全厂职工的面，用大锤将76台冰箱全部砸毁。张瑞敏和总工程师杨绵绵承担责任，扣了自己的工资。全厂员工亲眼目睹那些人流着泪水砸冰箱的情景，开始明白厂长的意图——没有严格的立厂之道，哪有海尔的前途。

因此，张瑞敏忍痛下达了“砸”的命令。“嘭嘭”的锤声，砸跑了当时全厂员工三个月的工资，也砸碎了昔日靠二等品、三等品、等外品也能过日子的旧梦。

对于当初的情形，一位老工人如此回忆：“工厂还在负债，当时冰箱也很贵，并且这些冰箱也没有多少毛病，也许只是外观上的一道划痕，但张总说它们不能出厂。因为如果把它们卖出去，导致工厂资不抵债的错误就会继续下去。”

冰箱公司的老职工胡秀风说，忘不了那沉重的铁锤，高高举起又狠狠落下，76台质量不合格的成品冰箱顷刻毁于一旦。它砸碎的是我们陈旧的质量意识，唤醒了我们去努力提高自身素质。有了质量，我们才有了现在的一切。

从此，在家电行业，张瑞敏以“挥大锤的企业家”著称。至于那把著名的锤子，海尔现在把它摆在展览厅里，让每一个新员工参观时都记住它。1999年9月28日，张瑞敏在《财富》论坛上说：“这把大铁锤为海尔今天走向世界是立了大功的。”因为它唤醒了海尔集团所有人的忧患意识，也给人们的进取心注射了一种兴奋剂。

今天，我们之所以看到了海尔的飞速发展，这其中很大一部分原因是海尔集团的每一个人都时刻保持危机感，这种危机感让他们变得更加努力、更加勤奋，也更加乐于超越自己。所以，只有保持危机感，才能让人们感觉到压力，才能时刻提醒自己进步。在这一点上，日本人的做法就很值得我们去学习。

看看我们周围的生活，但凡接触到电器，总是避不开日本的产品，加上日本汽车和动画片，很多人都感慨我们已经离不开邻邦日本了。事实上，世界上大多数国家都受到日本的三大出口产业的“侵蚀”，日本是怎样变成今天这样一个“无孔不入”的经济大国的呢？

翻开日本的历史，我们发现在很长一段时间内日本都是向中国古代学习的。到了近代，日本也面临着西方的入侵，在打开国门还是闭关锁国方面，日本也曾挣扎过。但是强烈的危机意识让日本人看到自己的不足，因此打开了国门，也走上了强国之路。

日本由四个较大的岛屿和一群小群岛组成，面积与我国四川省差不多大，但人口密度比四川大。日本地狭人多，又没什么资源，而且台风、海啸、地震非常频繁。与世隔绝的地理环境、匮乏的自然资源、频繁的自然灾害，使得日本人产生了强烈的危机意识。

日本的学校每月举行一次防火演习，每季度要组织一次较大规模的防震演习。在日本，几乎每个家庭都备有压缩防灾包，里面装有压缩饼干、纯净水、保暖衣、手电筒和雨衣等。日本学生们学到的不仅是自己的山川秀丽历史悠久，更是被反复教导：国家生存是很艰难的、国家处境是非常危险的、国家是可能随时被别人打垮的。

我们也要学习日本人的危机意识，这样才能更好地激励自己，更好地为将来做准备，我们的发展才会变得越来越好。

危机意识不仅是鞭策我们对自己严格要求的重要动力，也是我们心理减压的重要“防震气囊”。就像孙武说的那样，谋事在人，成事在天。不可预知的未来因素可能会改变我们的计划，甚至将美好幻想毁灭。当期盼已久的愿望没有实现的时候，很多人都不能接受现实，甚至因为一次考试不理想就离家出走。如果事先预想过最坏的结果，即使真的失败了也不会感到受到了多大的打击。

平则思险，安则思危。正如孟子曾说过的：“生于忧患，死于安乐”。人们在生活富裕、环境安逸的时候，往往就容易产生懈怠、懒惰的恶习，而只有时刻保持着危机意识，才能不为环境的安逸所改变，才能时刻保持着进取的精神和不灭的斗志。

口碑是最好的广告

“北有王麻子，南有张小泉”，王麻子剪刀是著名的中华老字号，几百年来，王麻子剪刀以刃口锋利、经久耐用而享誉民间，曾创造过一个月卖出40万把剪刀的纪录。

王麻子剪刀创始人是山西一个姓王的铁匠，清朝初年来到北京。最初创业时，妻子建议他自己开作坊打制剪刀。王铁匠说：“开作坊既需要场地，又需要请人，工钱、房钱、伙食钱，开支可就大了，咱们上哪里去弄那么多的钱！不如先租间房开个小店，向其他作坊收购产品，卖多少，收多少，既不占用太多的资本，又可以只拣好的、卖得快的收，这样不是既省心又省力吗？”

于是，王铁匠的小店在北京宣武门外的菜市口开张了。王铁匠变成王掌柜后，一心想使小店能有所发展，所以在进货时，他特别重视产品的质量，每次收购都要亲自检查，不合格

的坚决拒收。他售卖的剪刀逐渐以刃口锋利、经久耐用而出了名，不仅北京人喜欢到这里来购买，一些外地来京的客商，甚至那些进京赶考的举人，在回乡时也要特地来这里买上几把剪刀，以便回去后赠给亲友。

因为这一带同类的小店很多，初来的顾客常常弄错，而王掌柜的脸上又有麻子，要买这里剪刀的顾客很自然地就把麻子掌柜作为区别的标记。久而久之，不但北京人用“王麻子”来代替该店的店名，外地人也以“王麻子”相称，至于它原来的店名，反而不为人所知了。

到了1816年，王麻子的后代接办这间杂货店后，正式以“王麻子”为字号。小王掌柜不但在门外正式挂出“三代王麻子”的招牌，还在收购的剪刀上都镌上“王麻子”三个字，并将杂货铺改为专门经营剪刀。

小王掌柜也是一个经营的高手，除了注意进货之外，还很注意推销。顾客上门，总是和颜悦色地接待，无论买与不买，同样的热情，在任何情况下都不敢怠慢顾客。卖出的剪刀，要装进一个印有“王麻子”字样的纸袋中，纸袋上印有在一年中如果发生某种损坏情况，包换、包退等字样。

一次，有位外地顾客拿来一把镌有“王麻子”字样的剪刀要求退换，虽然卖出的时间已经过了一年，小王掌柜见确实属于质量问题，立即换给顾客一把新的剪刀，并再三向这位顾客赔礼道歉。这件事传出后，王麻子剪刀铺的声誉更高了。

这就是口碑的魅力，在当时没有电台和报纸的情况下，王麻子剪刀也得到了很好的宣传，所以名声越来越大。

从本质上说，口碑也是一种广告，但与商业广告相比，它具有与众不同的亲和力和感染力。经常会出现这样的情况，商业广告只能引起消费者的兴趣，并不能真正促成购买行为，消费者会仔细和其他商品作比较。但如果有亲戚朋友极力推荐某一品牌，消费者心中的疑惑会烟消云散，充分信任该商品，买卖便会轻易达成。

由此可见，口碑传播在对产品信息的可信度和说服力上有着不可估量的作用。许多研究和调查都表明，口碑传播在劝服的针对性和力度上大大优于传统广告的宣传方式。同类产品，对于广告宣传和朋友推荐的品牌，大多数人会接受朋友的建议。所以，如果企业在营销产品的过程中巧妙地利用口碑的作用，就能快速发掘潜在顾客、提高顾客忠诚度、避开竞争对手锋芒，收到许多传统广告所不能达到的效果。

企业发展要注重口碑，人的发展也要注重自己的口碑。如果你给别人的印象是非常好的，办事讲究诚信，不自私，乐于助人，那么别人在跟你打交道的时候，就会很自然的信任你，而不是处处防着你，有什么好处也会想起你来。

很多时候，人们在与人交往的过程中，并不是十分注重给他人的印象。因为他们觉得，时时考虑别人的感受，是一件很累的事情。其实，这样的想法是错误的。如果你的品格是高尚的，做事情的时候拥有自己的一套原则，而这套原则是能够得到大众认可的，那么即使是你的行为中偶尔会有一点瑕疵，也不会影响到你给别人的整体印象。相反的，人们会根据你的大体情况，给你的整体印象打分。

所以，在与人交往中，不需要事事都做到完美，可是大体方向的把握，我们还是需要注意的，因为你的这些行为，正是在给你打造一个良好的口碑。

义利圆融，**发达不忘旧情**

名誉是一个人最珍视的东西，名誉可以让人舍身忘利，可以让人视死如归。这一点是圆融地处理人际关系最关键的要素之一，掌握了这一法则可以无往而不胜。因此，善待自己多年的挚友和多年的伙伴，让人觉得你非常“念旧”，就可以得到意想不到的效果。不仅可以真正实现“士为知己者死”，而且还可以“好事传千里”，名利双收。

李嘉诚拥有的第一幢工业大厦、地产大业的基石，让他赢得“塑胶花大王”盛誉的老根据地是北角的长江大厦。20世纪70年代后期，香江才女林燕妮为她的广告公司租场地，跑到长江大厦看楼，发现其仍在生产塑胶花。此时，塑胶花早过了黄金时代，根本无钱可赚。当时长江地产业已创出自己的名号，赢利已十分可观，就算塑胶花有微薄小利，对于长江实业的利润实在是九牛一毛。为什么仍在维持小额的塑胶花生产，林燕妮甚感惊奇。李嘉诚说是为了给以前的老员工留下一些生计，为了让他们衣食富足。

曾经有一位在李嘉诚公司工作了10年的会计，因为不幸患上青光眼，无法继续在公司上班，而且他早已花尽了额度之内的医疗费，生活面临着极大的困难。李嘉诚关心地询问会计：太太是否具有稳定的工作可以维持家庭生活？他支持他去看病，而且说，如果他的生活不够稳定，他可以担保他的太太在他的公司工作，使这家人不必再为生活奔波。

这位患病的会计经过医生的诊治，退休后定居在新西兰。本来这件事就应该这样结束，但值得一提的是，每次李嘉诚从媒体上获知治疗青光眼的方法，都会叫人把文章寄给那个会计，希望对他有所帮助。他的行为使会计的全家都十分感动，那个会计的孩子尚处幼年，大概还没到10岁，为了表达全家对李嘉诚的感激之情，孩子自己动手画了一张薄薄的卡片，寄给李嘉诚，礼轻情谊重。由此也可见李嘉诚优秀的人品和对员工的关爱之情。

有人看到李嘉诚如此善待员工，不由得感叹道："终于明白老员工对你感恩戴德的原因了。"李嘉诚认为：一家企业就像一个家庭，他们是企业的功臣，理应得到这样的待遇。现在他们老了，作为晚辈，就该负起照顾他们的义务。别人夸奖李嘉诚精神难能可贵，不少老板等员工老了一脚踢开，他却没有。这批员工过去靠他的厂养活，现在厂没有了，他仍把员工包下来。李嘉诚急忙否定别人的称赞，解释说：老板养活员工，是旧式老板的观点，应该是员工养活老板，养活公司。相比较而言，日本的企业，在新员工报到的第一天，通常要做“埋骨公司”的宣誓。李嘉诚却从不勉求员工作终身效力的保证，他总是通过一些小事，让员工认为公司值得效力终身。他自豪地说，他的公司不是没有人跳槽，但是公司行政人员流失率极低，可说是微乎其微。

在商战中，利益高于一切，商人不会从事没有收获的事业，毕竟企业不是慈善机构。所以工厂没有效益，关闭也无可厚非，李嘉诚却继续生产，坚持“员工养活企业，企业应该回报他们”的朴素观点，他是把冷漠商场化无情为有情。

李嘉诚认为，他自己尽最大的努力，为企业赚钱是应该的，所以其他股东相信他。虽然管理者受到的压力很大，但是因为他们的收入很多，所以他们应该多为员工来考虑，应该努力为他们做些事，保证他们的利益。为了增强下属对集团的归属感，他往往会给他们以低价购入长实系股票的机会，从而使集团形成了更强的凝聚力。

李嘉诚也很善于为他人谋利，做到仁至义尽。杜辉廉是曾为李嘉诚的事业鼎力相助的一位“客卿”。他是英国人，出身伦敦证券经纪行，是证券专家。李嘉诚最辉煌的战绩在股市，最能显示其超人智慧的场所也是在股市，而被称为“李嘉诚的股票经纪”的杜辉廉，在其中起了不容低估的作用。他是长江多次股市收购战的高参，并实际操办了长实及李嘉诚家族的股票买卖。但杜辉廉并不是李嘉诚属下公司的董事，他多次谢绝李嘉诚要他担任长实董事的邀请，是众“客卿”中唯一不支干薪者。但他却不因为未支干薪，而拒绝参与长实系股权结构、股市集资、股票投资的决策，这令重情重义的李嘉诚一直觉得欠他一份重情，总想着寻机报答于他。

1988年底，杜辉廉与他的好友梁伯韬共创百富勤融资公司，李嘉诚当即决定帮助百富勤公司，以报杜辉廉相助之恩。杜梁二人各占百富勤公司35%的股份，其余股份，由李嘉诚邀请包括他在内的18路商界巨头参股。他们都和李嘉诚一样不入局、不参政，目的仅在于助其实力，壮其声威。在李嘉诚和其他商界巨头的大力协助下，百富勤发展势头迅猛，先后收购了广生行与泰盛，也分拆出另一家公司百富勤证券，杜辉廉任这两家公司的主席。当百富勤集团成为商界小巨人后，李嘉诚等巨商主动摊薄自己所持的股份。其目的再明显不过了，就是好让杜梁两人的持股量达到绝对的“安全”线。

李嘉诚对百富勤的投资，完全出于非盈利目的，他之所以这样做，完全是为了报杜辉廉之恩。尽管李嘉诚并不想从百富勤赚得分毫，但他持有5.1%的百富勤股份，仍为他带来了大笔红利。因为百富勤发展迅速，是市场备受宠爱的热门股，他不想赚钱，也得赚钱。

唐太宗李世民用水和舟来深刻阐述民与君的关系，他说：水能载舟，亦能覆舟。其实李嘉诚的做法与他很相像，不同的是后者用在企业管理中。李嘉诚说，一支同心同德的军队，身体力行的军队，有凝聚力的军队，才是无坚不摧的军队，才能够出奇制胜，一个光杆司令打不了天下，孤掌难鸣，就像舟和水的关系一样。而且他也是这样做的。他说如果要员工全心全意地工作，就要将心比心，让员工得到他们应该得到的，保证他们的利益。

所以，懂得感谢员工，回报部下，不计利益和索取，是李嘉诚对人生的领悟，也是商战之中不可忽略的一种战术。这种战术以柔软的内心作为根本，尽管付出很多，可是收获的将是比金钱要多出很多倍的名声。

很多人在获得了名誉和地位以后，就容易忘本，别说是下属，就连亲人和朋友也难以靠近了。这样的人，往往会众叛亲离。即使是眼前获得了成功，也不会长久。所以，成功之后，更要懂得珍惜，懂得感恩，不忘旧情。

不和恶性竞争沾边

“商场如战场。”商业中竞争是不可避免的，通过竞争，大家会努力提高自己产品的质量、维护客户的利益，使市场出现欣欣向荣的局面。对于竞争，日本著名企业家松下幸之助一向都持积极肯定的态度。不过，松下所说的竞争，是堂堂正正、公公平平的竞争。只有这样的竞争，才能获得上述的效果，否则只能带来混乱和衰败。松下说：“维护业界和社会共同的利益，以促进全体人民的共存共荣，才是竞争的真正目的。必须以公开的、公平的方法竞争，为了业界的稳定，不论制造商、批发商或零售店，都绝不可只为反对而反对，不可为了想打倒对方的对抗意识而竞争，或借权力及资本和别人竞争。”

松下认为，下述的竞争都是不正当的，其后果只能是害人害己。

1.盲目削价

这大概是几乎所有的厂商及销售商都会使用的恶性竞争手段。如果是成本降低的低定价、季节性削价等，也尚无不可。要命的是有些人视正常利润于不顾，一味地削价，以扩大销路。松下认为，这种“竞争”害人害己：削价，可能引发大家竞相削价，害了别人；如果价削到了连正常利润甚至些微利润都不能保证，就连自己也害苦了。这就违背了经营最基本的赢利原则。松下指出：“即使竞争再激烈，也不可做出那种疯狂打折、放弃合理利润的经营。它只能使企业陷入混乱，而不能促进发展。倘若经营者都这么做，产业界必然展开一场你死我活的混战，反而会阻碍生产的发展、社会的繁荣。”

2.损害别人信誉

有些经营者求胜心切，便不择手段地诬蔑、诋毁同行，以此来打开自己的发展之路。松下认为，这太没出息，也很卑

劣。对于对方的诽谤，也无须迎头痛击，真正坚强的话，应该是笑脸相迎。因为，诽谤者的命运与恶性削价者相比，更不堪一击，而且往往是跌倒了就无法再爬起来。

3.资本横暴

这是一些实力雄厚的大公司常用的法子。他们依仗自己雄厚的资本，有意做出亏本的倾销或服务，以此来压倒中小企业的竞争对手，然后雄霸一方。松下以为，这是资本主义初期的产物，再用到今天来，就有些错得离谱了。

有些人认为，在商场上，不同行业可以各行其道，各得其所，如果是同一行业，则难以避免一场你死我活的竞争。特别是在同一地区、同一城市，尤其是在同一条商业街道，这种竞争则是赤裸裸的。一定时空条件下，客户的钞票是有限的，具体购买项目更是个定量，在别家买了，自己的生意就被夺去，反之亦然。于是在市场上有“同行是冤家”之说。

这是事实，但绝不是事实的全部。松下幸之助认为，你多我更多，你好我更好，才称得上经营有方。于是同行在他的眼里是“同仁”，从未有过“嫉妒”二字。

同行是竞争对手，但绝不是冤家、死对头。要使你的生意

兴旺发达，就必须学会在与同行的竞争中，求生存求发展，变同行竞争的压力为自己奋进的动力。尤其是当同行之间势均力敌，相互较量难分伯仲时，如果采取相互中伤、竞相杀价的恶性竞争，则大都会两败俱伤。

体育竞赛具有一定的规则，市场竞争也必须具有一定的规则。如果没有一定的规则，一场足球赛是无法进行下去的，必然会导致一片混乱。同样，如果没有一定的规则，市场秩序会引发混乱。

目前市场上有奖销售十分流行，严格地说这是一种不正当的竞争行为。得奖者毕竟是少数，绝大多数顾客只是抱着赌博的心理来购物，对树立公司形象和信任并没有任何帮助。作为暂时的促销手段，可能也有一定的效果，但终究不是赢得竞争的长久之计。

有的企业为了击败竞争对手，采用削价倾销的方法，这更是一种不正当竞争行为。商品的价格要根据实际的成本和合理的利润来确定，如果削价倾销已无利可图，虽然暂时击败了一个竞争对手，但自己也可能因此大伤元气。

成功者通常避开人头攒动的大道，走上人迹罕至的小路。要想在竞争中占优势，就应该踏踏实实地提高产品的质量，改善售后服务，努力树立企业的良好形象，这样可以有效避免卷入恶性竞争，也才能使你的经营长盛不衰。

第十二篇

亦方亦圆的经商战术

市场面前，速度制胜

我们讲“兵贵神速”，就是要尽可能快地对敌人进行打击。战争是残酷的，也是瞬息万变的。战争中，形势的转变往往在几分钟之内发生，没有高效的执行力，输掉的可能不仅仅是一场局部的战斗。所以，无论是寻找战机、制定决策，还是采取行动，都要比对手抢先一步。

在企业的各项工作中，效率仍是一个制约因素。可以说，市场面前，速度制胜。“传媒大王”罗伯特·默多克说过：“必须快速行动，除了快速做出决定并且以决定为基础采取行动外，没有其他方法可以击败你的竞争对手。懒惰是失败者的专利，只有快速才能生存。”我们看到，许多优秀企业也一直在强调速度和主动出击，因为机遇、市场是不等人的，迟一步就可能会满盘皆输。海尔便是一个强调速度的典型。

2002年7月海尔举行的一次互动培训课程，主题是“推进流程再造”。在会上，张瑞敏提出了一个问题：“如何让石头在水上漂起来？”话音刚落，会场上响起了各种答案。有人说“把石头掏空”，有人说“把石头放在木板上”，更有人说“做一块假石头”，这些回答都没有得到张瑞敏的赞同。直到副总裁喻子达喊出“是速度”，这个问题才有了一个完美的答案。张瑞敏引用《孙子兵法》中的话说：“‘激水之疾，至于漂石者，势也。’速度能使沉甸甸的石头漂起来。同样，在信息化时代，速度决定着企业的成败。海尔流程再造要以更快的速度响应市场发展，以满足全球用户的需求。”这一番话为培训确定了主题。

有人问张瑞敏：“海尔搞得那么好，你们是怎么做决策的？”张瑞敏回答：“我们海尔永远是有50%的把握就上马。”他还说：“有50%的把握就上马，获得的是巨大利润；有80%的把握上马，获得的是平均利润；有100%的把握上马，一上马就死。”

海尔的这种理论，跟曾担任过惠普公司首席执行官的卡莉的观点是一致的，卡莉也曾提出过一个著名的速度理论：先开枪，再瞄准！她表示：“过去我们的新产品要在各方面都达到95分以上才推出，现在我们应当改变这种思维方式，产品做到80分就该推出，然后再慢慢改进。”

对这一速度理论，卡莉有一个形象的比喻：“你滑水冲浪，要保持一个速度才站得起来。在这一过程中，尽管我们很难精确抓住行进路线，但我们不能为了抓住路线而将速度放慢。网络的时代，要抓住速度，才能进入竞争的门槛！”按照一般人的思维模式，应该先瞄准，后开枪，否则就可能瞄不准目标。可是卡莉却偏偏反其道而行之，她上台之后，做的第一件事就是要求惠普“先开枪，再瞄准”。

因为在这个竞争激烈的年代，速度是决定胜负的关键。无数人都盯着同一个市场，如果你不立即做，马上就会被人捷足先登。

1992年金秋，上海街头梧桐叶黄了，诱人的糖炒栗子满城飘香。某晚，酒足饭饱后，长住上海的温州乐清五金机械厂朱厂长逛街去了，他把这种消闲称为“跑信息”，或者说“捡

钞票”。拐出延安东路就是热闹非凡的大世界，一家食品店门口排长队买糖炒栗子的人们引起了朱厂长的条件反射。这些年来，朱厂长悟出了一条发财真理：“凡是人群密集的地方，一定有财神爷在微笑。”

朱厂长开始仔细地观察，他发现急于尝鲜的上海人买了糖炒栗子后，都咬着、剥着吃，而常常又把栗子内核弄得四分五裂，一副狼狈相。“能不能搞个剥栗器？”他迅速画出了剥栗器的草图，材料用镀锌铁皮，成本每只0.15元，出厂价0.30元。10分钟后，朱厂长推开了商店主管室的大门，向主管推出了自己的创意。主管认为：这是一项发明，顾客肯定欢迎，不过，上市要越早越好，希望朱厂长在两个月之内保证上市。朱厂长笑了：“两个月？我一个星期后就送上门。”主管不相信：这审批、核价什么的，没两个月怎么行呢？当晚，传真将剥栗器草图传回了朱厂长在温州家乡的工厂，一副模具两个小时就出来了，冲床开始运转。3天后，一卡车剥栗器涌进了上海，大大小小商店门口的糖炒栗子摊主都成了朱厂长的经销商。

朱厂长在商场的成功得益于其聪明的头脑，以及他抓住机会后能以最快的速度来执行的能力。曾任温州市委书记的董朝林说："温州人看到有钱可赚，第二天就弄台机器运转起来。机器可以放在家里或朋友的仓库里，行了再盖厂房，厂房大了才请管理人员。要是在其他地方，半年也论证不下来。"正因为温州人的"快鱼"精神，才创造了温州的辉煌。

日本著名企业家盛田昭夫说："我们慢，不是因为我们不快，而是因为对手更快。如果你每天落后别人半步，一年后就落后了一百八十三步，10年后就是十万八千里。"

现在，市场已经从"大鱼吃小鱼"转变到了"快鱼吃慢鱼"的时代，速度和效率在某种程度上决定了企业的生存和发展。在讲求速度的今天，稍有拖延，错失的不只是一个商机，有可能使整个局面失控，甚至在竞争中最终失败。

厚利多销："抢"富人的荷包

有的商人对薄利多销是不屑一顾的，他们会反问："为什么要为了获得薄利而多销？为什么不为了赢得厚利而多销呢？要知道，有钱人的荷包是鼓鼓的。"

薄利多销的经营法则被古今中外的商人所推崇，而且实践证明，这种经营法科学而可行。但有些商人采用逆向思维，他们自有一种与众不同的招数，对薄利多销的买卖毫无兴趣，却对厚利多销的生意兴趣盎然。

其实，厚利多销策略也有其优势。在薄利多销中，卖三件商品所得的利润只等于卖出一件商品的利润；但在厚利多销中，出售一件商品，获得一件商品应得的利润，这样既节省了各种经营费用，还可保持市场的稳定性，并很快可以按市价卖出另外两件商品。而以低价一下卖了三件商品，市场已饱和了，你想多销也无人问津了，利润比高价出售者少了很多，并毁了市场后劲。

因此，聪明的商人在经营活动中，为了避免其他商人薄利多销的冲击，他们宁愿经营昂贵的消费品，如珠宝、钻石、金饰之类，也不经营低价的商品，这其中就包括聚成资讯集团有限公司。

随着企业的成长壮大，以及人才的充实，聚成开始着手开发新的产品和服务。聚成注意到，虽然国内的中小型企业发展速度快，但因为人才限制而频频遭遇发展的瓶颈，这困扰着很多企业的发展，而最需要提高素质的就是企业家群体。聚成总裁陈永亮结合“国学热”，提议开发高端产品——华商书院。

2006年12月，聚成旗下的华商书院第一期商界领袖博学班顺利开学。12月20日《广州日报》报道：久未听闻的《论语·学而》的朗诵声从孔府旁边一阵阵传出，如一轮暖阳流淌在山东曲阜的寒冬。这就是50位来自全国各地的企业董事长、总经理，作为华商书院第一期商界领袖博学班的学员，在中山大学哲学系主任黎红雷教授的带领下共同研读《论语》，以求从华夏最深邃的智慧中找到企业管理、富强的理念和方法。

华商书院只为企业董事长、总经理开放，每期只招收50人。课程包括：8大国学宝典品读——《易经》《论语》《道德经》《韩非子》《孙子兵法》《人物志》《禅宗智慧》《黄帝内经》；5位历史人物研究——宋太祖、唐太宗、曾国藩、胡雪岩、毛泽东；企业家素质管理系统——宏观经济学、企业战略规划、企业家公众演说训练、企业资本运营。授课讲师则是由国内各学术领域和实战派企业家组成的庞大阵容。而其另一个特色就是国学、帝王学的授课地点基本上都是选择在历史人物、事件的发源地、转折地等处举行。例如，学儒商思想就去曲阜，研读诸葛亮就到“大江东去浪淘尽”的赤壁遗址，研读毛泽东就去伟人故里韶山，学习道家思想智慧就去道教圣地青城山，学习禅宗智慧就到佛门净土少林寺。

聚成在培训产品创新方面，又一次走在了国内培训行业的前列。

与星巴克一样，聚成华商书院很好地实践了差别化战略：它是中国唯一一个只为年营业额在3000万元以上的董事长、总经理开放的学院，学员们可在此建立高端人脉网；它是中国唯一一个全国游学的学院，读万卷书，行万里路，寓教于乐；它还有一项独特的增值服务：同学企业互访，并实地讨论企业问题，集思广益。

由于有这三大差异，华商书院的学费由开始时的十几万元涨到二十余万元，仍不愁招不到学员。

这种厚利多销营销策略，是以有钱人作为着眼点的。有钱人看重身份、讲究文化品位，对他们来说，花几十万元上一期培训是很值得的，既增长了文化知识，又显示出社会地位，满足了他们的心理需求。正如名贵的珠宝、钻石、金饰等消费品，一掷千金，只有有钱人才买得起。既然是有钱人，他们付得起，又讲究身份，对价格就不会那么计较。相反，如果商品定价过低，反而会使他们产生怀疑。俗语说“价贱无好货”，这句话给有钱人的印象是最深的。聪明的商人们就是这样抓住有钱人的心理，开展厚利策略经营，即使经营非珠宝、非钻石的首饰商品，也是以高价厚利策略营销。

当然，厚利多销并不意味着你的价格越高，别人就越愿意购买。高档消费者也并不是盲目消费的，必须给他一个充分的理由，否则想要让他痛快地掏出钱来并不是件容易的事情。这个理由就是质量有保证，让他们相信高价物有所值，这样，你的生意才会越来越兴隆，创造的财富才会越来越多。

以狼的专注捕获每一个猎物

一个人不能同时骑两匹马，骑上这匹，就会丢掉那匹。所以，聪明的商人会把分散精力的事情置之度外，专心致志地做一件事，争取把事情做到完美。

狼很少攻击比自己强大的动物，除非是在毫无退路的情况下，它们才会与比自己强大的动物进行殊死搏斗。在围捕猎物时，狼群总是选择那些衰老的、幼小的、虚弱的或者有明显弱点的动物。狼群只是为了得到它们所需要的食物，杀死对方并不是它们的目的，它们的目标单纯而专注，以最小的代价换取最多的食物，这是狼的生存哲学。

狼与生俱来的专注能力告诉我们，在商界打拼要专一，一心一意的人才能笑到最后。范敏便是这样的人。

1999年，范敏和三位友人在上海创建了携程旅行网。起初，携程旅行网的业务是酒店预订，2000年组建了呼叫中心，后来逐步发展了机票预订业务和度假产品。历经10年的发展，如今，携程旅行网已成为国内最大的在线旅游预订平台，占有国内市场一半的份额。

同样做酒店预订，为什么携程的预订量特别大，而其他公司的业务量就不行呢？其成功的秘密就在于“打电话”的学问。如果拨打携程的免费订票电话，你会感觉每次接电话的似乎都是同一个人：20秒之内一定会接通，语气轻柔，一般180秒内就能完成预订。

在接电话的细节上，范敏下了很大的工夫。携程的呼叫中心投入使用之后，范敏每天拿出半个小时专门听电话，随机切入顾客拨入携程的任何一个预订电话中，发现接线员在回答顾客的问题时有不到位的地方马上记录下来，专门做分析，重点整改。他不厌其烦地一遍一遍地听，一个字一个字地斟酌，最后才形成了统一的标准：接线员怎么说、说什么、说多长时间。

为什么范敏花费这么大的精力在如何接电话的问题上呢？对此，范敏解释道："我10年来一直从事旅游行业，就这个行业来说，你怎么接电话、怎么让人家给你东西、怎么把东西递给人家、怎么说谢谢，这些细节堆在一起，就反映出你有没有可持续发展的核心竞争力。"

范敏强调，携程能成功，不是因为打造了酒店预订、机票预订和度假业务等几大赢利点，而是因为专注做好一件事。先埋头做酒店业务，成功之后再开发机票预订、度假业务。携程的原则就是，每推出一个新项目之前，必须保证现有业务已非常完善。"如果当初这些项目一窝蜂地上，携程肯定做不成现在这样。"

只做好一件事，意味着集中精力发展，而不是多元化发展。很多人涉足很多领域，学习很多知识，其实内部很虚弱，每一项都没有很强的竞争力。目标定了很多，什么都想做，但什么都没有做到最好，实质是没有自己的核心竞争力。从商业的角度来讲，专注者得市场，因为专注可以弥补技术上的不足。中国台湾集成电路公司在放弃其他生产线，决定只做来料加工时，曾经遭到内部管理人员的抵制，但事实证明，这条路走对了，现在美国前十大设计公司，几乎都是他们的客户。

专注可以提升竞争优势。哈佛大学策略大师波特指出，面对未来经济竞争，唯有与同行策略相异，产品与服务相异，才能长保竞争优势。这就要求企业管理者瞄准自己的特长，避开自己的不足，提升自己专业生产方面的竞争优势。四通打字机在20世纪80年代初期曾经火了一把，但现在几乎没有什么人用它了。四通董事长段永基在反思四通的失败时认为，四通和国内大部分企业一样，犯了一个大而全的错误，当国外的企业都在进行精细的分工合作时，国内的企业却被大而全拖垮了。一个产品，所有的部件都要生产，必然会使创新能力和创新速度下降。

专注者能在竞争中与合作伙伴取得双赢。现在一些企业之所以要搞大而全，一个根本的原因就是合作精神不足，担心配套企业不能配合生产，或认为把自己可以做的部件让给别人去加工是肥水外流。这种思想导致企业摊子越铺越大，结果反而降低了产品的市场竞争力。

“把所有的鸡蛋都放进一个篮子里。”这是商界信奉的一条不成文的法则。只有集中所有力量，取得一个行业的垄断和领先地位，再不断地做科研，使自己的技术无法被同行业的竞争者所超越，才能取得超额利润。从这个意义上讲，范敏确实是“一根筋、一条路”，他的故事也告诉了我们，只有集中精力做好最重要的事，才能获得成功。

从商之道，**和为上**

人在社会上闯荡，难免会树敌，在尔虞我诈的商场中，树敌更是在所难免。如何处理好与这些“敌人”的关系？红顶商人胡雪岩有这样一句话：“多一个朋友多条路，多一个敌人多堵墙。”做生意讲究和气生财，因此，在合适的时候，我们大可以化敌为友，借助对方的力量共同致富。

我们先来看一下胡雪岩帮助王有龄化解夙怨、共同赚钱的例子。

王有龄是胡雪岩的老朋友，这一天他去拜见巡抚大人，巡抚大人却说有要事在身，不予接见。王有龄之前与巡抚关系一直较好，以前每次去巡抚都是马上召见，这次不知因何不予召见，故王有龄找胡雪岩共同分析原因。

胡雪岩与巡抚手下的何师爷是故交，于是向他打探缘由。

原来，巡抚黄大人听表亲周道台一面之词，说王有龄所治湖州府今年大丰收，获得不少银子，但孝敬巡抚大人的银子却不见涨，可见王有龄自以为翅膀硬了，不把大人放在眼里。巡抚听了，心中很是不快，所以就给了王有龄一点颜色看。

问题出在周道台身上，而这周道台与王有龄以前曾有过官场上的一些过节，一直怀恨在心，便在巡抚跟前经常参王有龄。

原因查明后，该如何处理，这让王有龄犯难了。要知道官场上十个说客不及一个戳客，有周道台这个灾星在巡抚身边，早晚会出事。

胡雪岩劝老友先莫焦躁，待他打探一下情况再从长计议。当夜，胡雪岩便花重金向何师爷打探了周道台的情况，希望能找到蛛丝马迹，不料真抓住了一些把柄。

原来，周道台财迷心窍，为了拿到十余万两银子的回扣，居然瞒着巡抚与浙江蕃司共同购船。且不说这蕃司与巡抚向来不合，仅越职僭权一罪就够他受的。

王有龄听后大喜，主张告诉巡抚，胡雪岩却认为万万不可，生意人人做，大路朝天，各走一边，如果断了别人的财路，那得罪的可不是周道台一人。

最后，他们商议恩威并济。

一则派人在周道台院中塞一封信，信中记载周道台的种种劣迹以及近期购船一事，由何师爷晓以利害，动以大义，最后出谋划策让其与蕃司划清界限，以免做了事发后的替罪羊，然后寻一巨商共同购买船只，回扣仍然拿，再上报巡抚，把所有的风险一并化了。

二则让何师爷向周道台点明王有龄、胡雪岩可以为他出资。周道台想想确实无路可走，于是次日凌晨便来到王有龄府上。王有龄虚席以待，听罢周道台的来意，王有龄沉思片刻，道："这件事兄弟我原不该插手，既然周兄有求，我也愿意协助。只是所获好处，分文不敢收。周兄若是答应，兄弟立即着手去办。"周道台一听，还以为自己听错了，赶紧声明自己是一片真心。

两人推辞半天，周道台无奈只得应允了。于是王有龄到巡抚衙门，对巡抚称自己的朋友胡雪岩愿借资给浙江购船，事情可托付周道台办。巡抚一听又有油水可捞，当即应允。

周道台见王有龄做事如此厚道大方，自觉惭愧，办完购船事宜后，亲自到王府负荆请罪，两人遂成莫逆之交。

胡雪岩一向认为生意场上，没有真正的朋友，但也并非到处都是敌人。既然是过独木桥，都很危险，纵然我把你挤下去，谁又能担保你不能湿淋淋地爬起来，又来挤对我呢？冤冤相报何时了？既然大家图的都是利，那么就在利上解决吧！

和气生财不仅是胡雪岩的致富法则，更是所有富人的致富宝典。从商之道，和为上；为人之道，和为贵；义利相生，和为上。人是群体动物，人与人之间能否和睦相处，对事业影响很大。善于处理人与人之间的关系，这成为富人们发财致富的一种技巧。

和气生财，要求我们与人谈判时，主动把自己的创意或建议变成对方的，把你的创意或建议变成钓饵，对方会自然而然地上钩。比如说，你想让对方接受你的意见，“你这样想过吗”的说法，要比“我是这样想的”更能打动对方，“试一试看看如何”的说法比“我们非这样做不可”更能获得对方的赞同。这就让对方觉得你的意思就是他的本意，他的意见得到接纳，那么他也会比较容易采纳你的建议。

另外，委婉地说出你的意见，就不会伤害对方的面子。“面子”不单是东方人注重，西方人也很讲究，所以提意见时要注意。如果毫不客气地向对方提出你的意见，出于面子，对方往往会本能地不予接纳。相反，你采用和顺婉转的方式提出，对方的面子堤围可能会自然开闸。如果你以冷静而温和的方式提出你的意见，然后说“我是这样想的，但可能有许多不当之处，不知你对这方面的意见怎样”，这么一说，对方可能会完全接纳你的意见。

把“双赢牌”的蛋糕越做越大

两个钓鱼高手一起到鱼池垂钓，不多久工夫，皆有不少收获。旁边的看客十分羡慕，纷纷买竿一试。但看客们不谙此道，怎么钓也毫无成果。两位钓鱼高手性情各不相同。一位孤僻而不爱搭理别人，单享独钓之乐；另一位热心、豪放、爱交朋友。爱交朋友的这位高手对看客说："这样吧！我来教你们钓鱼。如果你们学会了我传授的诀窍，每10尾就分给我一尾，不满10尾就不必给我。"看客自然乐意。教完这一群人，他又到另一群人中，以同样的条件传授钓鱼术。

直到傍晚时分，这位热心的钓鱼高手也没碰一下自己的钓竿，他把所有时间都用于指导，却收获了满满一篓鱼，还认识了一大群新朋友，备受尊崇。同来的朋友闷钓一整天，钓的鱼只有他的1/3，更没有享受到朋友亲和的乐趣。

这个故事给了我们这样的启示：当你帮助别人获得成功——钓到大鱼之后，自然在助人为乐之余而得到回馈。双赢是最美好的事情，有谁不愿意干呢？

双赢是现代经营者理性的明智选择，现代社会的发展已使人们意识到"你死我活"的独占欲望的结果是一无所有，得到的只是比以前更坏的境遇。而双赢则可以改变这种境况：使双方从对抗到合作，从无序到有序，从短暂的存在到永久的矗立，这些都显示出双赢代表着一种奋进的精神，一种公正的理念和一种精明睿智。

双赢理念的目的是为了在人与人以及人与自然的关联中赢得更好的结果，它不是逃避现实，也不是拒绝竞争，而是以理智的态度求得共同的利益。因此，对人而言，双赢的态度是积极的，它的精神是奋进的，它拒绝消极回避、悲观无为的思想，而以积极的心态追求预想的目的。一些人认为：双赢的背后就是认输，是不求其上、只求其次的庸人表现。眼光远大的人则认为，双赢是基于对自身环境进行科学地分析后所做出的明智选择，是积极的判断和果敢的行为。

双赢作为一种理念，它体现了一种公正的价值判断，这种公正性不仅表现在对别人利益的尊重上，也表现在对自身利益的取舍上。这是因为，现代社会是一种共存共荣的社会，自己的生存和发展要以牺牲他人的利益为代价的时代已不存在，取而代之的则是必须赢得他人的帮助和合作才能发展和壮大自己。在这个过程中，只有利益共享才能形成良好的合作，才能取得别人的帮助，使自己成功。这种利益共享的合作双赢理念正是公正精神的体现，它符合社会发展的规律。

双赢不仅表明它是一种现代理念，同时它也是现代智慧的结晶。没有对自身条件的分析，没有对周围环境以及未来发展趋势的分析，则不能形成双赢理念。有了这种理念，如果没有科学的方法、明智的行为、超常的胆略，也不能产生双赢的结果。

威尔逊与捷奇相识于1963年，当时威尔逊在捷奇的顾问公司工作。1974年，威尔逊加入了马里奥特公司，第二年，他便雇用了捷奇。1982年捷奇转到巴斯公司任职。1984年，他非常机敏并艺术地处理了涉及巴斯公司用一块土地与迪斯密公司交换25%股权的棘手问题。后来，他又干脆为迪斯密公司设计了一整套可行性计划，为此，他花去了整整6个月的时间！同年，威尔逊也进入了迪斯密公司，并担任最高财务主管。

他们为迪斯密公司工作，可以说是赚进了万贯财宝：捷奇得了5000万美元，威尔逊则得了6500万美元。1989年，两人共同出资，再加银行的巨额贷款，买下了西北航空公司。

经过多年的经营，西北航空公司为二人带来了难以计数的好处。

显然，正是因为双赢的理念才使得二人互补互惠、互助成功的。

同样大的一块蛋糕，分的人越多，每个人分到口的就越少。由此，我们可能会去争抢食物。但是，如果我们是在联手制作蛋糕，那么，蛋糕做得越大，我们就越不会为眼下分到的蛋糕大小而感到不公了。因为我们知道，蛋糕还在不断做大。而且，只要把蛋糕做大了，根本不用发愁分不到蛋糕。

但有些商人总是喜欢相互拆台，根源正是这些人的抢占思想。他们的一个突出表现，就是必欲置对手于死地而后快。为了达到这个目的，不计代价，形成过度竞争，结果大家都没有好日子过，都受穷。

喜欢拆台的商人会认为你多我少，你死我活，因此就以杀伤对方来获得自己的成长。但是，过度竞争的结果就是大家都无法获得持续增长。在这种意义上讲，这些人的不合作思想，使之难以成为真正的富人。

有肯德基的地方，基本都有麦当劳。他们虽是竞争关系，但是，肯德基却没有发动“战役”把麦当劳给消灭了，相反，他们在互相竞争中促进彼此的进步，共同培育了市场。可口可乐和百事可乐也是如此。他们互相视对方为主要竞争对手，但是却从来不搞恶性竞争，甚至连促销活动往往都有意错开。这就是双赢的最好证明。

所以，在商业发展中，要学会与人合作，懂得双赢。只有这样，我们才能做得更好，将自己的商业活动推向另一个高峰。

商海论战，“稳”字当先

商场如战场，很多时候并不是单单凭借激情就能够独当一面的，而更多的是要依靠“稳”，才能赢得一番天地。

说到“稳”，我们不得不提到“东方船王”包玉刚。

60年前的宁波小镇上，包玉刚出生于一个小商人家庭，父亲包兆会是个市井小商人，常年在汉口经商，每一分钱都浸满汗水。家离海不远，包玉刚经常去看海，看船。命运似乎有某种笃定，一定就是一生。包玉刚在13岁的时候到上海读了一个船舶学校，抗日的时候被迫中断学习，又去银行里当小职员。1949年初和父亲来到香港，自此踏上航海业的征程。在1949年到1978年间，包玉刚用不到30年的时间在一条破船上成长为享誉世界的船王。此中艰辛常人难以理解。

而远在香港，有一个人也正强势崛起，那就是比他小10岁的李嘉诚。李嘉诚通过苦心经营，跻身华人首富，一样的艰苦，一样的令人瞩目。一边是船王包玉刚，一边是首富李嘉诚，两人都不会想到如今同会于香江湖畔，一起阻击西洋财团。

1978年7月的一天，李、包两人密会于香港中环文化阁一间隐蔽的房间。谈话的主题直奔九龙仓。

在那次密会中，李嘉诚打算将手中持有的2000万股九龙仓股票转让给包玉刚，包玉刚必须帮他在汇丰银行承接和记黄埔9000万的股票。包玉刚意在九龙仓，李嘉诚意在和记黄埔，两大巨头各有所指，共同的目的却是对抗盘踞九龙仓的英国财团怡和。

两人一拍即合，包玉刚当场同意李嘉诚的建议，同时约定事成之前不向外界走漏半点风声，这就是著名的“阁仔会议”。

但是为了以防万一，包玉刚在承接了李嘉诚2000万股九龙仓股票后，又悄悄买进1000万股，整个过程神不知鬼不觉，直到他持有的九龙仓股份达到30%，高于怡和的20%时，才高调地宣布自己已是九龙仓最大的股东。

为了更加稳妥地掌控九龙仓，包玉刚又将手里的股票以高于市价的价格转让给环球旗下的隆丰国际，以此来表明，他的最终目标是掌控九龙仓50%以上的控股权。而且，即使这次有什么闪失，他顶多赔掉一个隆丰国际，对自己的财力并不会造成太大影响。包玉刚步步为营，他用自己的沉稳和谋虑逐渐接近目标。

英国财团的掌控者知道这个消息后暴跳如雷，扬言反击。一股大战前的血腥味似乎正笼罩在香港的上空。

1980年夏天，包玉刚按原计划要进行一场环球旅行。期间，他要途经法国巴黎、德国法兰克福、英国伦敦，最后还要飞到墨西哥与墨西哥总统会面。当时的包玉刚风光满面，九龙仓争夺权已基本胜券在握。但他不知道的是，自己的这一行程已被英国财团眼线获知，英国人已经谋划周全，只待包玉刚离开香港，反击立刻上演。天平开始倾向另一方。

果然，包玉刚前脚刚到欧洲，怡和就抢购九龙仓股份。他们的目标是将自己的持股率增加到49%，包玉刚的股票只有30%，如果想超过怡和，就要在两天内筹集数十亿现金，再买入20%的九龙仓股票，他有这个实力吗？得到怡和反扑的消息后，包玉刚的女婿、自己的得力干将吴光正，马上给包玉刚打电话，告知急情。从吴光正略显惊慌的话语中，包玉刚得知此事的严重性，他先平复女婿的心境，然后详细询问整个事件的经过。英国人是在逼自己全盘收购九龙仓，但他当时根本没这个实力。吴光正说，如果他们也和英国人一样，将九龙仓的股票持有率增加，就会占有比较有利的位置。因为当时怡和只有20%的股票，而包玉刚则有30%，再买进20%股票的话，就可稳操胜券，整个过程如果用现金交易，优势会更大。

包玉刚当即同意此方案。但他当时手里只有5亿现金，为了筹款，便详细地做起了安排：他先是致电在伦敦的汇丰银行老板，第二天上午共进早餐，再向原本确定出席的会议和见面的人物致函道歉，说自己因个人事务不得不取消这些议程。接着，他便直飞伦敦筹款，整个过程顺利得异乎寻常，财团很快

答应了包玉刚借款15亿的要求。钱的事准备妥当后，包玉刚又密电吴光正给自己订购苏黎世直飞香港的飞机票，自己则按原计划飞到墨西哥与该国总统见面，以麻痹英国人的眼线。在到了苏黎世后，他就悄悄地登上事先早已预定好的飞机，直飞香港。整个过程，包玉刚非常冷静，甚至冷静得有些惊人。

回到香港后，包玉刚选择了一家平时并不常住的酒店下榻，然后立即布置收购的相关事宜。在确定怡和出价100元一股后，包玉刚决定以105元一股与之对抗，因为是现金买进，这个价格英国财团肯定无力还手。确定这点，包玉刚当天晚上就召开了新闻招待会，高调地宣布自己将再买进2000万股九龙仓股票。而在解释自己怎么筹到这笔巨款的时候，包玉刚只是轻描淡写地说自己只是到当铺转了转。自此，英国财团怡和彻底被击退。

在整个九龙仓收购战中，包玉刚共动用了23亿现金，人们在不断地感叹，在这场震动世界的商业并购案中，船王是如何在如此短的时间内筹到这些资金的？有些人说是因为他的临危不乱，也有些人认为是他的个人魅力和身后的强大财团。但不管依靠什么，有一点不可否认，包玉刚的沉稳、老谋深算在关键时刻挽救了他。联手强人、瞒天过海的出游计划、尘埃落定后的平静言语，包玉刚的商业智慧让这艘在大海上漂荡了半个世纪的大船，终于安全靠岸，续写传奇。

通过包玉刚的事迹我们发现：商海，看似波澜不惊，却又暗潮涌动，其间的博弈格局，变幻莫测，一个看似不经意的落子，可使双方易局，逆转颓势。经商如行走江湖，“稳”不是退缩保守，而是在深思熟虑谋篇布局后，决然出招制胜。如同盖世的侠客，在利剑出鞘的那一刻，胜负已然分明。当他飘然而去的时候，只能看到狼烟背后的宠辱不惊。诚如包玉刚，这个经过大风大浪的人，不会在乎这一时的波涛了。

善借他人智慧

即使是天才也不可能样样精通。因此，成大事者要善于借用别人的智慧，把它转化成自己的智慧。在借用别人智慧的过程中，得到灵感和启发，使自己得到提升。

当今世界，对于想取得成功的人来说，不仅仅需要个体的努力，而且需要知识的高度集结来作为成功的基石。因此，你越是善于从群体中求知，越是不断地开拓新的求知领域，就越是有益于人与人之间的优势互补，你的智能结构就越完美，越富有应变能力，进而越能够应付变化繁复的社会发展和科学技术的发展。

唐太宗在总结了历代帝王得失教训后曾经对大臣们说：“许多帝王总是按个人喜好做事，心情好的时候连毫无功绩的人也胡乱封赏，一旦有任何不顺心的事，马上大发雷霆，不分青红皂白地滥杀无辜。天下之所以大乱往往是因为这个原因。我日夜以此为警戒，如果各位有意见，不妨直率地提出来。”唐太宗正是由于广泛地听取和采纳臣子的谏言，才能不断地反省自我，扬长避短，从而巩固自己的政权，创立了太平盛世的繁荣局面。

这给我们以另一层深刻的启迪。当今人类要解决自然科学与技术科学乃至各个领域的某些重大问题，单靠个人单枪匹马已很难奏效，往往需要人才的协同作战和多学科的交汇。

现代人心目中的游戏乐园迪士尼正是利用了多人的协作和努力，才变得更加吸引游客驻足。

一个小女孩到了向往已久的迪士尼乐园，还幸运地遇到了乐园的创办人沃尔特·迪士尼。小女孩激动地问道："您真伟大！您创造了这么多可爱的动画朋友！"

沃尔特·迪士尼微笑着回答："不，那些是别人创造出来的，不是我的功劳！"

小女孩又好奇地问："那些可爱朋友的有趣故事应该是您创作的吧？"

老人还是平静地笑着："也不是，是许多聪明的富有想象力的作者和制作员想出来的！"

小女孩认真地打量着自己心目中的大人物，不甘心地问："可是……可是您到底做了些什么呢？"

沃尔特·迪士尼爽朗地笑了，抚摸着小女孩的头，说："我所做的就是不停地发现这些人，把他们召集在一起啊！"

那些真正做大生意、赚大钱的人大都是利用别人的智慧赢得财富的。借助别人的智慧来为自己办好事情，不需要什么事情都亲自去做。你只需要比别人知道的多一些，看到的问题多一些，然后安排人来解决这些问题。简而言之，不需要你亲自动手的就放手让别人去做。

"君子善假于物"，精明的人善于用人。也许你可以凭借自己的勤奋和聪明才智获得一定的财富，但是如果你能把自己和别人的想象力与智慧完美地结合起来，那不是更完美吗？

放弃可以借用的头脑和智慧，恰好证明自己没有头脑和智慧。

若论起专业知识和智商来，很多成功的企业家或者明智的生意人并不比他们的员工和下属聪明多少。但是，他们最大的聪明在于善于利用自己团队成员的聪明和智慧。他们会激发团队中的每个人发挥出其他成员不具有的才能，并指导他们，避免让他们偏离工作目标，让他们理解团队的任务，并且引导他们把主要精力放在如何实现目标上。这种管理之下的团队一定会像生活在迪士尼乐园中一样，富有创造性，爆发出工作热情和干劲。

能够发现自己和别人的才能，并能为我所用的人，就等于找到了成功的力量。聪明的人善于从别人身上吸取智慧的营养补充自己。从别人那里借用智慧，比从别人那里获得金钱更为划算。读过《圣经》的人都知道，摩西算是世界上最早的教导者之一。他懂得一个道理：一个人只要得到其他人的帮助，就可以做成更多的事情。

当摩西带领以色列子孙前往上帝许诺给他们的领地时，他的岳父杰塞罗发现摩西的工作实在过量，如果他一直这样下去的话，人们很快就会吃苦头了。于是杰塞罗想办法帮助摩西解决了问题。他告诉摩西将这群人分成几组，每组1000人，然后再将每组分成10个小组，每组100人，再将100人分成2组，每组各50人。最后，再将50人分成5组，每组各10人。然后，杰塞罗又教导摩西，要他让每一组选出一位首领，而且这位首领必须负责解决本组成员所遇到的任何问题。摩西接受了建议，并吩咐那些负责1000人的首领，分别找到胜任的伙伴。

用心倾听每个人对你的计划的看法，是一种美德，也是一种虚怀若谷的表现。他们的意见，你不必每个都赞同，但有些看法和心得，一定是你不曾想过、考虑过的。广纳意见，将有助于你迈向成功之路。

万一你碰上向你浇冷水的人，就算你不打算与他们再有牵扯，还是不妨想想他们不赞同你的原因是否有道理。他们是否看到了你看不见的盲点？他们的理由和观点是否与你相同？他们是不是以偏见审视你的计划？问他们深入一点的问题，请他们解释反对你的原因，请他们给你一点建议，并中肯地接受。

台湾巨富陈永泰说得好：“聪明人都是通过别人的力量，去达成自己的目标。”

一个人大部分的成就总是承蒙他人所赐，他人常在无形之中将希望、鼓励、辅助投入我们的生命中，从而激活了我们的精神世界，使我们的各种能力趋于锐利。

所以，一个人的力量有多大，不在于他能举起多重的石头，而在于他能获得多少人的帮助。一幅名画中最伟大的东西，不在于画布上的色彩、影子或格式，而是在这一切背后的画家的人格中——那黏着在他的生命中，那为他所传袭、所经历的一切的总和所构成的一种伟大的力量！

钢铁大王卡内基曾经亲自预先写好自己的墓志铭：“长眠于此地的人懂得在他的事业过程中起用比他自己更优秀的人。”所以，个人的优秀并不是最大的优秀，善于借助他人智慧的人，懂得整合所有的优点和智慧的人，才是最优秀的，才能在事业上更上一层楼。

顺势而治，借树开花

中国历史上有名的“红顶商人”胡雪岩，是一个很懂得顺势和借势的人。当年，他的好朋友王有龄接到了朝廷的谕令，上面写着：官军无粮，浙江漕米至今未到，今改漕运为海运，速速加紧运输。王有龄虽然在官位之上，可是很多事情都是胡雪岩在帮忙打理的，所以最终这件事情又落在了胡雪岩的头上。

明清时期，京城用粮经常是由苏杭等地区通过运河运送，简称“漕运”，参与粮食运送工作的民间人员形成的组织，叫作“漕帮”。有一段时间，由于太平军破坏严重，导致了运粮期限被耽搁了。朝廷由“漕运”改为“海运”，实在是胡雪岩的意料之中。于是，他就想了一个办法，拿着银票直接去上海买米，之后从海上运送，岂不是更省事？但是前提是必须要获得漕帮的谅解，才不会被拆台。

之前，胡雪岩曾经帮助过“徐疯子”，而“徐疯子”又是漕帮小爷的救命恩人，这一来二去，也就跟漕帮有了一点关系。胡雪岩去了漕帮，拿出了小爷给过他的信物，见了当家的，说明了来意。当家的也是一个明理的人，可是漕帮眼下也有难处，如果改成了海运，这笔收入就又落空了，漕帮以后的日子就更难过了。

胡雪岩了解了情况以后，就跟当家的解释说，漕运改海运，只是一时之计，不是永远改成海运了。他甚至说，漕帮的难处，恐怕就是资金上周转不开，他能够帮助漕帮解决在资金上的问题，只要漕帮答应在海运上不再为难官府。

当家的心里想，资金是漕帮眼下最大的难题，如果这个事情解决了，那漕帮以后就不用发愁了。而且走海运不过是一时，以后还会改回来，也就不愁丢了财路，所以就答应了。

胡雪岩虽然答应了漕帮的资金借贷问题，可是他的钱庄刚刚建立不久，门面虽然不小，可是内部是空的，他怎么可能有钱借给漕帮呢？其实，胡雪岩答应借出的钱，不是他自己的，而是信和钱庄“大伙”张胖子的。

张胖子原是阜康的“大伙”，曾因为想骗老板的财产而被赶出了阜康。在这之前，与胡雪岩一直有隔阂，但是胡雪岩亲自找他，说介绍给他一笔生意。张胖子一看，胡雪岩果然给自己面子，就答应了下来。于是，胡雪岩利用信和钱庄的钱，帮了漕帮，实现了官府的海运计划。

有时候，为了达成自己的目的，利用一下别人的关系也未尝不可。正如胡雪岩所说的：“不管是谁的梯子，只要用上了，就能登高。”可是，在生活中，很多人都只希望凭借自己的能力往上爬，即使身边就有人能扶他一把，他也不愿意借助别人的力量。

这样的想法是错误的。我们都是社会性动物，不可能单靠自己的力量就完成所有的事情，所以借助于别人的力量是很正常的。而且，身边就有人能将我们扶上位，我们为什么还要死撑着，等着自己爬上去呢？

所以，无论是经商还是在个人的发展中，我们都要学会借助别人的力量，借树开花。

借树开花中的“树”一般指那些借来长势的东西，它应有一个高大的形状，不但可以使花有所依托，还可以使之花枝招展，形成一定的气势。树上所开之花可以是真花，也可以是假花，可以实开，也可以虚开，还可以虚实结合。

吉姆斯·林的成功也是“借树开花”巧借外力的典范。

吉姆斯·林曾经是一个身无分文的人，可如今，他是华尔街有史以来发迹最快的传奇式人物，他旗下的LTV公司是美国最大的15家公司之一。

吉姆斯通过创业发家后，看上了比LTV大两倍的威尔逊公司，于是他来了个小鱼吃大鱼。他先将LTV分成三家独立的公司：LTV航空公司、LTV电业公司和LTV林·阿提克公司，三家公司分别上市，母公司持有每家公司75%～80%的股份。

吉姆斯经过分析，只需8000万美元，就可吞下这个庞大的企业。他当然不肯自己掏8000万美元去买，他用LTV公司的股票抵押，向银行贷了8000万美元，轻松吃掉了威尔逊公司。吉姆斯的目的是达到了，可背上8000万美元的债务总不是舒服的事情，但他又不肯自己掏腰包去还。

他又想出一个整个华尔街所有的聪明大脑都想不到的办法，不花一分钱就把8000万美元还了。他是这样做的：他先把8000万美元负债转到威尔逊公司账下（这是内部转账，很容易做到，也没有法律障碍），然后，他把威尔逊公司也一分为三：威尔逊肉类加工公司、威尔逊运输器材公司和威尔逊药材公司，每一家公司单独发行股票，母公司LTV持有这三个子公司大部分股权，其余的上市发行，发行所筹资金，差不多就把8000万美元解决了。

就在整个华尔街为吉姆斯的还钱高招目瞪口呆时，更精彩的事情发生了，威尔逊三家公司股价上涨，吉姆斯手中的威尔逊公司迅速增值，市值很快达到了他购买时的两倍。

可见，借树开花、借力打力可以弥补我们资源不足的缺憾，能使我们在竞争中反败为胜。在竞争对手强大、我方弱小的形势下，为了创造和等待战机，防止被对手吞并，便借别人的力量来虚张声势，示强于敌。这包含两种含义：一是借局布势，借别人现成的局面，布成有利于自己的新阵势，或者是利用别人的力量为自己服务，扩张自己的势力，扩大自己的影响。"布势"之所以要"借局"，主要是自己的力量暂时还比较弱小，无力独自形成所需要的强大声势。二是求之于势，即要依靠有利的形势来取胜。

所以，做任何事情都离不开客观环境，如果客观环境所提供的条件不利，我们便应因势利导，使其向有利的方面发展。这就叫"顺势而治"，即利用有利的形势，捕捉最佳的战机，以求一举成功。

先吃亏，后收益

中国富豪黑马有很多匹，据说，严介和是最特立独行的一匹。因为他的致富模式与众不同：先吃亏，后收益。

2005年美国哈佛商学院的教科书里，收录了一则中国商人的经典案例，他在公司创建后做的第一单生意是一笔赔本买卖："赔5万元不如赔8万元。"而这个在当时被无数人耻笑的商业行为，日后却为他带来了800万元的收益，这个人就是严介和，江苏太平洋有限公司老板。

每每说起第一笔生意，严介和总要回顾以前的经历："我其实不必下海。别人下海，我是跳海。下海的人是苦海无边，回头是岸；跳海的人是苦海无边，回头无岸。"

1986年前，这个出生在大运河边的淮安人，一直在家乡中学教书，先是普通教师，再是教务处副主任。原本顺风顺水的一切，只因为一件事改变：超生。

"我早婚早育，1983年有了第一个孩子。那时候妈妈就讲，权大权小是没完没了，钱多钱少总有烦恼，唯有天伦之乐，才能过好一生，这是最好的财富。妈妈的话一定要听，一定要给妈妈再生一个孙子。我是老九，排行最小，第一个孩子又是女孩，苏北人重男轻女，我又是个孝子，所以也是很痛苦的。后来没办法，又生了一个孩子。生下第二个孩子后，我主动递交辞职报告。"

严介和喜欢一句话："出来混，总是要还的。"因为超生，他知道要承担责任，就递交了辞呈。从1986年到1996年的10年间，他先后在七家国企任职，哪家负债累累经营不下去了就去哪家。替企业还债的过程似乎也是为自己还债。他明白了一个道理：吃亏与还债都是一样的。现在吃亏，上天总会在日后的某个时候给予回报，而此时欠债，上天也总会在某个时候让你受到惩罚。

大概正是因为明白了这点，严介和成立公司后接下了一笔赔钱也要做的买卖。但是，有些事情的玄机只有自己知道。严介和不傻，接下这单生意，他真的是为了赔钱吗？

1996年，在往南京奔波了11次后，严介和终于拿到了一笔仅仅29.4万元、工期140天的订单，工程内容是给南京高速公路修三个小涵洞。看着单子上的“29.4”这几个阿拉伯数字，严介和一时踌躇不定。他没想到，等了半天，等来的却是一笔赔本的买卖。

“我算了一下，把这三个涵洞修完要赔5万块钱，因为是经过五次转包的工程了，管理费累计上交36％，没办法不赔钱。”

但出乎所有人意料的是，严介和接下了这个项目。

“我跟他们说，干，既然赔了就赔到底，赔5万元不如赔8万元！”

最后工程做得很好，原本需要140天完成的项目，70多天就干完了。

结工那天是大年三十的晚上，严介和一人开着一辆手扶拖拉机，走了100多公里才回到家。他说：“那时的身体是疲惫

的，心情却是愉悦的。”

当时，没有人明白严介和真正的心思，也没有人明白他“心情愉悦”到底指什么，仅仅指提前优质地完成了项目？直到那次工程指挥部的领导让总承包商江苏省交通工程总公司老总把严介和请到南京吃顿便饭，人们才大概明白了严介和的真正意图：他看上了这单生意背后强大的政府资源。吃小亏，是为了钓大鱼。

而这鱼果真被他钓上来了。在那次便饭上，工程部领导对严介和的工作非常满意，觥筹交错间，领导说还有大工程要交给他。严介和一听来了精神，满满的一杯酒一口下肚。领导哈哈大笑：“爽快，爽快。”那条高速公路上的其他配套工程，就这样归入严介和的囊中，而所有工程做完，他竟赚了800万元。

自此，严介和的名声便一传十十传百地传开，他“好吃亏”的秉性也渐渐人所共知。

吃亏便成了严介和经常说的话，只是，他会在吃亏后面加两个字：吃亏是富。

“亏吃多了，也会生出钱来。”

从2003年底开始，严介和开始频繁和多个地方政府接触。不久之后，就收购、接管了30多家亏损的国有大中型企业，旗下的企业已经有100多家，他因此获得了众多市政工程建设项目，一条通过收购亏损国企而获得政府建设工程的发财路，被严介和走了出来。其中运用的哲学依然是“将欲取之，必先予之”的吃亏在先原则。

严介和也一再强调："国企，我们只关注亏损的。"他强调人的眼光不要太浅，"要看到以后的发展机会，要和政府建立良好的关系。"一切都是为了长线经济。

现在，严介和已经凭借100多亿元的个人资产登上中国富豪榜前几位，有人称他为富豪黑马，只有他知道自己的成色到底有多少。

有时，闲来无事，他会坐在自己的办公室里想想自己的从前。他觉得，在自己真正创业之前，似乎都是在先得到一些东西，然后又不得不在某些时候为其还债，比如超生、辞职、下海。直到他创业后，当他真正的吃亏在先，收获才源源不断的到来。于是，严介和总结了一套适合于自己的商业模式：先吃亏，后回报。而这一点，也真正成就了他中国富豪的地位。

无论从事哪一行，如果只想"取"而不想"予"，即使得到一时的便宜也可能是短暂的效益。所谓的放长线钓大鱼，是不在意眼前得失，立足于长远，谋求更深远的发展。先予后取需要胆量，需要承受极大的风险，而当你真正发现了风险背后的商机，就要大胆地迈出那一步，切莫迟疑。吃亏是富，只有做过的人，才知道这句话的妙义。

靠山吃山，**靠水吃水**

《兵经百篇》中云："艰于力则借敌之力，难与诛则借敌之刃，乏于财则借敌之财，缺于物则借敌之物。"靠山吃山，靠水吃水，圆融经营，同样是人们走向成功的一把钥匙。

1978年，荣智健暂时把妻子儿女留在北京的父母家中，自己独自南下香港去闯事业。

荣智谦、荣智鑫均是荣德生长子、荣智健大伯荣伟仁的儿子。荣智谦生于1931年，荣智鑫生于1934年。

正是由于两位堂兄的盛情邀请，荣智健比较顺利地到了香港，开始了他的新事业。

刚到香港时，他的堂兄荣智谦曾经问他："健弟，你在内地耽误那么多时，要不要到国外去深造深造？"

荣智健思考了一会儿，回答说："我已经是30多岁的人了，学问本来就不好，英文又蹩脚，还去读什么书？干脆做生意好了。"

另一位堂兄荣智鑫在旁边听了，插话说："这样也好。健弟既然有意从商，那就和我们一块干好了。依我看，健弟也和四叔一样，有经商的天赋。我们几兄弟联合来干，肯定会干出一番大事业的。"

于是，荣智健接过他父亲的接力棒，开始了荣氏家族的再度创业，这对于荣智健来说，无疑又是人生的一个重大转折。

要与人合作，仅有智慧还远远不够，必须同时具备足够的经济实力，这一点荣智健比谁都明白。

做生意需要资金。资金从哪来？荣智健想到了父亲在香港留下的老底，即荣毅仁于新中国成立前在香港的一些资产，主要是一些纺织厂的股份，如九龙纱厂、南洋纱厂在荣毅仁名下的股份。因为有30多年没有动过股息和分红了，如今一算，居然有一大笔钱，以此来做投资，还是绰绰有余的。

1978年，荣智谦、荣智鑫在新界大埔开办了爱卡电子厂，荣智健应两位堂兄之邀，带着父亲留下的那笔资本，友情加盟。电子厂主要生产电容器、电子手表和玩具。后来随着电脑业的发达，开始转向以生产电脑随机存取存储器（RAM）为主。起初合伙时，兄弟三人各占1/3股份。后来工厂赚了钱，荣智健把他分到的利润再投资进去，逐年增加，最后他的股份占到60%。据估算，荣智健前前后后总共投资了100多万港元。

工厂开办时，董事长、总经理分别由荣智谦、荣智鑫担任，荣智健只是一个高级打工仔。随着荣智健股份的增多，他开始接替堂兄，出任总经理。销售渠道一定，爱卡的业务直线上升，产品供不应求，效益成倍提高。同时，不断加大投资，积极开发新产品，其中2微米64K的随机存取存储器，以性能良好、价格低廉而受到用户的广泛好评，市场占有率极高。

爱卡的成功，被国外好多同行看好，争相收购。因为荣智健占有爱卡60%的股份，所以出售该公司后，他个人得到720万美元，按照当时美元与港币的汇率折算，荣智健获得5600多万港元，是他当年100万港元投资的56倍之多，获利远远超过了股票收益。

对此，荣智健并不满足，认为不过是小试牛刀。

1982年，荣智健与几位原来在IBM公司工作的高级工程师合作，在美国加州的圣荷西（Saniose）合资创办了加州自动设计公司，简称CADI。这是全美第一家专门从事电脑辅助设计软件的公司。最初投资大约是200万美元，荣智健个人占有60％的股份。

由于CADI公司产品新颖，质量优良，加上管理有方，市场前景很好，赢利丰厚。创建不到一年，即被美国生产电脑设计硬件的Mentor Gaphics公司收购了28％的股份。1994年合并上市，成为美国第一家上市的电脑辅助设计设备厂商。股票上市以后，股民踊跃认购，价格一路狂涨，翻了40多倍。

200万元中的60％是129万元，增加了40倍，所得至少4800万美元，折合港元374亿。再加上他出售爱卡所得的5000多万港元，总共已超过4亿港元。这是一笔数目不小的资产。从1978年到1984年，在仅有的6年时间里，荣智健从不到100万元起家，发展到拥有4亿港元巨资，不得不说是一个奇迹。荣智健赢得“商界天才”的名誉威震天下。

我们研究荣智健的成功之路不难发现：他一路上遇山靠山，遇水靠水，巧借外力，巧于经营，一步一步地走向成功。在越来越注重协作团结的今天，如何靠山，如何靠水，更需你的慧眼识别。

他山之石，可以攻玉

“他山之石，可以攻玉。”这句话出自《诗经·小雅·鹤鸣》。晚清时的黄兰阶可谓深谙此道，借着左宗棠的名号当幌子，让总督给他升了官，实在是棋高一着的妙点子。

晚清年间，左宗棠任军机大臣。当时，他的一个好友的儿子黄兰阶，在福建候补知县多年也没候到实缺。黄兰阶见别人都有大官写推荐信，想到父亲生前与左宗棠很要好，就跑到北京去找左宗棠。左宗棠见了故人之子，十分客气，但当黄兰阶提出想让他写推荐信给福建总督时，立刻就变了脸，几句话就将黄兰阶打发走了。

黄兰阶又气又恨，就闲踱到琉璃厂看书画散心。忽然，他见到一个小店老板学写左宗棠字体，十分逼真，心中一动，想出一条妙计。他让店主写柄扇子，落了款，得意扬扬地回了福州。

这天，是参见总督的日子，黄兰阶手摇纸扇，径直走到总督堂上。总督见了很奇怪，问："外面很热吗？都立秋了，老兄还拿扇子摇个不停。"

黄兰阶把扇子一晃："不瞒大帅说，外边天气并不太热，只是我这柄扇子是我此次进京，左宗棠大人亲送的，所以舍不得放手。"

总督吃了一惊，心想："我以为这姓黄的没有后台，所以候补几年也没任命他实缺，不想他却有这么个大后台。左宗棠天天跟皇上见面，他若恨我，只消在皇上面前说个一句半句，我可就吃不住了。"总督要过黄兰阶的扇子仔细察看，确系左宗棠笔迹，一点不差。他将扇子还于黄兰阶，闷闷不乐地回到后堂，找到师爷商议此事，第二天就给黄兰阶挂牌任了知县。

黄兰阶不几年就升到了四品道台。总督一次进京，见了左宗棠，讨好地说："宗棠大人故友之子黄兰阶，如今在敝省当了道台。”

左宗棠笑道：“是嘛！那次他来找我，我就对他说：‘只要有本事，自有识货人。’老兄就很识人才嘛！”

黄兰阶能够官拜道台，是以左宗棠这个大贵人为背景，让总督这个小一点的贵人给他升了官，实在是棋高一着。

我们暂且撇开清政府官场的腐败和黄兰阶欺世盗名的卑劣做法不谈，单从借力的角度来看，黄兰阶正是看准了清政府官场的特点而想出了求官的对策。

在现实生活中，如果能活用“借石攻玉”法，善于利用他人的优势弥补自己的不足，就可以把别人的优势变成自己的优势，把别人的力量变成自己的力量，从而成就自己的事业。

犹太人之所以能在商界和科技界有众多的成功者，就是因为他们普遍都具有善于借助别人之智的本领。

洛维格第一次做的只是一艘船的生意。

他让人把一艘沉入海底的柴油机动船打捞出来。这艘船已经搁置很久，他用了4个月的时间将它维修好，并将船承包给别人，自己从中获利50美元。这使他很高兴，也很感激父亲能借钱给他，他明白了借贷对于一贫如洗的人的创业是多么重要。可是，在创业初期，他总是被债务所扰，屡屡有破产的危机。他始终也没有跳出平常的思维，达到一种新境界。就在洛维格即将进入而立之年时，突然来了灵感。他想买艘一般规格的旧货轮，然后动手把它安装改造成赚钱较多的油轮，但他手里资金不够，为了达到这个目的，他找了纽约几家银行，希望他们能贷款给他，但是却一一遭到了拒绝，理由是他没有可做担保的东西。面对一次次的失望，洛维格并不气馁，而是有了一个不合常规的想法。洛维格有一艘旧油轮，这艘油轮仅仅只能航行，他将这艘油轮以低廉的价格包租给一家石油公司。然后他去找银行经理，告诉他们自己有一艘被石油公司包租的油轮，租金可每月由石油公司直接拨入银行来抵付贷款的本息。经过多番努力，纽约大通银行终于答应贷款给他。

洛维格尽管没有担保物，但是石油公司潜力很大，而且效益也很好，除非天灾人祸，否则石油公司的租金一定会按时入账。此外，洛维格的计划十分周密，石油公司的租金刚好可以抵偿他在银行贷款的本息。这种奇异而超常的思维使洛维格敲开了财富的大门。

拿到银行的贷款后，洛维格就买下了他想要的货轮，然后动手将货轮加以改装，使之成为一条航运能力较强的油轮。他利用新油轮，采取同样的方式，把油轮包租出去，然后以包租金抵押，再到银行贷款，然后又去买船。就这样不断循环，像神话一样，他的船慢慢变多，而他每还清一笔贷款，便有一艘油轮归他所有。随着贷款的还清，那些包租的船全部划在了他的名下。

自己的力量是有限的，洛维格正是看到了这一点，才屡屡利用别人的力量来促成自己的发展。他山之石，可以攻玉。作为一名现代社会中的人，在拓展自己的人脉时，要做到取长补短，广交友。不应过分计较对方身上的缺点，不应计较对方的身份、辈分、阅历等，而应多看看别人的优点和专长，在需要时，把别人的优点和专长拿来为己所用，既弥补了自身能力的不足，又为自己事业的发展铺平了道路。

善隐者，最易抢占商机

商场如江湖，善隐的人往往最容易出奇制胜。所以，不要小看了那些曾经落魄的人，那可能是他们掩藏自己的一种手段；更不要轻视正在落魄的人，那可能是他在储备力量，等待着爆发的机会。马云就是这样的一个人。

刚出道的马云，也曾高调过。他创建第一家网站之前，做了大量的宣传，可是这其中的发展却并不顺利。因为过于被人关注，让人们产生了过高的期望，可是等到落到实处时，却没有了想象之中的精彩，这不禁会让人失望。

可是经历了这些之后，马云成长了，他懂得了高调之后的艰辛，同时也学会了低调。纵观马云后来的发展之路，我们不得不说，是低调和善隐让他获得了成功，是在低调之后储备的力量让他在瞬间达到了顶点。

2005年7月的一天，马云神秘地对正在采访自己的一位记者说：“两个礼拜前，我做出了这辈子最大的决定。”

“什么决定？”

“这是高度机密，我现在不能告诉你。阿里巴巴高层也只有几个人知道，但知道的也绝不会透露一点风声。不要心急，20天后，什么都明白了。”

20天后，马云公布消息前，谣言四起。有媒体报道，美国网络巨头雅虎并购阿里巴巴。这则“大鱼吃小鱼”的消息引起诸多质疑，如果事实果真如此，马云为何要如此神秘？几天后，阿里巴巴在中国大饭店举行隆重的记者招待会，当着几百位中外记者的面郑重宣布：阿里巴巴全面并购雅虎旗下的雅虎中国，阿里巴巴也将得到10亿美元的现金。消息一出，一片哗然。

自1999年创建阿里巴巴起，马云的大手笔不断，此次并购雅虎中国依旧高调震惊中外。所有人都想知道，谈判桌上的马云到底是用什么打动了雅虎当时的CEO杨致远，他的杀手锏又是什么？马云的杀手锏就是阿里巴巴公司40%的经济效益和35%的投票权，雅虎则出让雅虎中国和10亿美元的现金。这场交易，马云是十足的胜利者，不仅壮大了自身实力还打开了知名度，但至于谈判的具体细节，马云却秘而不宣。有一次，记者问他在这起并购中运用了怎样的高招，马云淡然一笑，不予置评。如果他生来是江湖中人，必定如风清扬般潇洒飘逸，出招收招一气呵成，不留半点痕迹。

2005年9月10日，阿里巴巴并购雅虎中国尘埃落定后的一个月，西湖论剑如期举行。到场的雅虎CEO杨致远无意间说出这样一句意味深长的话：“百度一上市的时候我就跟同事说，我把价格定低了。”他把什么价格定低了？很显然，他后悔与马云做那笔交易了。

现在看来，马云始终把雅虎中国看成一枚棋子，怎样布局，心中早已谋划周全。他不允许雅虎在此次并购中控股，却在董事会四人中安插两人，自己仍任CEO。他表面宣称谈判秉持双赢的态度，实质早已为己方留出足够的员工控股权。表面谈笑风生，实则大权在握。

而且，此时的淘宝网正面临美国易趣的强硬对抗，与后者相比，前者虽在市场占有率上具有优势，却是建立在淘宝免费、易趣收费的基础上的。为了提升淘宝竞争力，阿里巴巴从2003年到2004年共对其追加4.5亿资金，易趣也于2005年初追投1亿美元资金。淘宝只出不进，压力颇大。此次谈判，马云吃定了雅虎手里的现金，不出现金阿里巴巴也绝不交出自己的股份。其实，雅虎中国是马云早已看上的牌，只是时机未到，时机一到，必手到擒来。

从这场并购案中可以看出，马云的商场舞步从容淡定，他的于无声处乾坤挪转更是令人叹服。然而，创业初期的马云，却远没有现在这般风光。

1995年4月，马云的草创雏形中国黄页诞生于一间租来的办公室，里面只有一台电脑。马云在付完房租以及各种费用后，手里的原始资金10万块钱已经所剩无几，当时的艰辛无以言表。为了打开公司销路，他拿着自己网站的材料到各家企业拜访，说出在当时还无法被人理解的因特网。通常情况

下，马云好不容易蹭进了一家企业的大门，在他滔滔不绝地说个没完的时候，对方先是看怪人一样盯他一会儿，然后极不耐烦地将他轰出门去。当他到北京后，更被人当作骗子。有一次，马云实在难以自已，就在北京的公交车上发泄着愤懑："再过几年，北京就不会那么对我，再过几年，你们都得知道我是干什么的，我在北京也不会那么落魄！"

高手，必定要经过种种磨炼，而马云这个"隔世弟子"要想修成真人，也在所难免地要经受磨砺。多年的艰辛打拼让马云逐渐坚强、成熟、睿智。商场上，他足智多谋、手法犀利，几乎无人能出其右。

多年后的今天，当初落魄不堪的马云已成为闻名世界的著名企业家，他的创业经历和经典商战被一遍遍地诵读，而他则一如既往的谈笑风生。真正的高手往往不显山不露水，隐匿于喧嚣的背后，独自揣测着这繁杂的商业江湖。输赢本就难定，那些驰骋商场的各大高手，身怀怎么样的绝技无人能够知晓。唯有善隐者，才可能将乾坤暗中偷换，占得商海先机。

搭形造势，成就影响力

2000年12月，牛群开始了他的一段执政生涯。有人说，他是演艺界第一个吃螃蟹的人；有人说，这是炒作；有人说，这是作秀……无论人们如何评说，事件的主人翁——牛群还是在2000年12月29日到全国第一养牛大县——蒙城县正式走"牛"上任了，并且主管"牛经济"和"牛文化"。

作为名人，牛群的影响力不可小视。牛群上任的当天总共有70多家媒体派记者云集蒙城县，对牛群的任职进行聚焦，聪明的记者们在透过各种不同的形式，向他们的听众、观众和读者介绍牛群上任情况的同时，也有意或无意地宣传了蒙城，使蒙城这个过去名不见经传的地方，一夜之间蜚声海内外，极大地提升了蒙城的知名度。据有关人士说，牛群到蒙城县当副县长后，互联网上检索到“蒙城”的条目从2000余条猛增到近20000条，蒙城迅速成为在全国最具知名度的县之一。

牛群使蒙城有了更大的知名度，蒙城与外界的合作也多了。世界上最大的种子集团之一——美国百绿集团的副总裁马酷，奔着牛群当副县长的事儿，决定向蒙城县无偿赠送可以种植100亩地的牧草种子；河北的巨葱专家袁振中赶到蒙城县，将自己用十余年汗水培育出的巨葱新品种捐给了蒙城县，同时，还与牛群商定了在蒙城县建立巨葱育种基地的协议；2001年2月23日，牛群赶到滁州市对扬子集团进行考察，拉开了蒙城县冷冻机厂同扬子集团合作开发生产改装车、家用空调器的序幕……

利用名人打出品牌，做局造势，这在商业社会的今天，屡见不鲜，被多数企业所采用。安踏即是其中一例。

安踏聘请乒乓球国手孔令辉作安踏品牌的形象代言人，令安踏品牌知名度迅速提高，“我选择，我喜欢”一时成为最经典的广告语。“安踏广告”不但引起同行的羡慕和仿效，也引起了国际广告学界的关注，有关安踏的研究成果已作为成功案例进入MBA课堂。

业内认为，安踏的成功，很大一部分源自于选择代言人的成功。

安踏集团总裁丁志忠在回答为何请孔令辉做代言时说:“如何选择和发挥代言人的作用，是品牌操作中一项非常复杂的工作，打孔令辉这张牌可以说是安踏品牌经营中的一个成功范例。孔令辉是知名体育明星，当时我就问大家一个问题：现在是认识孔令辉的人多呢，还是认识‘安踏’的人多？你‘安踏’还没有什么名气嘛。而1999年的孔令辉，刚刚获得男子乒乓球的世界冠军，声名如日中天。和孔令辉签完两年的合约，在这世纪之交的日子里，举世瞩目的悉尼奥运会举行了。经过周密的策划，安踏打响了确立品牌经营后的第一仗。我们认准了奥运战略的巨大影响力，在赞助中国体育代表团的礼品鞋后，制作了洋溢着爱国激情的品牌广告在央视黄金时间‘密集轰炸’。伴随着中国体育健儿在悉尼的节节胜利，伴随着孔令辉取胜后激情难抑地亲吻胸前的国旗，一个国产品牌也在这令国人难忘的时刻留在了人们的心里， 由此安踏走上了全国名牌之路。”

利用名人，只是搭形造势的一种策略，综观现代广告界，借权力的力量来造势、树立品牌，也屡见不鲜。

搭形作势，巧在搭形，意在作势。只要你想，你就能找到你所想搭借的“形”，从而制造出你想要的“势”，为你的成功增添无限动力。

借顾客的要求图发展

在商场上，顾客就是上帝，顾客的要求代表着顾客的需求，要想创造财富，就要充分借助于顾客的人气，明白他们需要什么，然后满足这些人的需要。罗尔斯·罗伊斯轿车就是这么发展起来的。

近一个世纪来，罗尔斯·罗伊斯轿车一直代表着英国的骄傲，它象征着成功、财富、权力与地位，它被视为英国的“国宝”。

出生于英国平民家庭的亨利·罗伊斯因为设计利物浦第一街道照明系统而小有名气。此后，凭借自己的电气、机械知识，他又制造出各方面都优于福特汽车的汽车，他的成功震动了具有贵族血统的驾驶员兼飞行员罗尔斯，富有的罗尔斯欣赏罗伊斯的才华，他们一个出资金，一个出技术，就这样，1906年罗尔斯–罗伊斯汽车公司成立了。

1907年，罗尔斯·罗伊斯公司制造出第一批汽车，命名为“银色幽灵”。“幽灵”，顾名思义是没有声音，没有动静，取这样一个名字是形容这种车子的噪音之小，振动之微。

近一个世纪以来，罗尔斯·罗伊斯公司相继推出三种汽车品牌，即“银灵”“银羽”和“银影”。“银灵”为黑蓝等深颜色，通常卖给国家元首、政府首脑和要员、王室成员及英国有爵位的贵族人士。“银羽”则为中性颜色，一般卖给绅士名流。“银影”为白灰等浅色调，大多卖给公司集团和富豪。只有这些人才买得起外表雍容、性能超群、工艺精湛、价格昂贵的“轿车王”。

令人难以想象的是，生产如此“极品”的罗尔斯·罗伊斯公司的制造车间看起来竟像是一个非常原始的手工作坊。那里的工人用锤子、火铬铁和缝纫机等工具干活。对此，罗尔斯·罗伊斯公司的高级管理人解释说，罗尔斯·罗伊斯不大批量生产产品，月产只有60多辆。从1906年建厂到现在总共制造出的轿车只有14万多辆。在这种情况下，流水线式的生产方式除了增加成本之外，并不能给公司带来什么好处。

更重要的是，在罗尔斯·罗伊斯，手工劳动保证了设计和生产的灵活性，公司可根据市场变化和顾客的要求不断改变设计，并随时投入生产。即使是今天，有许多零部件仍是经过手工制作的。

手工劳动是罗尔斯·罗伊斯保持个性化的主要方式。这里生产出的每一个部件都具有个性色彩，并刻上了工人们的名字。

手工生产最重要的问题是保证质量。近年来，在罗尔斯·罗伊斯轿车厂内的报告板上，出现了两个汉字“改善”。现在这一极具东方特色的“改善”概念已成为这个工厂经营管理者的口头禅。事实上，“改善”的管理方法跟亚洲人的管理方法非常相似。它强调个人的主动性和群体合作性。根据这个新管理方法，他们把工人划成17个独立核算的实体，每个实体都有自己的管理层，实体人员的经济利益与产品质量相互促进，相互制约。

在罗尔斯·罗伊斯轿车厂的车间里，到处可以看到公司创始人亨利·罗伊斯的名言。其中最引人注目的两条是："把最好的东西拿来，并在你手上把它变得更好。"另一条是："微小的事物可以创造完美，但完美从来就不是小事。"

罗尔斯·罗伊斯轿车从整体到细节充分体现了罗伊斯崇尚完美的精神。罗尔斯·罗伊斯公司把每一部车辆都当成一件精美的艺术品来对待，精心制作每一个零部件，以致连一枚螺丝钉也要反复修正。广告大师戴维·奥格威为其所做的广告通过19个方面详细记录了罗尔斯·罗伊斯轿车的与众不同之处，真实地使人们看到罗尔斯·罗伊斯的精益求精。

罗尔斯·罗伊斯轿车内的木制仪表板、餐桌等都是选用上等的桃木、橡木和红木制造而成的。其中有一种桃木是公司特地每年派人到美国选购的。它的代价是一整棵树，而这棵"遥远"的"进口"的树却只有一段是符合要求的。

罗尔斯·罗伊斯轿车的喷漆过程也极为严格。首先要在车体上涂上一层含锌材料用来防腐蚀，然后进行处理。上完漆后再加上密封剂和蜡，这样，车身可以长期保持鲜明的颜色，路面上溅起的硬物也很难损伤喷漆。在车子出厂之前，每块玻璃都要用擦光学镜头的浮石粉精心擦拭。

尤其值得一提的是那个在车前盖上方装着的美丽的小天使，它的选料极其考究，制作极其精良。

罗尔斯·罗伊斯的发动机要在专门的仪器上进行反复测试，完全合格后才能进入下一道工序，而不像有些厂家的发动机造好就直接上流水线。

通常，一辆罗尔斯·罗伊斯轿车的生产要用几个月的时间，其中最为严格的即路试，竟长达两个星期之久，每一辆车必须经过5000英里的测试，否则就不能交给顾客。

几十年来，严格的技师管理、坚持将先进技术与传统工艺相结合的精益求精的制作技艺和追求完美的工作态度，使得罗尔斯·罗伊斯享有品质超群、经久耐用的美名。尽管罗尔斯·罗伊斯轿车价格不菲，但它卓越的品质却使众多富豪忘记了价钱。

罗尔斯·罗伊斯有这样一句有名的箴言："永远不要问我们现在有什么，而要问我们还能为顾客做些什么。"正是这样的信条，使罗尔斯·罗伊斯对顾客有求必应，总是尽最大努力在最大限度上满足客户的需要。

在罗尔斯·罗伊斯公司，有一个专门的部门负责满足客户在标准设计之外的特殊要求。他们总是想尽办法满足顾客的各种要求，无论是什么，他们都是有求必应。

借助顾客的要求，同时也借助顾客庞大的人气，罗尔斯·罗伊斯公司发展得如此迅速，使他们的品牌永远留在了顾客的心中。

学会"狐假虎威"

一天，一只老虎饿了，四处搜寻东西吃。碰巧，它捉到一只狐狸，准备美餐一顿。可狐狸却对它说："你不能吃我。我是天帝派来的，他封我为百兽之王。你要是吃了我，那就是违抗天帝的旨意。"老虎听了狐狸的话半信半疑，可是肚子饿得咕咕叫，不知如何是好。狐狸看到老虎在犹豫，又说："你以为我的话是假的吗？那就让我在前面走，你在我后面跟着，看看百兽见到我后的样子，它们不逃才怪！"

老虎觉得有道理，就跟着狐狸一路走去。果然，众兽看见了，都吓得四处逃窜。老虎不知道所有的野兽是因为怕自己而逃走的，它还以为众兽真的是害怕狐狸呢！

这个故事告诫人们，要善于去伪存真，由表及里，步步深入，弄清真相，不然，就很容易被"狐假虎威"式的人物所蒙蔽。同样的道理也可以用在投资理财当中。

世界已经为你准备好了一切资源，关键看你会不会"借"过来，为己所用。

犹太人认为，一切都是可以靠借的，借资金，借技术，借人才。这些东西都可以拿来为自己所用。生意人应该尽量贷款，借助银行的资金为自己办事。如果不能借用别人的资金，做生意是极为困难的。

犹太人信奉这样一句话："没有能力买鞋子时，可以借别人的，这样比赤脚走得快。"记住，千万不要让自己的现状阻碍发展，放胆去"借"，放胆去用，你会发现成功离你并没有那么遥远。

看看安德鲁是怎样把自身的5000美元成功地"借"成5.7亿美元的吧！

安德鲁很想发财，终于有一天，他发现了一个很好的赚钱机会——建高档次的旅店。因为他在一条相当繁华的街上只发现了一家饭店，而且其档次一般。

有了目标，安德鲁看准位置，请了有关方面的专家做预测和设计。最后得出结论，要在那里建安德鲁理想的旅店需要30万美元买土地，还要100万美元的建筑费用。而安德鲁当时倾其所有只有5000美元，距理想非常遥远。但是他没有因此放弃。

首先，他找了个朋友合伙，两个人一起凑到了10万美元。这个时候安德鲁去找了那块土地的拥有者老德米克先生。当然10万美元是不能够买那块地的，但是安德鲁通过和老德米克的商议，最终达成了这样一个协议：安德鲁只是租用他的土地100年，每年付租金3万美元。如果安德鲁有哪一年没有按期付款，老德米克就可以收回那块土地，包括上面所建造的旅店。

这样的协议对于老德米克来说是只有益处没有害处的，于是他欣然答应。

土地的问题解决了，但是安德鲁还是只有很少的资金。于是又找到老德米克，最终说服他用房子作抵押，从银行获得30万美元贷款。扣去第一次的租金3万，还有27万美元，然后加上自己的10万美元，那么有了37万美元。通过再次努力，安德鲁找到一个土地开发商共同开发，该开发商投资20万美元。安德鲁有了57万美元，于是决定开始动工建造旅店。

就在旅店建到一半的时候，57万美元用完了。安德鲁再次陷入了困境。他又找到了老德米克，请求他帮忙。这时候的老德米克即使不想出手帮忙也不行了，就像安德鲁所说的那样："如果旅店一完工，你就可以拥有这个旅店，不过是租赁给我经营，我每年付给你的租金不少于10万美元。”老德米克认为安德鲁说的话非常有理，而且现实情况也不容许他现在退出。如果他不帮忙，不但安德鲁的钱收不回来，自己的钱也回不来了。就这样，在老德米克的再次帮助下，安德鲁脱离了困境。

不久，以安德鲁名字命名的“安德鲁旅店”建成，后来安德鲁的事业也逐步走向黄金阶段。

从安德鲁的发展过程中，很容易看出，安德鲁最初的成功大多是靠“借”来的。通过“借”，短短两年时间他从只有5000美元，到建起一座高档旅店，随后短短17年的时间里赚了5.7亿美元。所以，所谓成功，并不是只顾实行自己的构想，而是巧妙地运用他人的智慧和金钱创造一番事业。当然，在借用别人“钱袋子”的时候，必须要有明确的指标，将赚回来的钱除去基本开支外，其余的都放在生产线上。社会上最普遍的筹集他人资金以发展事业的机构是银行和保险公司。如果有雄心在商场上干出一番成就，必须借用别人的资源。固守个人风格，只会困于“自己”的圈子，难以有令人震惊的成就。

任何一个人都应该清楚地认识到，在团队里，严明的纪律是不容忽视的。

“滴水之恩当涌泉相报”，
用现在的话来讲就是“感恩”。